国家重点研发计划项目（2017YFC1500502）资助

地震危险性判定技术方法系列丛书
地下流体分析预测技术方法工作手册

中国地震局监测预报司　　组织编著

地震出版社

图书在版编目（CIP）数据

地下流体分析预测技术方法工作手册／中国地震局监测预报司编著.
—北京：地震出版社，2020.12
ISBN 978-7-5028-5252-8

Ⅰ.①地… Ⅱ.①中… Ⅲ.①地下流体—分析—预测技术—手册 Ⅳ.①P542.5-62

中国版本图书馆 CIP 数据核字（2020）第 235151 号

地震版　XM4724/P（6027）

地震危险性判定技术方法系列丛书
地下流体分析预测技术方法工作手册

中国地震局监测预报司　组织编著
责任编辑：王　伟
责任校对：凌　樱

出版发行：地震出版社

北京市海淀区民族大学南路 9 号　　　　　邮编：100081
　　发行部：68423031　68467993　　　　传真：88421706
　　门市部：68467991　　　　　　　　　传真：68467991
　　总编室：68462709　68423029　　　　传真：68455221
　　专业部：68721991
　　http://seismologicalpress.com
　　E-mail：68721991@sina.com

经销：全国各地新华书店
印刷：北京博海升彩色印刷有限公司

版（印）次：2020 年 12 月第一版　2020 年 12 月第一次印刷
开本：787×1092　1/16
字数：544 千字
印张：21.25
书号：ISBN 978-7-5028-5252-8
定价：160.00 元

丛书编委会

主　任：阴朝民

成　员：宋彦云　马宏生　张浪平　邵志刚　周龙泉
　　　　张　晶　冯志生　孙小龙

本书编写组

组　长：孙小龙　晏　锐

顾　问：刘耀炜　付　虹

成　员：缪阿丽　苏鹤军　朱成英　司学芸　丁凤和
　　　　王　博　杨朋涛　胡小静　王　俊　向　阳
　　　　廖丽霞　周志华　官致君　周晓成　马玉川
　　　　李　营　曹玲玲　钟　骏　刘冬英　张　昱
　　　　李　英

序

自 1966 年邢台地震起，中国地震预报工作开启了漫长的科学探索，经过地震人 50 多年的艰苦卓绝的努力，人们在认识地震发生过程，掌握和应用地震预报理论、技术、方法等方面已取得了长足的进步，在地震预报的实际应用中取得了某些成功，积累了丰富的地球物理观测数据，产出大量的有关地震预报的研究成果和专著以及近 400 次 $M \geqslant 5.0$ 级地震震例，正式出版 15 册《中国震例》（1966~2015）。这些文献成为广大地震预报科学工作者必备的基础资料。已有的研究成果多是基于部分震例，针对某项异常、或某一区域的某种预测方法的研究，涉及了部分基础知识。但鉴于论文、专著都是一些探讨性的研究，没有系统地、全面地介绍技术方法或前兆异常的基础理论。而《中国震例》仅仅是针对单次地震前异常现象的汇总，缺乏利用各技术方法进行全时空扫描的虚报率、漏报率相关统计研究。目前我国地震预测研究仍处于基于震例统计的经验预测阶段，日常震情跟踪与年度危险区判定依据主要来自《中国震例》的经验总结。因此，迫切需要系统清理出具有普适性、指标性的方法来指导预测工作。

为了获取地震孕育、发生过程中相关的前兆信息，充分发挥地震监测预报各学科专业团队的攻坚作用，中国地震局监测预报司于 2014 年组织成立了测震、形变、地下流体和电磁四个学科的分析预报技术管理组（中震测函 ［2014］7 号），开展了前兆异常核实、预报效能检验、预测指标梳理、技术方法整理等一系列分析预报业务工作。从 2015 年开始，四大学科技术管理组组织众多专家历经 5 年的清理研究，对我国 50 年来积累的震例和现有的预报技术方法进行了认真总结、系统梳理、科学评价，遴选出一系列当前预报人员使用频率高、通过预报效能检验的技术方法。在国家重点研发计划项目《基于密集综合观测技术的强震短临危险性预测关键技术研究》的资助下，四大学科管理组有关专家梳理总结了与地震预报业务相关的基础理论知识、异常识别方法、异常判定规则以及预测指标体系，编写了《地震危险性判定技术方法系列丛书》，供各级分析预报人员和科研人员参照使用，逐步推进预报工作规范化、系统化和指标化。

前　　言

　　为了提高对地下流体异常识别的可操作性和规范化程度，保持异常判定方法的继承性，明确异常判定指标的意义，自 2015 年以来，地下流体学科逐步完善了学科预测业务体系。地下流体预测业务体系几乎涵盖了地下流体学科所有业务环节，主要通过梳理各类异常核实报告、年度会商报告、《中国震例》、论文论著等，整理成相关数据库供学科分析预报人员在日常震情跟踪分析和年度会商工作中参考使用。内容主要包括：①建立学科异常特征库，为异常性质和信度判定提供参考依据和实例；②建立学科异常方法库，为异常核实与分析提供方法支撑和案例；③建立学科异常指标库，为异常识别和震情判定提供分析指标和依据。2019~2020 年地下流体分析预报技术管理组历经数次修订，最终汇编为集理论基础、观测技术、异常识别、效能评估、预测指标体系成果为一体的地下流体学科技术方法工作手册。

　　本手册共九章，第一章至第三章主要介绍与地震地下流体相关的基础理论，第四章介绍地下流体观测技术，第五章至第八章介绍地下流体数据处理、异常提取、动态分析、异常核实和效能检验的方法，第九章总结梳理地下流体指标体系相关成果，各章执笔人见章节首页。牵头单位为中国地震局地壳应力研究所，工作组成员主要为中国地震局地下流体分析预报技术管理组成员及部分工作在一线的地下流体分析预报人员，编写人员：孙小龙、晏锐、缪阿丽、苏鹤军、朱成英、司学芸、丁风和、王博、杨朋涛、胡小静、王俊、向阳、廖丽霞、周志华、官致君、周晓成、马玉川、李营、曹玲玲、钟骏、刘冬英、张昱、李英。地下流体分析预报技术管理组学科顾问刘耀炜研究员、付虹研究员，以及甘肃省地震局张慧研究员等，为书中各章节内容的完善出谋划策、精心修改。

　　在本手册编写过程中，得到中国地震局监测预报司领导的支持和指导。在此一并致以谢意。

目　　录

第1章 地下水动力学基础[*]

地下水动力学是水文地质学或水文地质工程地质等专业一门重要的专业基础理论课，同时也是水文地震研究的基础理论。孔隙弹性理论是研究地壳中孔隙固体介质变形和孔隙中的流体压力变化以及孔隙弹性流之间耦合作用的重要理论。地下水动力学与孔隙弹性理论相结合是揭示地下水与应力或应变之间关系的重要理论基础，也是研究地下水与地震活动关系的重要理论基础。本章节重点介绍地下水动力学和孔隙弹性理论的基础知识，主要目的在于了解地下水运动，提出适当的计算和模拟方法，进而建立相应的数学模型，揭示地下水与地震活动之间的关系。

地下水是指赋存于地面以下岩土孔隙中的水。根据地下水的埋藏条件，可将地下水分为包气带水、潜水及承压水。按含水介质（孔隙）类型，可将地下水区分为孔隙水、裂隙水及岩溶水。赋存于不同含水介质中、含水层不同部位的地下水的特征有所不同，如图 1-1 所示，穿透同一含水层的井孔，不同部位呈现出不同的水流，位于补给区的井水位表现为静水位特征，随补给量的增大，井水位上升，补给量减少，井水位下降；位于排泄区的井孔则自流溢出井孔，随补给量的增大，流量增加，补给量减少，流量下降；位于补给和排泄过渡区的井孔，当补给量增大时，可能自流，当补给量减少时，可能断流。对于地震地下流体观

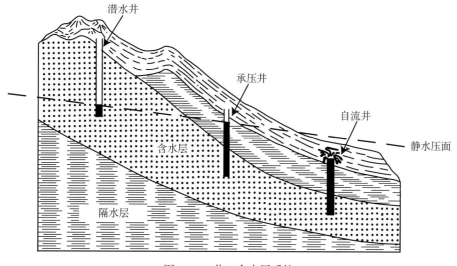

图 1-1 井—含水层系统

* 本章执笔：晏锐、马玉川、王博。

测井，之前的研究表明，封闭、承压的井—含水层系统，井水位可以有效反映应力或应变的变化，如井水位对固体地球潮汐、气压、载荷、地震波等的响应；利用这些响应，结合地下水动力学方程和孔隙弹性理论计算含水层的水力参数，为解释地下水异常产生机理和地震水文前兆研究奠定基础。

1.1 地下水动力学基础理论

1.1.1 地下水运动的基本概念和基本定律

1. 达西（Darcy）定律

1856 年法国水力学家达西（Henry Darcy）在装满砂的圆筒中进行试验（图 1-2），得到如下关系式：

$$Q = \frac{KA(h_1 - h_2)}{L} \tag{1-1}$$

式中，Q 为渗流量（L^3/T）；A 为圆筒的横断面积（过水断面面积，包含砂和孔隙的面积，L^2）；L 为沿水流方向长度（L）；h_1 和 h_2 分别为通过砂样前后的水头高度（L）；K 为渗透系数（L/T）；$\frac{(h_1-h_2)}{L}$ 称为水力梯度 J。达西定律通常也写成以下形式：

$$q = -K\frac{\mathrm{d}h}{\mathrm{d}L} = \frac{Q}{A} \tag{1-2}$$

q 为单位面积的渗流量。达西定律表明渗透速度和水力坡度呈线性关系，其比例系数称为渗透系数，渗透系数与渗透速度具有相同的量纲。

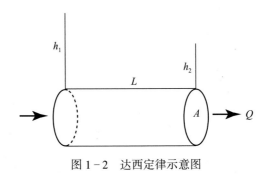

图 1-2 达西定律示意图

达西定律有一定的适用范围，超出该范围的地下水运动不符合达西定律，通常用 Reynolds 数 R_e 来界定，即：

$$R_{\mathrm{e}} = \frac{\rho_{\mathrm{f}} q d}{\mu} \qquad (1-3)$$

式中，ρ_{f} 和 μ 分别为流体的密度和动力粘滞系数（在一个大气压下，20℃时水的动力粘滞系数为 $1.005 \times 10^{-3} \mathrm{Pa \cdot s}$）；$d$ 为平均孔隙半径。当 $R_{\mathrm{e}} < 5$ 时，为粘滞力占优势的层流运动，适用于达西定律；随着流速增大，$R_{\mathrm{e}} > 5$ 时，由粘滞力占优势的层流运动转为惯性力占优势的层流运动再转为紊流运动，达西定律将不再适用。

2. 几个重要的水文地质参数

1）渗透系数 K 和导水系数 T

渗透系数是表征岩层透水能力的参数，渗透系数不仅取决于岩石的性质（如粒度、成分、颗粒排列、充填状况、裂隙性质及其发育程度等），而且与渗透液体的物理性质（密度、粘滞性等）有关。一般情况下，孔隙大小对渗透系数取主导作用，即颗粒越粗、裂隙越发育，透水性越好，地下水温度越高，渗透系数越大。

渗透率是各向异性的，可以用张量表示 $\underline{K}$，即：

$$\underline{K} = \begin{pmatrix} K_{\mathrm{xx}} & K_{\mathrm{xy}} & K_{\mathrm{xz}} \\ K_{\mathrm{yx}} & K_{\mathrm{yy}} & K_{\mathrm{yz}} \\ K_{\mathrm{zx}} & K_{\mathrm{zy}} & K_{\mathrm{zz}} \end{pmatrix}$$

因此达西定律可以表示为

$$\begin{matrix} q_{\mathrm{x}} \\ q_{\mathrm{y}} \\ q_{\mathrm{z}} \end{matrix} = \begin{pmatrix} K_{\mathrm{xx}} & K_{\mathrm{xy}} & K_{\mathrm{xz}} \\ K_{\mathrm{yx}} & K_{\mathrm{yy}} & K_{\mathrm{yz}} \\ K_{\mathrm{zx}} & K_{\mathrm{zy}} & K_{\mathrm{zz}} \end{pmatrix} \begin{pmatrix} \partial h / \partial x \\ \partial h / \partial y \\ \partial h / \partial z \end{pmatrix} \qquad (1-4)$$

或表示为矢量形式：

$$\boldsymbol{q} = -\underline{\boldsymbol{K}} \cdot \nabla h \qquad (1-5)$$

自然界中的含水层多由许多透水性各不相同的薄层相互交替的含水层组成，每一层的厚度比延伸长度小很多，其平行于层面和垂直于层面的渗透系数往往不同，平行于层面的有效渗透系数 K_{h} 和垂直于层面的有效渗透系数 K_{v} 可分别表示为

$$K_{\mathrm{h}} = \sum_i K_i \frac{b_i}{b_{\mathrm{t}}} \qquad (1-6)$$

$$K_v = \frac{b_t}{\sum\limits_i \dfrac{b_i}{K_i}} \qquad\qquad (1-7)$$

式中，K_i 和 b_i 分别为第 i 层的渗透系数和厚度；b_t 为含水层的总厚度。上式表明，平行于层面的有效渗透系数主要取决于渗透系数较大的含水层，而垂直于平面的有效渗透系数主要取决于渗透系数较小的含水层。

导水系数 T 是描述含水层出水能力的参数，它是定义在平面一维或二维流中的水文地质参数，在数值上等于渗透系数（K）与含水层厚度（b）的乘积，即：

$$T = Kb \qquad\qquad (1-8)$$

2）孔隙度 n 和渗透率 k

孔隙度为岩样中所有孔隙空间体积之和 V_v 与该岩样体积 V 的比值，以百分数表示，即：$n = V_v/V$，结晶岩的孔隙度约为 10^{-2}，沉积岩的孔隙度一般为 10^{-1}，松散沉积物或土壤的孔隙度一般在 $0.3 \sim 0.8$。

一般而言，孔隙度的下降与围压引起的岩石固结有关，因此，岩石的孔隙度随深度的增加而下降，下降速率取决于孔隙介质的压缩性。对于沉积盆地而言，通常存在以下经验关系（Athy，1930）：

$$n = n_0 e^{-cz} \qquad\qquad (1-9)$$

式中，n_0 为地表的孔隙度；z 为深度；c 为经验常数。

渗透率是表征岩石渗透性能的参数，主要取决于孔隙介质的性质。渗透率 k 与渗透系数 K 之间的关系为

$$K = \frac{\rho_t g k}{\mu} \qquad\qquad (1-10)$$

渗透率与孔隙度有关，通常可用 Kozeny-Carmen 关系来描述：

$$k = \frac{n^3}{5(1-n)^2 s_0} \qquad\qquad (1-11)$$

式中，s_0 为单位体积元内固体与流体接触的表面积。

对于不同的地球岩土介质，渗透率变化范围可达 16 个数量级（$10^{-9} \sim 10^{-21}\,\mathrm{m}^2$，表 1-1）。

表 1-1　不同岩土截止的渗透率测值

渗透率	可渗透				半渗透					不可渗透			
砂和砾石	分选好的砾石		分选好的砂和沙粒		细砂、淤泥、黄土和黏土								
黏土和有机质					泥灰		分层黏土			未风化的粘土			
固结岩石	高度破碎的岩石				油藏岩石			砂岩		灰岩和白云岩		花岗岩	
k/m^2	10^{-9}	10^{-10}	10^{-11}	10^{-12}	10^{-13}	10^{-14}	10^{-15}	10^{-16}	10^{-17}	10^{-18}	10^{-19}	10^{-20}	10^{-21}

由于地壳中的岩石包含不同尺度的非均匀介质，渗透率具有明显的尺度效应。实验室测量的结果通常代表较小体积（$<<1\mathrm{m}^3$）样品的渗透率，现场测量的结果通常代表局部尺度（$10\sim10^5\mathrm{m}^3$）的渗透率，对于区域地下水流，直接测量较困难，一般通过模拟计算得到渗透率值。

由于孔隙度随深度的增加而降低和热液成矿作用，地壳的渗透率一般也随深度的增加而减小，如 Manning and Ingebritsen（1999）基于水热模型和变质反应模型的渗透率值，拟合大陆地壳 $0\sim30\mathrm{km}$ 范围内渗透率 k 随深度 z 变化的经验公式为 $\lg k=-14-3.2\lg z$（图 1-3）。

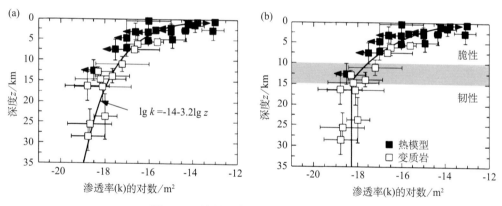

图 1-3　浅层地壳渗透率随深度的变化

渗透率是随时间演化的动态参数，影响其变化的原因主要有生物地质过程、溶解、沉降、粘土矿物的形成作用等，如碳酸钙溶解的时间尺度为 1~10 万年，硅沉降的时间尺度为几周至几年（Ingebritsen et al.，2006），地震也能引起含水层渗透率发生突然变化，其时间尺度在几秒至几十秒范围（Elkhoury et al.，2006）。

3）贮水系数和与水力扩散系数

贮水系数 S 和单位贮水系数 S_s 都是表征含水层（或弱透水层）释水（贮水）能力的参数。单位贮水系数是在水头平均下降（或上升）一个单位时，由于水的膨胀（或压缩）和岩层的压缩（或膨胀），在单位体积含水层（或弱透水层）中释放（或贮入）的水量。即：

$$S_s = \frac{1}{\rho_f} \frac{\partial (n\rho_f)}{\partial h} \tag{1-12}$$

一般情况下，水的密度和重力加速度的变化较小，于是

$$dh = \frac{1}{\rho_f g} dP \tag{1-13}$$

式中，P 为流体的压力。于是

$$S_s = \frac{1}{\rho_f} \frac{\partial (n\rho_f)}{\partial h} = \frac{1}{\rho_f}(\rho_f g)\frac{\partial (n\rho_f)}{\partial P} = \rho_f g(\beta_n + n\beta_w) \tag{1-14}$$

式中，$\beta_n = \frac{\partial n}{\partial P}$、$\beta_w = \frac{1}{\rho_f}\frac{\partial \rho_f}{\partial P}$ 分别为孔隙空间和流体的压缩系数。

单位贮水系数的量纲为 $[1/L]$，其变化范围一般小于 $10^{-3}\,\text{m}^{-1}$。对于厚度为 b 的含水层，贮水系数等于单位贮水系数与含水层厚度的乘积：$S = S_s * b$。

水力扩散系数 D 可以表示为

$$D = K/S_s = T/S$$

1.1.2 地下水运动的基本微分方程

地下水水流运动比较复杂，当满足渗流条件时，根据流体运动中的质量守恒关系，可以建立渗流条件下的微分方程式。对于承压含水层和潜水含水层水流运动可以用统一的微分方程来表示：

$$\frac{\partial}{\partial x}\left(F\frac{\partial h}{\partial x}\right) + \frac{\partial}{\partial y}\left(F\frac{\partial h}{\partial y}\right) + \frac{\partial}{\partial z}\left(F\frac{\partial h}{\partial z}\right) + W = E\frac{\partial h}{\partial t} \tag{1-15}$$

上式的左端表示单位时间内流入和流出单元体的水量差，右端表示该时间段单元体内释放（或贮存）的水量，W 表示其他流入或流出单元体的源或汇项。式中，

$$F = \begin{cases} T = Kb & \text{承压水含水层区} \\ KH & \text{潜水含水层区} \end{cases}$$

$$E = \begin{cases} S & \text{承压水含水层区} \\ \mu & \text{潜水含水层区} \end{cases}$$

式中，T 为承压含水层的导水系数；b 为承压含水层的厚度；K 为渗透系数；H 为潜水含水层的厚度（潜水面到潜水含水层底板的距离）；S 为承压含水层的贮水系数（等于单位贮水系数与含水层厚度的乘积）；μ 为潜水含水层的给水度。

1.1.3　孔隙弹性理论

孔隙弹性理论是研究地壳中孔隙固体介质变形和孔隙中的流体压力变化以及孔隙弹性流之间耦合作用的有用的构架。首先由 Biot（1941）提出，该理论由一组用于描述应力、应变、孔隙压和用于描述介质特性的三个参量组成，通常称为线弹性、饱和流体多孔弹性介质应力-应变本构关系的基本方程，对孔隙弹性介质应力-应变关系给出了一种通用的数学描述。后来 Nur and Byerlee（1971）为方便起见又作了进一步修改，经过 Rice and Cleary（1976）、Rudnicki（2001）的改进和扩展，形成了包含孔隙流体压力和热效应在内的孔隙弹性介质岩石或岩体应力-应变的本构关系。

在这个理论中，除了通常的线弹性变量之外，还通过两个变量引入流体的扩散。孔隙固体介质中单位体积流体扩散的孔隙流体压力 P 和质量 m，多孔弹性介质的特性可用下列参数来描述：控制排水（长时）和不排水（短时）响应的泊松比值 ν 和 ν_u、Skempton 系数 B 以及剪切模量 G。

$$\varepsilon_{ij} = \frac{1}{2G}\left[\sigma_{ij} - \frac{\nu}{1+\nu}\sigma_{kk}\delta_{ij}\right] + \frac{\alpha}{3K}P\delta_{ij} - \alpha_T(T - T_0) \qquad (1-16)$$

而单位标准体积流体质量 m 的变化则由下式给出：

$$m - m_0 = \frac{\rho}{G}\frac{3(\nu_u - \nu)}{B(1+\nu)(1-\nu_u)}\left(\sigma_{kk} + \frac{3}{B}P\right) \qquad (1-17)$$

式中，ε_{ij} 为应变张量的分量；σ_{ij} 为应力张量的分量；σ_{kk} 为正应力之和；G 为固体介质剪切模量；K 为岩石或岩体的弹性体变模量；ν 为泊松比；α 为 Biot 系数；P 为孔隙压力；δ_{ij} 为 Kronecker 函数；α_T 为线性热膨胀系数；T 和 T_0 分别为当前温度和初始温度；m_0 为标准状态下流体的质量。

1.1.4　井水位对潮汐的响应

井水位对应力-应变的响应主要表现在井水位对地球固体潮的响应、地震波的响应和对体应变的响应。由于地应力-应变的变化，使得含水层固体骨架发生变形，承压含水层孔隙压力增大或减少，造成孔隙水在井孔与含水层之间流动，从而使井-含水层系统井筒水位发生升降变化。

1. 井水位对固体潮的响应

井水位能观测到固体潮是个确切的事实，这已经被多年的地下水位观测所证实。多年来很多地球物理学家和水文地质学家提出各种物理模型对水位固体潮进行了解释，其中，最有代表性解释是利用有源项水流运动方程来表示。

1）井水位潮汐响应统一数学方程

张昭栋等（2002）将固体潮、气压和地表水体负载潮汐对承压含水层作用的偏微分方程进行了归纳和总结，并给出了固体潮、气压和地表水体负载潮汐现象统一数学方程及其解的数学表达式：

$$\frac{\partial h}{\partial t} = \frac{K}{S_s}\ \nabla^2 h + \frac{\alpha}{S_s}\frac{\partial \sigma}{\partial t} \tag{1-18}$$

式中，h 为承压含水层井孔水头高度；t 为时间；K 为含水层的渗透系数；S_s 为含水层单位贮水系数；α 为含水层固体骨架的体积压缩系数；σ 分别对应不同源的三种潮汐，如对体应变固体潮而言，$\sigma = \Theta/\alpha$，Θ 为体应变固体潮；对大气压力 Pa 而言，$\sigma = Pa$；对地表水体负荷潮汐而言，$\sigma = \sigma_z$，σ_z 为地表水负荷潮汐在含水层顶面产生的垂直项应力。

地下水潮汐现象统一数学方程的解也具有统一形式。固体潮系数、气压效率和地表水体负荷潮汐效率均可以用潮汐幅度响应函数 F_t 表示：

$$F_t = \frac{2T}{\left[4T^2 - 4Tr_w^2\omega\mathrm{Kei}(\alpha_k) + r_w^4\omega^2\mathrm{Kei}^2(\alpha_k)/\cos^2\varphi\right]^{1/2}}$$
$$\alpha_k = r_w(i\omega S/T)^{1/2} \tag{1-19}$$
$$\varphi = \arctan\left[\mathrm{Ker}(\alpha_k)/\mathrm{Kei}(\alpha_k)\right]$$

固体潮系数、气压效率和地表水体负荷潮汐效率可以分别表示为

$$B_g = F_t/S_s$$
$$B_p = F_t/(\rho g n\beta/S_s) \tag{1-20}$$
$$B_s = F_t/(\rho g\alpha/S_s)$$

式中，B_g 固体潮系数；B_p 为气压效率；B_s 为地表水体负荷潮汐效率；T 为含水层的导水系数；S 为含水层的贮水系数；r_w 为井孔半径；ω 为角频率；Ker 和 Kei 分别为虚宗量第二类贝塞尔函数的实部和虚部；ρ 和 β 分别为水的密度和体压缩系数；g 为重力加速度。

井–含水层系统对潮汐响应的相位滞后 $\phi_{g,p,s}$ 是由井含水层之间的水渗流引起的，其表达式也具有统一的形势：

$$\phi_{g,p,s} = -\arctan\left\{r_w^2\omega\mathrm{Ker}(\alpha_k)/\left[2T - r_w^2\omega\mathrm{Kei}(\alpha_k)\right]\right\} \tag{1-21}$$

图 1-4 为气压对井水位响应的理论振幅和相位差随频率的变化情况，由图可见，气压对水位的响应与井孔的半径有明显的关系，随井孔半径的加大，气压系数会减小；气压系数

随频率的变化而变化，分别在短周期部分接近于零，在长周期部分基本平稳于高值。相位在不同半径的井孔和不同的频率范围内表现出不同的滞后现象。

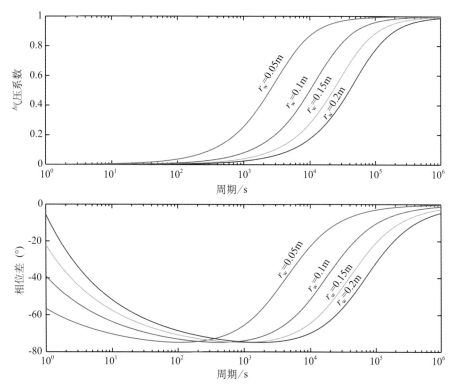

图 1-4　承压井水位对气压潮响应的理论曲线

2）压力扩散方程

对于非承压含水层而言，地下水面为自由面，没有流体压力的变化，在长周期成分，屈服深度超出了观测井孔屏蔽范围，加之流体压力缓慢扩散到地表，因此固体潮消失（Roeloffs et al.，1996）。大气压直接作用于地表和井孔，从而引起水位随气压的波动。因此对于非承压含水层井孔，气压对水位的响应可以利用有源项流体扩散方程来表示：

$$\frac{\partial P}{\partial t} = D\,\frac{\partial^2 P}{\partial z^2} + BK_\mathrm{u}\,\frac{\partial \varepsilon}{\partial t}$$
$$P(z \to \infty) = BK_\mathrm{u}\varepsilon$$
$$P(z = 0) = 0$$
$$(1-22)$$

结合自由表面边界条件，可以得到其解为

$$P(z, \omega) = BK_\mathrm{u}\varepsilon(1 - \mathrm{e}^{-(1+i)z/\delta}) \tag{1-23}$$

图 1-5 为潜水位对气压响应的理论曲线，由谱响应特征可以清楚地看出，其相位为正，在短周期部分接近于零，在长周期部分趋于最大值；其幅度主要表现在短周期成分，而长周期成分逐渐趋于零，这正好与承压含水层的响应特征相反，因此也是用于判断含水层承压性的一种方法。

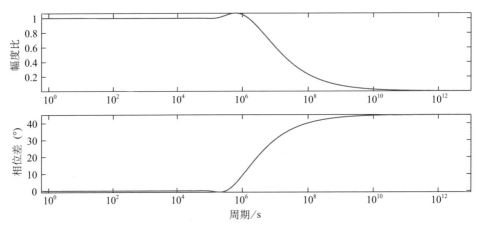

图 1-5　潜水井水位对气压响应理论曲线

2. 利用水位潮汐波分析含水层介质特性

潮汐是一种具有全球性的自然现象，它是由天体对地球各处引力不同所引起的。水位潮汐波同时也受到含水层介质特性的影响，水位潮汐波的信息通常也反应了含水层介质的某些特性。因此根据水位潮汐波与地球应变固体潮的特性和差异，研究含水层系统水文学特性，为了解浅层地壳的应力状态提供了便利的手段。

根据地下水潮汐现象统一数学方程和边界条件可以得到水位潮汐波 $H(\omega)$ 与含水层的导水系数 T 之间的关系：

$$H(\omega) = \frac{\dfrac{BK_u\varepsilon_0}{\rho g}}{1 + \dfrac{r_w\sqrt{i\omega ST}}{2S}\dfrac{\mathrm{Ker}(r_w\sqrt{i\omega ST})}{\mathrm{Kei}(r_w\sqrt{i\omega ST})}} \qquad (1-24)$$

式中，ω 为角频率；H 位水位相对于固体潮的变化；B 为 Skempton 常数；K_u 饱和含水层介质体变模量；ρ 和 g 分别为流体密度和重力加速度；T 为含水层的导水系数；S 为含水层的贮水系数；r_w 为井孔半径；i 为虚数单位；Ker 和 Kei 分别为虚宗量第二类贝塞尔函数的实部和虚部。

图 1-6 为水位潮汐波相位和幅度对含水层导水系数 T 的响应，从图中可以看出，与含水层的渗透率直接相关的导水系数的变化能影响水位潮汐的变化，主要表现在相位和相对振幅的变化，反之，通过研究水位潮汐波相位的变化可以了解含水层的渗透率特性。不同潮汐

波的相位和相对振幅对导水系数的反应也不一样。主要表现为：

（1）对高频潮汐波而言（日波、半日波、和 1/3 日波），当导水系数足够大时，流体压力相对于孔隙压的相对振幅接近于 1，没有相位滞后，说明孔隙压应该和流体压力具有很好的一致性。

（2）当导水系数位于 $10^{-7} \sim 10^{-4}$ 时，水位潮汐波相位差随导水系数的增加逐渐减小，相对振幅随导水系数的增加逐渐增大。因此，可以利用相位差在此范围内的单调增减性求解渗透率值。

（3）当渗透率较小时，水位潮汐波震动的相对振幅较小，相位差随导水系数的增加而逐渐减小。对于这样的井孔，噪声很可能掩盖了水位潮汐波，因此，即使在传感器精度很高的情况下，也很难观测到清晰的水位潮汐波。

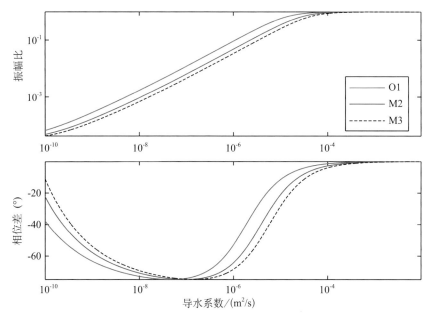

图 1-6　水位潮汐波相位和幅度对含水层导水系数 T 的响应

红色实线为 O_1 波；蓝色实线为 M_2 波；黑色虚线为 M_3 波；储水系数采用 10^{-4}；井孔半径为 10cm

3. 水位对地震波动力的响应

Cooper et al.（1965）推导了有水位谐和运动造成的含水层非稳定降落微分方程，并给出了水位波动对压力水头放大倍数的表达式，认为开口井孔中水位波动对地震波响应的程度取决于井孔的尺度，含水层的导水系数，贮水系数和孔隙度以及地震波的类型、周期和振幅。其中放大倍数 A 的表达式为

$$A = \frac{\rho g x_0}{p_0} = \left[\left(1 - \frac{\pi r_w^2}{T \tau} \mathrm{kei}\, \alpha_w - \frac{4\pi^2 H_e}{\tau^2 g} \right)^2 + \left(\frac{\pi r_w^2}{T \tau} \mathrm{ker}\, \alpha_w \right)^2 \right]^{-\frac{1}{2}} \qquad (1-25)$$

式中，$\alpha_w = r_w \sqrt{\omega S/T}$；$\rho$ 为水的密度；g 重力加速度；x_0 水位波动振幅；p_0 压力水头波动振幅；r_w 井孔半径；S 和 T 分别为含水层的储水系数和导水系数；τ 为地震波的周期；H_e 为有效水柱高度；ker 和 kei 分别为第二类零阶修正贝塞尔函数的实部和虚部。

Brodsky et al. （2003）使用高采样率的水位观测资料和地震波速度记录进行对比计算，给出了水位波动对地面运动速度的放大倍数随周期的变化关系（图 1 – 7）。

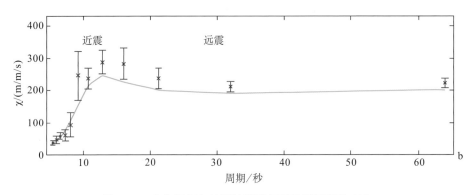

图 1 – 7 水位振幅与地震波速度振幅比随周期的变化

4. 水力参数计算方法

1）利用井水位气压效应分析含水层承压性及水力参数

基于井水位对周期性动力加载作用的响应特征，Rojstaczer（1988）认为井水位对气压波动的响应包含的四个阶段，由上及下的传递过程依次为：①地表面和潜水面之间的压力差产生垂向气流。②潜水层和隔水层之间的压力差产生垂向水流。③隔水层和承压含水层之间的压力差产生垂向水流。④承压含水层和井孔之间的压力差产生水平向水流。四个阶段均可用相应的数学模型来描述，并用相应的扩散系数和气压效应理论解来描述气压的不同周期成份对井水位的影响。井水位对气压的整体响应如下：

$$BE(\omega) = \left| \frac{x_0 \rho g}{A} \right| = \left| \frac{p_0 - A - s_0 \rho g}{A} \right|$$

$$\theta(\omega) = \arg(x_0 \rho g / A) \qquad (1-26)$$

式中，BE 和 θ 分别为与频率 ω 有关的气压效应系数和相位；A 和 x_0 分别为气压和水位的变化幅度；p_0 和 s_0 分别为孔隙压和水位降深；ρ 为水的密度；g 为重力加速度。

结合气压波动频率、含水层厚度、井径等参数，Rojstaczer（1988）将浅层垂向的气流扩散系数、潜水层垂向的水流扩散系数和承压层水平向的渗透系数分别归算为频率相依的无纲量参数 R、Q 和 W，不同的 R/Q 或 Q/W 值对应不同的理论 $BE-\omega$ 特征曲线，以此来识别井-含水层系统的气压效应和承压特性。

为了和理论曲线进行对比，Rojstaczer（1988）提出利用传递函数的方法来计算实际水位观测数据的 $BE-\omega$ 特征曲线：

$$\begin{vmatrix} BB & BT \\ TB & TT \end{vmatrix} \begin{vmatrix} HB \\ HT \end{vmatrix} = \begin{vmatrix} BW \\ TW \end{vmatrix} \qquad (1-27)$$

式中，BB 和 TT 分别表示气压和体应变固体潮的功率谱密度；BT 和 TB 分别表示气压和理论体应变固体潮的互功率谱密度及其复共轭；BW 和 TW 分别表示气压和水位、体应变固体潮和水位的互功率谱密度；HB 和 HT 分别表示水位、气压和体应变固体潮之间的传递函数。

基于实际观测数据和传递函数法得到井-含水层系统的气压响应特征曲线 $BE-\omega$，与理论计算所得的特征曲线进行对比拟合，不仅可识别出含水层系统的承压特性，若赋以适当的基础参数，还可以得到其垂向的水力扩散系数或水平向的渗透系数。

2）利用水震波反演含水层水力参数

通常将地震波引起的井水位波动称为水震波，其响应幅度与井孔条件、含水层参数、地震波周期等有密切联系。Shih（2009）利用水位和垂向位移的功率谱密度关系，提出了井-含水层系统的贮水系数 S 的求解方法：

$$S = \frac{1.836\pi d}{\lambda}\left(\frac{S_{hh}}{S_{ww}}\right)^{-1/2}, \quad S = \frac{1.836\pi d}{\lambda}\left(\frac{S_{hh}}{S_{hw}}\right)^{-1}, \quad S = \frac{1.836\pi d}{\lambda}\left(\frac{S_{wh}}{S_{ww}}\right)^{-1} \qquad (1-28)$$

式中，d 为含水层有效厚度；λ 为波长；由地震波波速和周期确定。S_{hh} 和 S_{ww} 分别为水位和地面运动垂向位移的自功率谱密度；S_{wh} 和 S_{hw} 均为互功率谱密度。

根据公式（1-25），在已知含水层贮水系数、孔隙度和井孔参数的前提下，可通过对比分析观测井记录的水震波与地震波垂向位移的变化幅度，来估算含水层的导水系数（Sun et al.，2018）。

3）利用井水位固体潮反演含水层水力参数

Bredehoeft（1967）给出了单位贮水率 S_s、二阶引潮力位 W_2 与水头 h 之间的关系：

$$S_s = -\left[\left(\frac{1-2v}{1-v}\right)\left(\frac{2\bar{h}-6\bar{l}}{ag}\right)\right]\frac{\mathrm{d}W_2}{\mathrm{d}h} \qquad (1-29)$$

式中，v 为含水层介质的泊松比；$\bar{h}$ 和 $\bar{l}$ 为地球表面的 Love 数；a 为地球平均半径；g 为重力加速度。Marine（1975）分析认为对于一般的含水层介质，式（1-28）中方括号内的几个变量所计算的值基本为常数，约为 $7.88\times10^{-9}\mathrm{s}^2/\mathrm{m}^2$（$v=0.27$，$\bar{h}=0.6$，$\bar{l}=0.07$，$a=6.371\times10^{-6}\mathrm{m}$，$g=9.8\mathrm{m/s}^2$）。二阶引潮力位的波动振幅是潮汐分量周期 τ 与纬度 θ 的函数，记为 $A_2(\tau,\theta)$，不同周期的潮汐分量引起水头 h 的波动振幅记为 $A_h(\tau)$，则有（Rhoads and Robinson，1979）：

$$S_s = 7.88 \times 10^{-9} \frac{A_2(\tau, \theta)}{A_h(\tau)} \Bigg\}$$

$$A_2(\tau, \theta) = gK_m bf(\theta) \qquad (1-30)$$

式中，K_m 为常数，与地球质量、月球质量、地月距离及地球半径有关，约等于 0.537m；b 是与潮汐波分量周期有关的常数；$f(\theta)$ 是纬度 θ 的函数，对于 M_2 波，$b = 0.908$、$f(\theta) = 0.5\cos^2(\theta)$；$A_h(\tau)$ 可通过水位固体潮调和分析法求得。单位贮水率与含水层等效厚度的乘积即为贮水系数。

利用井水位的固体潮响应特征，通过调和分析法得到其对固定周期波束（如 M_2 波）的响应幅度和相位滞后，即可确定承压井和非程雅静井–含水层系统的贮水系数和导水系数。

4）利用抽水试验/微水试验计算水力参数

地下水动力学中，抽水试验按孔数可分为单孔抽水、多孔抽水、群孔干扰抽水；按水位稳定性分为稳定流抽水和非稳定流抽水；按抽水孔类型分为完整井和非完整井。以承压完整井非稳定流抽水的泰斯公式为例：

$$s = \frac{Q}{4\pi T}W\left(\frac{r^2}{4at}\right) \qquad (1-31)$$

式中，s 为水位降深；Q 为抽水流量；T 为导水系数；a 为水力传导系数；r 为离抽水井中心的距离；t 为抽水时间；W 为井函数。当 $r^2/4at \leqslant 0.01$ 时，可用 Jacob 直线图解法求解：

$$s = 0.183\frac{Q}{T}\lg 2.25\frac{a}{r^2} + 0.183\frac{Q}{T}\lg t \qquad (1-32)$$

根据抽水试验数据，绘制 s-$\lg t$ 曲线，直线斜率、直线段在 t 轴（零降深线）上的截距，代入式（1-32）可计算含水层的导水系数和贮水系数。

另外，微水试验也是一种简便且相对快速获取水力参数的野外试验方法，该方法的优点是在一个试验钻孔中进行试验，对地下水正常观测的影响也较小。当从观测井中瞬间移除或增加一定体积的水体后，井水位会随之突然下降或升高，之后慢慢恢复，利用水位恢复与时间的对应关系可计算渗透系数（Bouwer and Rice，1976）：

$$K = \frac{r_c^2\ln(R_e/r_w)}{2L}\frac{1}{t}\ln\frac{y_0}{y_t}\lg t \qquad (1-33)$$

式中，t 为时间；y_0 为初始时刻的水位降深；y_t 为 t 时刻的水位降深；K 为渗透系数；R_e 为影响半径。

参考文献

张昭栋、郑金涵、耿杰、王忠民、魏焕，2002，地下水潮汐现象的物理机制和统一数学方程，地震地质，24，208~214

Athy L F，1930，Density，porosity and compaction of sedimentary rocks，AAPG Bulletin，14，1−24

Biot M A，1941，General Theory of Three-Dimensional Consolidation，Journal of Applied Physics 12，155−164，http：//link. aip. org/link/？JAP/12/155/1

Bouwer H，Rice R C，1976，A slug test for determining hydraulic conductivity of unconfined aquifers with completely or partially penetrating wells，Water Resources Research，12（3）：423−428

Bredhoeft J D 1967，Response of well-aquifer systerms to erarth tides，Journal of Geophysical Researcul，72（12）：3075−3087

Brodsky E E，Roeloffs E，Woodcock D，Gall I，Manga M，2003，A mechanism for sustained groundwater pressure changes induced by distant earthquakes，J. Geophys. Res.，108，2390，doi：10. 1029/2002jb002321

Cooper H H，Bredehoeft J D，Papadopulos I S，Bennett R R，1965，The response of well-aquifer systems to seismic waves，J. Geophys. Res. 70，3915 − 3926，http：//www. geoscienceworld. org/cgi/georef/georef；1965016626

Elkhoury J E，Brodsky E E，Agnew D C，2006，Seismic waves increase permeability，Nature 441，1135−1138，doi：10. 1038/nature04798

Ingebritsen S E，Sanford W E，Neuzil C E，2006，Groundwater in geologic processes，Cambridge University Press，Cambridge

Manning C E，Ingebritsen S E，1999，Permeability of the Continental Crust：Implications of Geothermal Data and Metamorphic Systems，Rev. Geophys. 37，127−150，http：//dx. doi. org/10. 1029/1998RG900002

Marine I W，1975，Water Level fluctuations due to earth tides in a well pumping from slightly fractured crystalline rock，Water Resources Research，11（1）：165−173

Nur A，Byerlee J B，1971，A new effective stress law for the compression of rocks with fluids，Eos，Transactions，American Geophysical Union 52，342，http：//www. geoscienceworld. org/cgi/ georef/georef；1971011867

Rhoads G H，Robinson E S，1979，Determination of aquifer parameters from well tides，Journal of Geophysical Research 84，6071−6082

Rice J R，Cleary M P，1976，Some basic stress diffusion solutions for fluid-saturated elastic porous media with compressible constituents，Rev. Geophys.，14，227−241

Roeloffs E，Renata D，Barry S，1996，Poroelastic Techniques in the Study of Earthquake-Related Hydrologic Phenomena，Advances in Geophysics. Elsevier，135−195

Rojstaczer S，1988，Determination of fluid flow properties from the response of water levels in wells to atmospheric loading，Water Resources Research 24，1927−1938

Rudnicki J W，2001，Coupled deformation-diffusion effects in the mechanics of faulting and failure of geomaterials，Applied Mechanics Reviews 54，483−502，http：//link. aip. org/ link/？AMR/54/483/1

Shih C F，2009，Storage in confined aquifer：Spectral analysis of groundwater responses to seismic Rayleigh waves，Journal of Hydrology，374（1−2）：83−91

Sun X L，Xiang Y，Shi Z M，2018，Estimating the hydraulic parameters of a confined aquifer based on the response of groundwater levels to seismic Rayleigh waves，Geophysical Jouranl International，213，919−930

第 2 章　地下水热力学基础[*]

地球内部的热，又称地下热。地壳表层的热，主要来自太阳辐射，但地壳中的热主要来自地球内部，主要是地壳岩石中放射性元素的蜕变与地幔热流上涌形成。地壳中不断有热流（能）由深部向地表运移，并由地表面通过热流扩散到大气中，估计每年释放的热量有 8.1×10^{20} J。这样的热流作用，使地壳中的岩石、地下水、地下气等物质具有了温度。地壳深部的热在地震孕育与发生过程中起十分重要的作用。地壳浅层的水温与地温可较灵敏地反映地震孕育与发生的信息，因此地热成为地震地下流体前兆观测与研究的主要对象之一。

2.1　地壳内部的热

地壳热源指地壳中热量（能）的直接补给源。地壳的热源多种多样，不同热源产生的热量也不同（表 2 - 1），但主要来自太阳辐射热和地壳中放射性元素的衰变作用。化学反应热、构造作用热、火山喷发与温泉活动热等都是局部的热，地震作用也释放热。

表 2 - 1　地壳中热的来源及其量

地球外生热		地球内生热			
太阳辐射热	潮汐摩擦热	放射性衰变热	化学反应热	火山与温泉作用喷发热	地震释放热
10^{32} J/a	5×10^{18} Cal/a	2.37×10^{20} Cal/a	$n \times 10^{-5}$ J/M	8.3×10^{18} J/a	1.75×10^{17} Cal/a
约 1/3 传递到地壳中	主要对海水温度有影响	地壳热的主要来源	量很小，M 为 1g 分子	局部作用	局部作用

注：1Cal = 4.1868J

2.1.1　太阳辐射热

太阳辐射热指太阳和大气的辐射热以及地表面的反射热。太阳的辐射热用垂直于太阳光的大气圈界面上每平方米面积上所接受的辐射总量来表示，为 $1.36kW/m^2$。在太阳辐射的能量中，大约有 66% 经大气的散射、地表面的反射等又返回到宇宙空间，其余 34% 使大气和地表受热。太阳辐射热控制着大气圈、水圈、生物圈及岩石圈发生的各种生物作用、化学作用及其他作用，成为地球表面风化、剥蚀等外动力作用所需要的能量。辐射热能对海洋的

---

　　* 本章执笔：缪阿丽、马玉川、王俊。

影响深度为 150~500m，对陆地的影响深度一般只有 20~30m。

2.1.2　放射性热

放射性热指由地球内部的放射性物质发生核反应时所释放出的热能。地球内部含有许多放射性元素，不同的放射性元素的半衰期不同，衰变过程中所释放出来的热量也不相同。在整个地球历史中，放射性元素已释放出巨大的热量。按太阳系起源的理论，行星是由低温的颗粒物质积聚而成，在吸积过程中，积蓄了大量的位能。地球形成之后，它所含的放射性物质因衰变而放出大量的热能。放射性衰变热量主要是含铀（^{235}U，^{238}U）、钍（^{232}Th）、钾（^{40}K）等放射性元素的矿物衰变时产生的热，如每 $1g$ ^{235}U 元素每年生成的热有 4.30Cal。地球内部每年因放射性衰变产生的总热量为 $2.37×10^{20}$Cal，其中 50% 是生成于地壳中。例如，在 1t 花岗岩中，含铀元素 4.75g、钍元素 18.5g 和钾元素 37900g；1t 玄武岩中，所含的铀、钍和钾元素，分别为 0.6、2.7 和 8400g 等，因此不同岩石每年可生成的热量也不等（表 2-2）。这些元素的放射性蜕变产生巨量的热，地球内部热的 4/5 来自放射性蜕变作用。

表 2-2　每克岩石每年放射性衰变产生的热量

岩石名称	酸性岩 （花岗岩）	中性岩	基性岩 （玄武岩）	超基性岩 （橄榄岩）	沉积岩
衰变热量 （$×10^{-8}$Cal/g·a）	818	340	120	2.26	373

2.1.3　化学反应热

化学反应热指等温条件下化学反应释放的热量。一切化学反应实际上都是原子或原子团的重新排列组合，在旧键破裂和新键形成过程中就会有能量变化，这就是化学反应的热效应。地球内部各物质间存在着多种化学反应，伴随这些化学反应会有热量的生成。化学反应热，主要指硫化物与某些有机物氧化时释放的热，如 1g 分子的 CuS 氧化成 $CuSO_4$ 时放热量为 $171×10^3$Cal，1g 分子的 ZnS 氧化成 $ZnSO_4$ 时释放热量为 $186×10^3$Cal 等，由此可见化学反应热在地壳内热中占的比例不大。

2.1.4　潮汐摩擦热

潮汐是海水在月亮和太阳的引力影响下，加上地球自转动的离心力，产生有规律的上涨和下落现象。潮汐摩擦是海潮运动中海水与地球固体表面以及海水质点间发生的摩擦现象。潮汐摩擦热又称潮汐摩擦能，是由月球和太阳对海水的吸引而释放的能量。

2.1.5　火山活动与地震释放热

火山活动地区最重要的放热方式是岩浆从上地幔上涌至地壳介质的穿透性对流。根据热偶和辐射高温计的观测，岩石熔融的温度大体在 850~1250℃ 之间。天然岩浆是各种气体含量很高的多组分硅酸盐系列，因此他们没有固定的熔点。岩浆的熔融温度为粘度低到它们能够在本身重量的影响下开始流动时的温度。天然岩浆流的流动速度一般为 0.5~1.0km/h，最高流动速度可达 16km/h。最令人难忘的火山现象是爆炸喷发，岩溶喷发释放的能量取决于岩浆的喷出量及它在地球重力场中的运动，这些能量的大部分是热-化学反应产生的（水及其他化学物质的形成、潜热的释放等），这样大量的能量仅仅在两天以内，并以反复喷发的形式传到地球表面。

像火山活动一样，大量的地震能量也是在局部有限区域和较短时间内释放的。最大的震源深度约为 700~800km。大多数地震发生在环太平洋地带，约有 80% 发生在太平洋地区，15% 发生在中亚，其余 5% 分布在地球上其他地震活动区。各种地震的震级不同，地震波释放的能量也不相同，最小的地震约为 10^{-2}J，这种地震仅能在很短的距离内用最灵敏的地震仪记录下来；最大地震能量可以超过 10^{19}J。

2.1.6 大地热流和地温

1. 大地热流的概念

大地热流指地壳中热的运动，一般由地壳深部向地表面流动。一般简称为热流，热流传递的是热量或热能。表述大地热流的参数如下：

热流量指单位时间内通过一定面积上的热量，常用 φ 表示，

$$\varphi = \frac{Q}{t} \tag{2-1}$$

式中，Q 为热量；t 为时间，单位为 W 或 J/s。热流单位常用 HFU 表示，$1HFU = 10^{-6} \mu Cal/(cm^2 \cdot s)$，即每秒（s）中在 $1cm^2$ 面积上通过的热流量为 $10^{-6} \mu Cal$ 时定义为 1 个热流单位。

热流密度又称大地热流密度，指单位时间内由地壳内部向地表面垂直散发的热量，其单位为 mW/m^2，与热流单位的关系是 $1HFU = 41.868mW/m^2$。热流密度（q）为一个向量，可表示为：

$$q = -\kappa \left(\frac{\partial T}{\partial Z} \right) \tag{2-2}$$

式中，κ 为岩石热导率；$\partial T/\partial Z$ 为地温梯度。不同地区的热流密度不同，全球的热流值变化范围为 0.6~3.0HFU，平均 1.47HFU，一般构造活动区热流密度大。

岩石热导率表示岩石导热能力大小的参数，指沿热流传递的方向上，传递距离为 L 并温度（T）降低 1℃时，单位时间（τ）内通过单位面积（S）的热量（Q），即

$$\kappa = \frac{Q}{\left(\frac{\Delta T}{\Delta L} \cdot S \cdot \tau \right)} = \frac{q}{\frac{\Delta T}{\Delta L}} \qquad (\mu Cal/(cm \cdot s \cdot ℃)) \tag{2-3}$$

不同岩石的热导率不同（表 2-3），即使是同一种岩石的热导率因所处环境不同而不同。一般情况下岩石热导率随压力与密度的增大而升高，随温度的增高而减小。

表 2-3 　部分岩石与水的热导率

岩石	花岗岩	片麻岩	玄武岩	辉长岩	砂岩	页岩	灰岩	水 (25℃)
热导率 (W/(m·℃))	1.9~3.2	1.9~3.7	1.5~2.2	2.0~2.3	2.5~3.2	1.3~1.8	2.0~3.0	0.59

中国大陆地区大地热流测点地理分布见图 2-1。

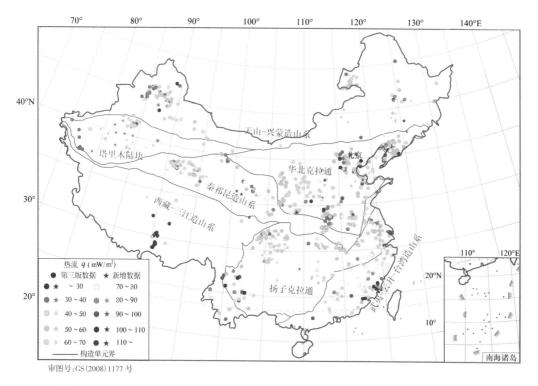

图 2-1 　中国大陆地区大地热流测点地理分布图（第四版）（据姜光政等（2016））

2. 地温

地温指地壳岩土的温度。由于地壳浅部岩土受太阳辐射热的影响，由于地壳内部不断有放射性热的产生，也由于地壳中又有地壳深部与上地幔的热流不断上涌，使地壳中任何岩土都具有一定的温度。然而，地壳中的温度分布是不均匀的，特别是垂向上表现出一定的变化规律，这种变化规律常用地温梯度表述。在一个地区，地壳的表层地温主要受太阳辐射热的影响，地壳深层地温主要受地温梯度的控制，因此表现为一定的分带性，即可分为变温带、恒温带与增温带（图 2-2）。

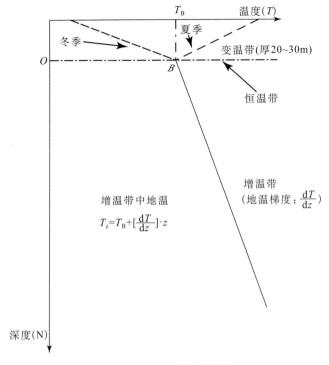

图 2-2　地温分布示意图

变温带又称变温层，指地表面以下，地温受太阳辐射热影响的深度之上的岩土层。由于太阳辐射热有昼夜与季节的变化，变温带的地温也随昼夜与季节变化，一般表现为白天温度高，夜间温度低，夏季温度高，冬季温度低，但这种变化的幅度明显小于气温的昼夜与季节变化。地温的昼夜变化与深度，一般不超过 1m，季节变化的深度一般为 20~30m，但在山区峡谷地区可达 100m。这个带上，不宜观测地温或水温动态。

恒温带，又称恒温层，指地壳中地温不随季节变化的岩土层，即变温层的底面，也是增温层的顶面。

增温带，又称增温层，指地壳中地温随深度的加大而有规律升高的岩土层。

3. 地温梯度

地温梯度指地壳增温带中地温随深度升高的规律，一般用深度每增加 100m 时升高的温度值（℃）来表述，其单位为℃/hm。地温梯度又称地热梯度或地温增温率。地温梯度的倒数为地温增温级，其含义是地温每升高 1℃时的深度加大值。地温梯度的大小与所在地区的大地热流量成正比，与热流体所经过的岩石（体）的热导率成反比。全球地壳的平均地温梯度为 3℃/hm，但各地因大地构造环境与地热演化历史、组成岩石的热导率不同等，地温梯度值不等。即使是同一个地点，由于不同深度上的岩性不同地温梯度也不等。

表 2-4 所列为我国各地实测到的地温梯度值。图 2-3 所列为同在云南省永善县务基乡相距仅 500m 的同在寒武纪灰岩层的两口井中测得的地温梯度，由图不仅可见两处的变温带、恒温带与增温带的深度不同，增温带中的地温梯度不同，即使在同一口井不同深度上温度梯度也不同。

表 2－4　在我国不同地区测得的地温梯度值

实测地区	西藏羊八井	云南腾冲	华北平原	松辽平原	江汉平原	酒泉盆地	四川盆地	北京房山
地温梯度（℃/hm）	2.9~3.3	2.45	3.4~3.8	3.4~3.8	3.3	2.8	1.6~2.5	1.14

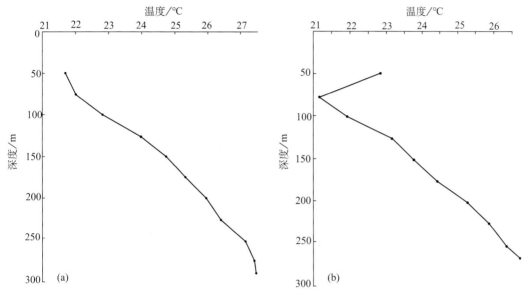

图 2－3　云南永善县务基乡两口井测得的地温梯度
(a) W1 井；(b) W2 井

4. 井水温和泉温

水温观测一般分井水温和泉水温两种观测。井（泉）水温指观测井（泉）中某一固定深度点上的井（泉）水温度的测量，其基本单位是摄氏度（℃）。水温观测以承压含水层井水温和深循环温泉水温变化为观测对象，揭示区域构造活动引起的热物质运移、断层能量转化与井水温或泉水温之间的物理联系，获取与地震孕育及发生过程中的有关信息。

2.2　热的传递

热传递方式指地壳中的热由高温区向低温区迁移的方式。热传递的基本方式有三种：热辐射、热传导与热对流。地下流体中热传递的主要方式是热对流。

2.2.1　热辐射

热辐射指不借助于任何传递介质而直接通过热物体表面的电磁效应向热物体外发射热的传递方式。这种效应通过物体发射热射线来实现，这种射线的频段主要是红外光谱范围内。热物体表面的辐射热 q_γ 可表述如下：

$$q_\gamma = \varepsilon \cdot \sigma \cdot T^4 \qquad (\text{Cal/cm}^2 \cdot \text{s}) \qquad\qquad (2-4)$$

式中，T 为热物体温度；σ 为斯特芬-波兹曼常数（$5.68 \times 10^{-12}\,\text{W} \cdot \text{cm}^{-2}\text{K}^{-4}$）；$\varepsilon$ 热发射率，不同物体的发射率不同，一个黑体的发射率为 1.0，其他物体的发射率一般 <1.0，玻璃与木材的发射率为 0.7~0.9，黏土为 0.91，炭黑为 0.98 等。

2.2.2　热传导

热传导指固体介质中，通过分子间的相互碰撞而传递热的方式。介质中热能以分子振动的形式存在，振动强度取决于温度，高温时振动强度大，因此不同温度的分子相碰撞时，高温分子把热能传递给低温分子，由此实现热的传导。在各向同性的介质中，热传导方程可表述如下：

$$q_x = -\kappa \frac{\mathrm{d}T}{\mathrm{d}x} = -\kappa \Delta T \qquad (\text{Cal/cm}^2 \cdot \text{s}) \qquad\qquad (2-5)$$

式中，q_x 为 x 方向传导的热量；κ 为岩石热导率；T 为温度；x 为传递距离。然而，两种不同介质中的热传导，如井筒中的水与井壁间传导，热量（q）可用牛顿冷却定律表述，即

$$q = \alpha(T_s - T_w) \qquad (\text{Cal/cm}^2 \cdot \text{s}) \qquad\qquad (2-6)$$

式中，T_s 为井壁的温度；T_w 为井水温度；α 是界面传热系数（$\text{Cal/cm}^2 \cdot \text{s} \cdot ℃$）。

2.2.3　热对流

热对流指流体中通过流体质点的运动实现热传导的方式，可分为二种：一种是自然对流（热扩散），即流体中存在温度差时，由于高温处密度小，低温处密度大，流体由密度小或温度高处向密度大或温度低处流动，此时热由高温处向低温处或由低温处向高温处传递。另一种是强迫对流，即流体中存在压力差时，流体由高压处向低压处流动，此时随着流体的运动实现热的传递。地下流体中热传递的主要方式是强迫对流，热通过水流运动或气流运动而传递。由于地下水流引起的热流量（q_w）可表述如下：

$$q_w = \rho C V \Delta T \qquad\qquad (2-7)$$

式中，ρ 为水的密度；V 为水流速度；ΔT 为温度差；C 为水的比热。比热指 1g 水温度升高 1℃ 所需吸收的热量。在一个大气压下 15℃ 水的比热般为 $1\text{Cal/}(\text{g} \cdot ℃)$，但 100℃ 时降到 $0.49\text{Cal/}(\text{g} \cdot ℃)$。

有的学者提出并应用热弥散的概念，是指由于流体动力弥散引起的热传递方式，其实质是热对流。热弥散是孔隙含水层热量运移中一种特有的换热现象，由于介质孔隙内水流速度，引起热量平均化，从而导致换热效果的增强，使得多孔介质中的热量运移表现出弥散效

应。各向同性介质中，由温差引起的热弥散方程可表述如下：

$$\frac{\partial T}{\partial t} = D \frac{\partial^2 T}{\partial z^2} \qquad (2-8)$$

式中，T 为水温；t 为时间；D 为热扩散系数；z 为距离。热扩散系数 D 为分子热扩散率 D_0 与比涡旋热扩散系数 D^* 之和，后者可以比前者大数个数量级，与水流速度有关。

热扩散系数是反映温度不均匀的物体中温度均匀化速度的物理量。热扩散系数表达式为

$$\alpha = \lambda / \rho \cdot c \qquad (2-9)$$

式中，α 为热扩散率或热扩散系数，单位为 m^2/s；λ 为导热系数，单位为 $W/(m \cdot k)$；ρ 为密度，单位为 kg/m^3；c 为比热，单位为 $J/(kg \cdot K)$。

常见岩石的热扩散系数、导热系数和比热见表 2-5。

表 2-5　常见岩石的热扩散系数和导热系数

玄武岩（密度为 2.68g/cm³）

热学性能		20℃	30℃	40℃	50℃	平均
热扩散系数	mm²/s	1.394	1.360	1.319	1.297	1.343
	×10⁻³m²/h	5.018	4.896	4.748	4.669	4.833
导热系数	W/(m·K)	2.840	2.898	2.932	2.916	2.897
	kJ/(mh℃)	10.22	10.43	10.55	10.50	10.43

泥质白云岩（密度为 2.80g/cm³）

	mm²/s	1.903	1.836	1.765	1.710	1.804
热扩散系数	×10⁻³m²/h	6.851	6.610	6.354	6.156	6.493
导热系数	W/(m·K)	4.308	4.333	4.191	4.239	4.268
	kJ/(mh℃)	15.50	15.60	15.08	15.26	15.36

灰岩（密度为 2.72g/cm³）

热扩散系数	mm²/s	1.311	1.260	1.225	1.186	1.246
	×10⁻³m²/h	4.720	4.536	4.410	4.270	4.484
导热系数	W/(m·K)	2.915	2.911	2.961	2.937	2.931
	kJ/(mh℃)	10.49	10.48	10.66	10.57	10.55

2.3 地下热水和地下水温度

2.3.1 地下热水的形成和分布

地热异常区，又称地热田。我国的地热田，主要是地下热水发育区，即地下水温度超过当地一般地下水温度的地区。

地热田中热水的形成，与地热异常区的形成一样，主要是与大地构造活动有关，在大陆地区则与深大断裂和新生代岩浆活动有关，多是大气降水沿断裂带深循环形成的。

地下热水的主要标志是水温高，但由于各地热水形成的作用不同，具有不同的温度。我国地下热水的分布及其形成条件与温度特征，如表 2-6 所列。

表 2-6 我国主要热水发育区及其特点

地下热水的主要发育区	地下热水的形成条件	温泉发育特征与水温
台湾地区	板块边缘，构造活动、火山活动与地震活动强烈	水温高，有近百处温泉，有 6 处水温高达 100℃ 以上，最高 140℃
华北断块区	中生代以来，构造活动活化，新生代以来构造活动强烈，断块差异运动显著	华北平原区地下 1000~3000m 水温达 100℃，该区温泉较多，水温 40~70℃
华南断块区	中新生代以来构造活动强烈，伴随有岩浆活动	以雪峰山为界，东部的东南沿海地区温泉多达 300 多处，水温 60~70℃，高处可达 100℃；西部的四川盆地，江汉盆地水温一般为 23~40℃，个别可达 60℃ 以上
东北地区	中新生代构造活动不强烈，地震活动弱	温泉不多，水温不高，松辽平原下 1000m 深度不过 50℃
雅鲁藏布江地区	板块边缘，最年轻的造山带，构造活动极强烈地区	温泉很多，其中有不少为水热爆炸区、沸泉、间歇泉，水温多高达 80℃ 以上，热储层温度有 300℃
腾冲地区	有 50 处第四纪火山，深部有岩浆活动	有 70 多处温泉，还有间歇泉与喷气孔，最高水温达近 100℃，10 多米深度下水温可达 145℃
藏北高原与川西地区	构造活动较强烈，地震活动频繁	有温泉发育，水温一般低于 50℃，但川西地区个别温泉水温可达近 100℃
西北地区	构造活动相对弱	温泉发育不多

2.3.2　地下水温度

温度是地下水最重要的物理特性。它的高低，直接影响着各类组分的溶解度等物理，化学特性。在地下水中，一般盐类的溶解度随温度的升高而升高，从而加快水岩相互作用；当水温升高10℃时，水分子的扩散速度约增大20%，由此使水岩相互作用的化学反应速度可增强2~3倍，从而溶解度显著升高。对于气体而言则相反，随着温度的升高，气体的溶解度明显下降。

地下水可按温度高低分为过冷水、冷水、热水与过热水；热水可分为低温热水、中温热水、中高温热水等，如表2-7所列。

在地震地下流体研究中，地下水温度的研究内容中包括根据井（泉）水的温度计算地下热水循环深度，即计算大气降水向地下入渗到什么样的深度后返回地表。其计算公式为

$$H = \frac{T_R - t_a}{Q} + h \qquad\qquad (2-10)$$

式中，H 为地下水循环深度（m）；T_R 为地下热水温度（℃）；t_a 为当地年平均气温（℃）；Q 为低温梯度（℃/m）；h 为当地年常温带的深度（m）。

表 2-7　地下水的温度分类表

地下水类型	温度/℃	地下水类型	温度/℃
过冷水	<0	中高温热水	60~80
冷水	0~20	高温热水	80~100
热水		过热水	
低温热水	20~40	低温过热水	100~374
中温热水	40~60	高温过热水	>374

1. 井水温与地温的关系

井水温度与地温一样，随深度的变化而变化，两者关系十分密切。浅部的水温，也随昼夜与季节气温的变化而变化，在一定深度下则随地温梯度而变化，井水温度也有梯度，其与地温梯度密切相关，但又不完全相同。

当井水位长期处于不变状态或变化幅度很小时，可认为井水温梯度与地温梯度相同，地温分带与水温分带也一致，此时井水中某一深度的温度与该深度上的地温一致。但井水位不断变化或井水自流时，井水温梯度与地温梯度是有差异的。同一个深度上水温与地温也不完全相同，特别是高精度温度观测井这种差异性更为明显。因此，地震地下流体观测中，切不可把水温与地温等同起来。

2. 井水温梯度

井水温梯度是在井中实测得到的，实测结果表明，井水温梯度远比地温梯度复杂。

邓孝（1989）曾分析过在传导和垂直对流两种传热作用下，一维稳态温度场所具有的特征。在均一各向同性的介质中，受传导和对流两种传热作用控制下，一维稳定温度场中的温度分布可用下面公式说明：

$$\frac{\mathrm{d}^2 T}{\mathrm{d}z^2} - \frac{c\rho}{\kappa} \cdot \frac{\mathrm{d}(Tv)}{\mathrm{d}z} = 0 \tag{2-11}$$

式中，T 表示温度；c、ρ 分别表示流体比热和密度；κ 表示含水岩石的热导率；v 表示流体在 z 轴方向上的体积流速，其为正表示流速向下，为负表示流速向上。

当设定地下水垂直运动段的长度为 L，其上、下两端的温度分别为 T_1、T_2（图 2 - 4），且体积流速为常数时，Bredehoeft et al.（1965）给出（2 - 12）式的解为

$$T = (T_2 - T_1)\left[\exp(\beta z/L) - 1\right]/\left[\exp(\beta) - 1\right] + T_1 \tag{2-12}$$

式中，T 为 z 深度处的温度；z 为垂向上从 T_1 向下的距离；β 表示无因次量，$\beta = c \cdot \rho \cdot v \cdot L/K$。

式（2 - 12）表明，在伴有对流作用下，温度场比单一传导机制下的温度场复杂。在均质条件下的传导温度场内，温度分布只决定于边界温度，而在有对流作用参与下，温度分布不但决定于边界温度，同时还依赖于介质的热传导率（κ）、流体的比热（c）和密度（ρ）以及流体的流速（v）等诸多参数。此时，温度的垂直分布不再是直线。在水流向下运动时，$\beta>0$，温度的分布如图 2 - 4 的曲线 A。可见某一深度的温度比没有水流时的温度要低（图2 - 4 中的水平线），或者说要在比没有水运动时更深的地方，才能达到相同的温度（图 2 - 4 中的垂直线）。若是有上升水流存在，$\beta<0$，温度的分布将有和曲线 A 方向相反的图式，如曲线 B。而在流速 v

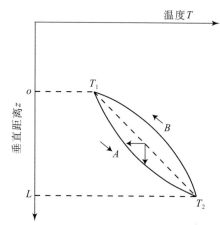

图 2 - 4　水对流作用对地温场的影响
（箭头表示水流方向）（据邓孝（1989））

趋于 0，即 $\beta=0$ 时，则对流消失，转为单一传导情况，温度分布呈直线（图 2 - 4 中的虚线）。

随着垂直水流速度（v）的增加，温度曲线的曲率越大，更加与传导型的直线相背离。由式（2 - 12）可以求出垂向地温梯度的表达式为

$$\frac{\mathrm{d}T}{\mathrm{d}z} = -(T_1 - T_2) \cdot \frac{\beta}{L} \cdot \frac{\exp\left(\frac{\beta z}{L}\right)}{\exp(\beta) - 1} \tag{2-13}$$

式（2-13）说明，在有垂直对流时，地温梯度随深度而变化，当流速 v 为正（即水流向下）时，温度梯度自上而下增大，当流速为负（即水流向上）时，温度梯度由下而上增大。

根据式（2-12）和式（2-13），可求出地温梯度 $\left(\dfrac{\mathrm{d}T}{\mathrm{d}z}\right)$ 和温度（T）之间的关系为

$$\frac{\mathrm{d}T}{\mathrm{d}z} = \frac{(T_2 - T_1)\dfrac{\beta}{L}}{[\exp(\beta) - 1]} + \frac{\beta}{L}(T - T_1) \tag{2-14}$$

式（2-14）表明，$\dfrac{\mathrm{d}T}{\mathrm{d}z}$ 与 T 为一直线方程，直线的斜率等于 β/L。因此，根据钻孔温度观测资料，可绘制出地温梯度和温度的关系直线，以此为判断对流是否存在的根据。当 $\dfrac{\mathrm{d}T}{\mathrm{d}z}$ 与 T 具线性关系时，可以求得其斜率值，即 β/L；若在 c、ρ 和 κ 三项参数均为已知的情况下，可推算出流体的运动速度。

为使通过钻孔温度实测结果推算地下水流速的方法更为简便，还可对式（2-12）进行简化，若以 $f(\beta, z/L)$ 表示 $[\exp(\beta z/L) - 1]/\exp(\beta-1)]$ 这一函数，该公式可以改写为

$$\frac{T - T_1}{T_2 - T_1} = f\left(\beta, \frac{z}{L}\right) \tag{2-15}$$

式（2-15）左侧表示地下水垂直对流段内某点的相对温度，右侧表示由深度及对流要素决定的函数，当给定 β 值及 z/L 值，则可得到 $f(\beta, z/L)$ 函数的值，由此，可作出 z/L 与 $f(\beta, z/L)$ 的相关曲线图表（图2-5）。根据实测的钻孔温度，借助于这一图表，可容易地求得地下水的流速，从而确定地下水对流传递的热流量。

基于以上的分析，地下水垂直运动对温度场的影响可概括为以下几点：

（1）有地下水垂直运动参与下，温度的垂直分布不再保持直线，而呈现为曲线，当水流向下运动（速度为正）时，温度曲线呈向下弯曲（下凹）的形式；水流向上运动（速度为负）时，温度曲线呈向上弯曲（上凸）形式。

（2）在地下水垂直运动带内，地温梯度随深度而改变，当水流向下时，地温梯度自上而下由小变大，水流向上时，地温梯度自下而上，由小变大。

井水温梯度同地温梯度一样，随深度而变，一般情况下随深度的增大而有规律升高，表现出正梯度的特征，但由于井水外围低温地下水流的影响或井底存在强径流低温水如暗河水等，有时表现出负梯度特征，即在一定深度段范围内表现出随深度的增大水温有规律下降的特征。在我国一些观测井中如新疆的温泉井，可见到水温随深度呈负梯度的现象（图2-6c）。

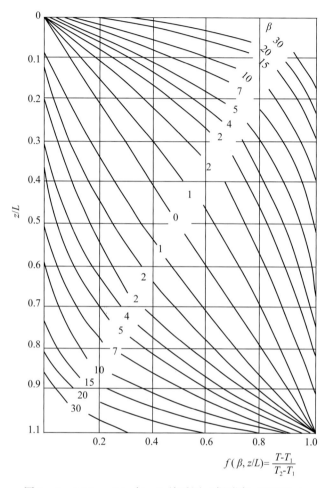

$$f(\beta, z/L) = \frac{T - T_1}{T_2 - T_1}$$

图 2-5 $f(\beta, z/L)$ 与 z/L 关系图（据邓孝（1989））

　　井水温度梯度，本身也由于井筒外围岩土的热导率不同，岩土层的含水性不同，含水层中地下水径流条件及地下水温度不同等原因，常常表现出随深度的变化（图 2-6a、b），这种变化的幅度可以是较大的，不仅其值有正有负，正梯度中也有几℃/100m 到几十℃/100m（表 2-8）。在地温梯度中，一般不会出现负梯度，各深度段的梯度值也不会变化如此之大。在自流井中，井水温梯度与地温梯度的差异更加明显。由于水的热导率低，由深部承压含水层中流出的井水在井筒中向上流动时，温度损失不大，因此井水温度的梯度不大，在深度（h）-温度（t）关系曲线中的斜率比地温要小得多。

　　因此，井中某一深度上的温度与同深度上的地温是有差异的。井水温可以高于地温，井水温也可以低于地温，这种差异有大有小，差异的特征与井孔的水文地质条件有关。

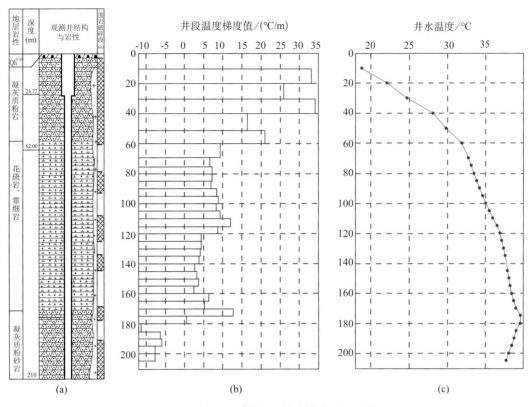

图 2-6　新疆温泉井地层与测得的水温梯度

(a) 钻孔剖面；(b) 各深度段梯度；(c) 各井水温梯度曲线

表 2-8　新疆温泉井各深度段水温梯度值

深度段/m	10~60	60~120	120~160	160~180	180~210
水温梯度/（℃/hm）	15~35	7~12	2.5~4.5	0~10	−4~−10

2.3.3　井含水层系统中的热传递

　　观测井及其外围的热主要来源于地热。观测井任何点上的温度，不论水温还是地温都是地球内部的热由深处向地表释放的结果。由于观测井-含水层系统中水温与井筒外地温之间、观测井水温与井中无水段气温之间均存在热的不平衡与温度的差异，导致各点温度随时间变化，即形成了动态水温。在地壳增温带范围内，井-含水层中的热系统存在两个梯度。一是井筒内水中存在随深度变化的水温垂向梯度，一般为正值，但梯度值在各深度段上是可变化的，个别情况下局部还可能出现负梯度；二是在井-含水层之间存在随井筒外边到含水层深处的距离而变化的水平向梯度，这种梯度不会太大，而且存在的范围也不会很大，一般在几米至十几米。在这两个梯度带内存在水流运动，垂向梯度带内井水的上下运动将引起井筒内热的对流；水平向梯度带内井与含水层之间水的横向运动，也必然引起井筒内水的上下运动与相应的热对流。其次，井筒内井水与井筒外围岩之间存在一个温差与热流。由于井筒内水柱不断上下运动，其间的热平衡也不断遭到破坏，从而导致其间的热流也在不断变化。在某一深度上，当井水温度高于围岩地温时，热由井内向井外传导；当井水温度低于围岩地温时，热由井外向井内传导。再次，井水面上存在井水与大气间的热辐射，即不同介质界面上电磁效应向热物体外传递的热效应。由此可见，井-含水层系统中的热运动有三种基本形式，即热对流、热传导和热辐射，其方式决定了井筒内某一点的水温变化。

对于观测井某一深处水温背景值与水温动态的分析，应放在这个热系统中进行。某一深处水温的背景值，主要取决于该地大地热流作用下形成的地温梯度，此梯度与井筒内的水温梯度相近，但两者是有差别的。目前由于离开钻孔还无法测得地温梯度，所以一般忽视了这种差异，认为水温梯度就是地温梯度，其实不然。某一深度的水温动态虽取决于多种因素，但主要取决于井-含水层间水（热）流运动与两个梯度及井水与围岩之间的热平衡与热传导，有时还可能与当地大地热流作用的变化相关。

综上所述，水温动态变化极其复杂，对其变化机理学者们并未有统一说法。学者提出的不同机理，针对某一现象或具体研究对象时有其合理性，但不具普适性。一般情况下影响井水温度动态的主要因素是井-含水层间及井筒内的水流运动，即水热动力学机制（鱼金子等，2012；车用太等，2014）。其余可能影响井水温动态的可能机制有断层摩擦热，即地震的孕育和发生同断层活动关系密切，而断层活动会产生摩擦热，当这种热影响到含水层中时有可能导致井水温度的异常变化（车用太等，2008）；动力加载作用（鱼金子等，2012）；地热动力学机制，即井水与井筒外岩石间存在的温度差异（车用太等，2014）。下面将分别阐述这几种机制。

1. 水热动力学机制

水热动力学机制指井水温的变化是由水流运动引起的机制。当含水层受到力的作用而变形破坏并导致孔隙压力变化时，会引起井-含水层间与井筒内的水流运动，此时在两个水温梯度作用下会产生井筒内各深度上的水温变化。同样，当含水层内存在地下水的补给与排泄作用时，也会按此机制引起井水温变化。这种变化属于水温的宏观动态。很显然，水热动力学机制下井水温的变化与井水位的变化密切相关，如表 2-9 所示，不同条件下，特别是水温梯度特征不同的情况下，同一水文地质条件或地球动力作用下可能表现出水温动态的不同特征（车用太等，2014）。

表 2-9　水热动力学机制下井水温变化特征

含水层内的变化		井-含水层间水流运动	井筒内水流运动方向	井水位变化	井水温变化	
					正梯度	负梯度
地下水补排关系变化	补给量增多或排泄量减小	含水层地下水→井水	向上	上升	上升	下降
	排泄量增多或补给量减少	井水→含水层地下水	向下	下降	下降	上升
变形破坏与孔隙压力变化	被压缩使孔隙压增大	含水层地下水→井水	向上	上升	上升	下降
	被拉张或破裂使孔隙压减小	井水→含水层地下水	向下	下降	下降	上升

Furuya et al.（1988）与张昭栋等（2002）推测认为自流井水温固体潮效应与地下水流量的潮汐变化有关；Rosaev and Esipko（2003）在分析俄罗斯 vorotilovo 深井的观测资料时，提出了"分层"的概念，即每一含水层都有其自身的潮汐响应效能；刘耀炜（2009）认为水温固体潮效应是由于含水层固体变形引起井孔内部排水与吸水作用，使得上下层不同温度水混合后形成的温差效应的结果；马玉川等（2010）认为自流井水温固体潮效应机制可能主要为热传导机制和热对流机制，并且经气压改正后的水温观测资料调和分析结果可以反映固体潮对井水温度的影响程度。杨竹转（2011）于 2007 年 12 月至 2008 年 11 月在北京塔院井的 6 个深度上进行了水温潮汐特征差异性的试验观测研究。塔院井深 361m，套管设置深

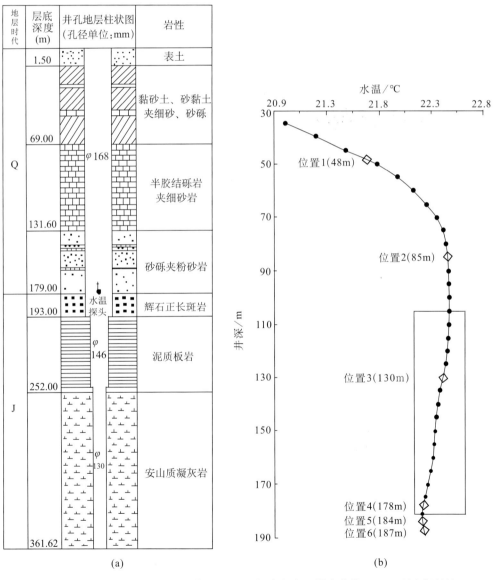

图 2-7　塔院井井孔地层柱状图（a）及其 30~190m 深度段水温梯度曲线（b）（引自杨竹转（2011））

度为 0~252m，观测含水层是顶板埋深为 252m 的 J_{2t} 凝灰岩裂隙承压含水层（图 2-7a）。井水温度梯度基本特征如下：30~80m 井段为正梯度，80~184m 井段为负梯度，184m 以下井段又变为正梯度（图 2-7b）。在 48、85、130、178、181 和 187m 等 6 个深度上分别进行水温潮汐动态观测，并与水位潮汐动态进行比较，其结果如图 2-8 所示。显然，不同深度上观测到的水温潮汐特征差异明显（表 2-10），特别是 130 和 178m 深度上观测到的水温潮汐相位与水位潮汐相位相反，即井水位上升时水温下降，而井水位下降时水温上升，这样的特征可能与此井段（相当于第四系孔隙含水层段）水温负梯度有关；184 和 187m 深度上水温潮汐相位与水位潮汐相位一致，可能与此井段水温正梯度有关。由此可见，水温潮汐微动态形成机制可用水热动力学机制予以很好的解释。

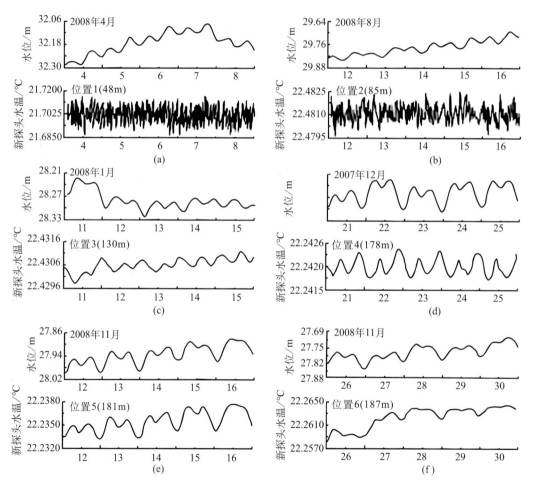

图 2-8　塔院井 6 个深度上观测到的水温潮汐及其水位潮汐对比图（引自杨竹转（2011））

表 2 - 10　塔院井 6 个深度上水温潮汐基本特征比较（引自车用太等（2014））

观测深度 (m)	日超差 (℃)	观测日期		月相
		公历	农历	
48	0	2008.04.04~08	二月廿八至三月初三	朔
85	0	2008.08.12~16	七月十二至十六	望
130	0.0005	2008.01.11~15	十二月初四至初八	上弦
178	0.0007	2007.12.21~25	十一月十二至十六	望
184	0.0035	2008.11.12~16	十月十五至十九	望
187	0.0020	2008.11.26~30	十月廿九至十一月初三	朔

　　水温的同震响应与水位同震响应的关系更为复杂，这种复杂的情况也可用水热动力学机制给出合理的解释。刘耀炜等（2005，2009）广泛收集了大陆地下流体台网对 2014 年 12 月 26 日苏门答腊 8.7 级地震以及 2008 年 5 月 12 日汶川 8.0 级地震的同震响应，分析了水温响应特征的基本类型，提出地下水温的同震下降变化是因为井孔含水层周边上层地下水随着振动效应的作用，加大了向下垂直运动的速率，低温水快速混入观测含水层中，从而引起水温的快速下降。孙小龙等（2007）在分析本溪井水位与水温变化关系时提出，自流井水温变化与流速密切相关。在井孔流程不变时，水温主要取决于泄流速度，即流速与水温成正相关关系，流速增大，散热量减小，水温就高；反之就降低（贾化周等，1995）。石耀霖等（2007）在统计唐山矿井一井多震的同震响应资料后，通过有限单元法模型计算，认为井水垂直振荡时搅动井水引起的热弥散效应是造成同震水温变化的主要原因。即在水位同震振荡时，一些温度较高的高分子动能的水弥散到温度较低的低分子动能的水中，而一些低分子动能的水分子弥散到温度较高处形成水温的变化，在一定条件下形成同震水温降低的现象。

　　车用太等（2014）根据刘耀伟（2009）研究的全国地下流体台网中水温和水位对 2008 年 5 月 12 日汶川 M_S8.0 地震的同震响应特征的研究结果，利用水热动力学机制解释了井水位和水温不同形态组合的同震响应现象（图 2 - 9）。井水位振荡意味着井筒内不同温度的水上下混合。当井水温度梯度为正时，混合结果使水温梯度的斜率改变。井水上下混合后井筒上半部水温升高、下半部水温下降，因此温度传感器若放置在井筒下半部时会记录到水温下降（图 2 - 9a 中 A 型），而传感器若放置在井筒上半部时则会记录到水温上升（图 2 - 9a 中 B 型）。在井水温度梯度值为正的井中，当水温传感器放置在观测含水层以上时，井水位上升时水温梯度线上移，井中某一点的水温上升（图 2 - 9b 中的 C 型）；井水位下降时水温梯度线下移，井中某一点的水温下降（图 2 - 9c 中的 E 型）。在井水温度梯度值为负的井中，若将水温传感器放置在观测含水层以上，井水位上升时水温梯度线上移，井中某一点的水温下降（图 2 - 9 中 D 型）；井水位下降时水温梯度线下移，井中某一点的水温上升（图 2 - 9e 中 F 型）。

　　上述的水热动力学机制，只适合于简单的井-含水层水文地质模型。如果观测井有多个观测含水层，且各含水层的渗透系数（K）与厚度（M）不同时，由于各层的导水系数（T

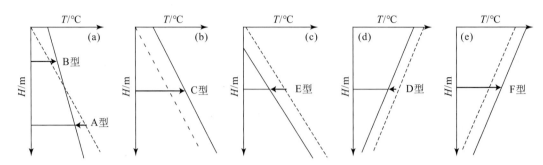

图 2 - 9　井水位与水温同震响应组合关系多样性的水热动力学机制解释

虚线为井水温度的原梯度线；实线为同震响应后井水位变化引起的水温梯度线变化

（a）井水位振荡时，井筒上半部水温上升，下半部水温下降；（b）水温梯度值为正时，井水位上升，井水温上升；

（c）水温梯度值为正时，井水位下降，井水温下降；（d）水温梯度值为负时，井水位上升，井水温下降；

（e）水温梯度值为负时，井水位下降，井水温上升（引自车用太等（2014））

$=KM$）不同，同一力学作用下各含水层对井水温度或热变化的贡献不同，再加上温度传感器放置深度不同，因此会导致更加复杂多样的水位与水温同震响应关系和水温同震响应形态。这种情况下，用水热动力学机制解释水温微动态特征，显然是复杂的。

2. 其他机制

1）断层摩擦热

断层活动产生的摩擦热作用会导致井水温发生变化。现代地震学认为，地震的孕育与发生同断层活动密切相关，而断层活动会产生摩擦热，当这种热影响到含水层中时有可能导致井水温的异常变化（车用太等，2008）。目前获取断层摩擦热信息的主要途径是在大地震发生后的短时间内，通过科学钻探揭露断层破裂带并在断层破裂带上直接进行温度观测。如台湾集集地震（Ma et al.，2013）、四川汶川地震（许志琴等，2008）以及日本东海地震（Ujiie et al.，2013）：1999 年 9 月 21 日，我国台湾集集地震（$M_W7.6$）发生在南北向的车笼埔断裂，科学家在车笼埔断裂进行了深井钻探，Sakaguchi et al.（2007）研究发现集集地震断层摩擦产生的最大温度达 580℃，而背景温度为 130℃，说明断层活动产生大量摩擦热。2008 年 5 月 12 日，我国四川汶川地震（$M_W7.9$）发生在青藏高原东缘龙门山断裂带，科学家快速实施汶川地震断裂带的科学钻探（WFSD），在取自九龙山灌县—安县断裂带的高精度井温剖面测量的一号孔（WFSD-1）岩心剖面出现了钻孔内断层摩擦残余热（Li et al.，2015）。在断裂带内测量温度可以更直接的测量出温度的变化，在钻井结束后，对井孔壁进行了测量，观察综合测井曲线认为，地震断裂导致温度异常（郭瑞强，2011）。2011 年 3 月 11 日，日本东北地区近海地震（$M_W9.0$）发生 16 个月后，日本海沟快速钻井项目（JFAST）的综合海洋钻探计划（IODP）在海沟附近的断层带上钻孔安装了钻孔温度观测仪，该断层带在地震中滑动了约 50m，运行 9 个月后，回收了全部的传感器组。结果发现板块边界断层的异常温度为 0.31℃，相当于地震时每平方米释放了 27MJ 热量（Fulton et al.，2013）。以上研究实例反映出断层活动产生摩擦热作用，而断层摩擦残余热作为热源有可能导致井水温度的异常变化。这种影响是否能达到浅部的观测井，没有明确的理论分析和实际观测资料支持。

2）应力加载作用

井-含水层系统在应力加载作用下井水温会有响应特征，且动态特征复杂多样。不仅不同观测井的响应特征不同，而且同一口井的不同深度段上观测到的响应特征差异也十分明显（鱼金子等，2012）。应力加载作用会使岩石介质参数发生变化，岩体介质参数的改变是直接影响地下水温动态变化的内在因素。孙小龙等（2006）通过探讨应力加载作用引起地下水微温度场的变化认为，在水温动态变化中，一方面，当作为热水补给通道的裂隙和断层由于应力的作用而发生开启或闭合时，引起热水流入量的增加或减少，并导致水温的上升或下降；另一方面，应力作用还可以导致水压的变化，从而引起流速的变化，造成热水流入量的变化，并引起水温的变化。同时应力加载作用也是井水温动态变化的主要动力源。由应力加载作用引起的井水温变化被称为水温震前异常。

根据车用太等（1994）对井（泉）水温异常出现的时间与震前异常过程发生转折或结束时间的统计资料表明：水温异常绝大多数属于短临异常。但刘耀炜等（2008）通过对云南宁洱 6.4 级地震前思茅观测井和曲靖观测井水温的变化情况分析，得出在部分强震前也会出现中短期异常和震后效应变化。

目前，水温震前异常机理总体上还不清楚，较复杂，主要有以下观点：一是含水层受到力的作用而变形，促使井-含水层间产生水流运动和热对流；二是大地热流的脉冲状变化机理，引起井-含水层系统的热状态变化；三是断层活动产生的摩擦热作用导致井水温度发生变化。由于岩石热传导率低，震源体附近的热量或者断层表面的摩擦热传导到地壳浅层需要时间很长，引起温度变化的异常量也非常小，所以要观测到热传导的温度前兆异常是极为困难的；但是大地热流通过地下水的流动可以在较短时间传输到地表，特别是在导水导气的断裂带中，由于存在热对流，很有可能在有限的时间内影响到地壳表层而且变化量相对较大（晏锐等，2015）。井水温度的动态变化是由于水流动产生的热对流引起的变化（鱼金子等，2012）。当地壳中有强震孕育与发生时，在导水导气的断裂带中，由于存在热对流，很有可能在有限的时间段内有热流影响到地壳表层中，改变井水温度，表现为水温震前异常。

3）地热动力学机制

地热动力学机制指井水温度的变化是由固体介质的热传导引起的，是一种与井筒或井-含水层系统中水热运动无关的机制。这种机制可以合理地解释井水温度同震响应之后的两类变化：一是同震响应逐渐消失；另一种是同震响应"长久"不消失，或井水温背景值发生变化的震后效应（图 2-10）。

图 2-10a 为山东省蒙阴井汶川 M_S8.0 地震时的水温同震响应及震后效应记录图。该井深 491m，观测含水层为顶板埋深 331m 的第四系砂砾石孔隙承压含水层。水温同震响应为下降，但震后水温很快转为上升，约 8 小时后水温完全恢复到震前水平。据汶川地震的水温震后效应统计（赵刚等，2008），107 口井中约 38% 的井属于此类。但各井震后水温恢复到震前水平所需的时间长度差异很大，其中短者仅为 1~2 小时，长者则需 3~10 天。对于这类井的水温震后恢复机制，可用井筒内水热与井筒外地热的热平衡和热传导的地热动力学机制给出合理的解释。各井水温震后恢复时间之所以有长有短，主要取决于井筒外岩土层的热传

导能力。不同岩石的导热系数，以及裂隙化程度有差异的同一种岩石的导热系数差异都较大，表现为井筒外围岩的导热系数大，井筒内水温的震后恢复时间就短；井筒外围岩的导热系数小，井筒内水温的震后恢复时间则长。

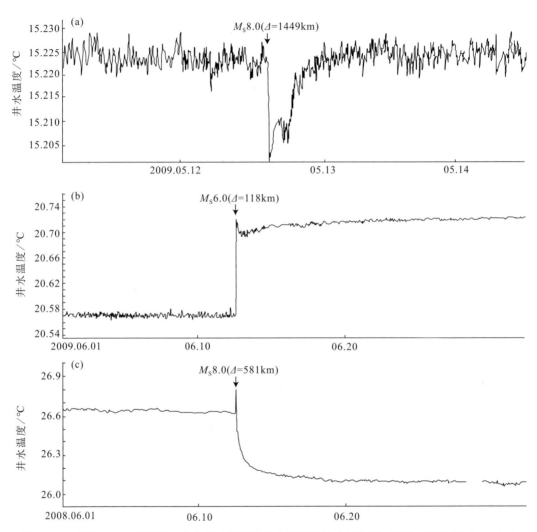

图 2-10 汶川 $M_S8.0$ 地震的 3 个典型水温同震响应及震后效应记录图（引自车用太等（2014））

（a）山东蒙阴井；（b）四川南溪井；（c）陕西周至井

图 2-10b 与图 2-10c 分别为四川省南溪井与陕西省周至井的水温同震响应及震后效应记录图。南溪井深 101m，观测层为顶板深仅 5m 的上三迭统石英砂岩裂隙承压水层；汶川地震的同震响应为上升，升幅为 0.14℃，上升后一直保持在高值上。周至井深 3201m，观测层为顶板埋深 1100m 的上第三系砂岩孔隙承压水层，井水自流；汶川地震的同震响应为突降转缓降，下降过程持续 8 天，降幅为 0.5℃，然后一直保持在低值上。

对于上述两种震后效应的机制，有两种不同的观点。一种是，井区大地热流作用强度发生变化，即用地热动力学机制解释。大地热流是由地球内部向地球外通过热传导作用释放的热，一般用热流密度表示，其大小取决于地壳介质的导热系数与地温梯度。一般认为，各地的大地热流值是长期稳定的，短期可视为稳定不变，但由上述强震区高热流值与弱震区低热流值的事实推测地震活动可改变各地的大地热流值。任雅琼等（2012）利用 DODIS 卫星观测资料系统地研究了依兰—伊通断裂带 2000~2011 年地表温度变化，发现 2011 年 3 月 11 日日本 M_S9.0 地震前 2 个月有明显的降温异常。陈顺云等（2013）发现在 2013 年 4 月 20 日庐山地震前 3 个月，康定地温出现持续变化，并与台站周围小震活动存在良好的对应关系。这些发现佐证了地震活动可改变有关地区大地热流作用强度的认识。近几年我国对震前热红外异常的研究逐步加深，尤其是关于汶川地震的震区及外围地区震前、震时与震后的异常。多数研究者认为热异常出现在震前几天至几十天，发震前后一两天热异常表现最为强烈，而震后的热异常，有的很快消失，有的久不消失（王成喜等，2009；李美等，2010；张元生等，2010）。甚至有的在外围地区震后几十天才出现热异常（程建等，2010）等复杂现象。这些结果进一步表明，无论震前还是震后都存在着地热的显著异常。因此，大震后井水温度的"永久"性变化，可认为是由井点所在区的大地热流作用强度变化引起的动态背景值的变化。

关于井水温度的同震及震后变化机制的另一种观点是，水温震后效应是由井-含水层系统的水文地质条件变化所致（史浙明等，2013）。该观点认为在地震波的强烈作用下含水层岩体结构发生变化，如含水裂隙被冲开或被堵塞，导致其渗透性或导水性发生改变，甚至造成新的裂隙，使不同温度的含水层地下水彼此连通等，从而改变了井筒内水温梯度以及不同含水层水流对井水的热贡献比例等。这种观点有一定的合理性，但目前尚难以确认。

干井中地温的同震响应及震后效应的记录是支持强震导致井区大地热流作用强度变化的有力依据。图 2-11 为青海省德令哈井地温对汶川地震的同震响应及震后效应曲线。该井深 88m，为无水干井，井底岩石为华力西期花岗岩；同震阶升（升幅 0.01℃），接着缓升约 10

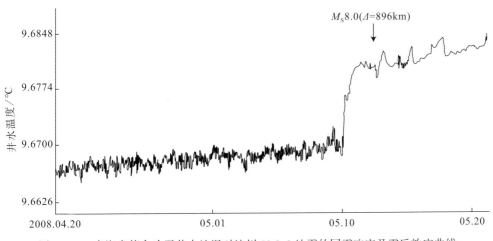

图 2-11　青海省德令哈干井中地温对汶川 M_S8.0 地震的同震响应及震后效应曲线

（引自车用太等（2014））

天（升幅 0.007℃）后，稳定在高值上。类似的情况在青海西宁井（干井，深 105.6m，观测层位 N 含石膏砂岩）的地温动态中也曾出现。显然，上述干井中地温的同震响应及震后效应肯定是地热动力学作用机制。

参考文献

车用太、何案华、鱼金子，2014，水温微动态形成的水热动力学与地热动力学机制，地震学报，36（1）：106~117

车用太、刘成龙、鱼金子，2008，井水温度微动态及其形成机制，地震，（04）：20~28

车用太、鱼金子、刘春国，1994，我国地震地下水温度动态观测与研究，水文地质工程地质，（04）：34~37

陈顺云、刘培洵、刘力强等，2013，庐山地震前康定地温变化现象，地震地质，35（3）：634~640

程建、王多义、李得力等，2010，汶川大地震"远端效应"，成都理工大学学报：自然科学版，37（2）：155~159

邓孝，1989，地下水垂直运动的地温场效应与实例剖析，地质科学，1：77~81

郭瑞强，2011，龙门山灌县—安县断裂带的变形特征——汶川地震断裂带科学钻探（WFSD-3P）岩心与井温的研究，中国地质大学（北京），

贾化周、张炜、董守玉等，1995，地震地下水手册，北京：地震出版社，644~655

姜光政、高珊、饶松等，2016，中国大陆地区大地热流数据汇编（第四版），地球物理学报，59（8）：2892~2910

李美、康春丽、李志雄等，2010，汶川 M_S8.0 地震前地表潜热通量异常，地震，30（3）：64~71

刘耀炜，2009，动力加载作用与地下水物理动态过程研究，北京：中国地质大学（北京）

刘耀炜、孙小龙、王世芹、任宏微，2008，井孔水温异常与 2007 年宁洱 6.4 级地震关系分析，地震研究，31（04）：347~353+413

刘耀炜、杨选辉、刘永铭等，2005，地下流体对苏门答腊 8.7 级地震的影响特征，见：中国地震局监测预报司编，2004 年印度尼西亚苏门答腊 8.7 级大地震及其对中国大陆地区的影响，北京：地震出版社，131~258

马玉川、刘耀炜、任宏微、孙小龙，2010，自流井水温固体潮效应及其应变响应能力，中国地震，26（02）：172~182

任亚琼、陈顺云、马瑾，2012，依兰—伊通断裂带地表温度变化分析，地震学报，34（5）：698~705

石耀霖、曹建玲、马丽，2007，唐山井水温的同震变化及其物理解释，地震学报，2（3）：265~273

史浙明、王广才、刘成龙等，2013，三峡井网地下水位的同震响应及其含水层参数关系，科学通报，58（25）：3080~3087

孙小龙、刘耀炜，2006，应力加载作用引起地下水微温度场变化的研究综述，国际地震动态，（07）：17~26

孙小龙、刘耀炜，2007，本溪自流井水位与水温同震变化关系研究，大地测量与地球动力学，6：100~104

王成喜、邓斌、朱利东，2009，四川省青川县东河口地震遗址公园发现温泉及天然气溢出，地质通报，28（7）：991~994

许志琴、李海兵、吴忠良，2008，汶川地震和科学钻探，地质学报，82（12）：1613~1622

晏锐、官致君、刘耀炜，2015，川西温泉水温观测及其在芦山 M_S7.0 地震前的异常现象，地震报，37（02）：347~356

杨竹转，2011，地震引起的井水位水温变化及其机理研究，北京：中国地震局地质研究所，70~73

鱼金子、车用太、何案华，2012，井水温度动态的复杂性及其机制问题讨论，国际地震动态，（06）：274

张元生、郭晓、钟美娇等，2010，汶川地震卫星热红外亮温异常，科学通报，55（10）：904~910

张昭栋、郑金涵、耿杰等，2002，地下水潮汐现象的物理机制和统一数学方程，地震地质，（02）：208~214

赵刚、王军、何案华等，2008，全国地热前兆台网对汶川 M_S8.0 地震响应的研究报告，北京：中国地震局地壳应力研究所，13~16

中国地震局，地震地下流体观测方法：井水和泉水温度观测（DB/T 49—2012）

Bredehoeft J D，Papadopulos I S，1965，Rates of vertical groundwater movement estimated from the earth's thermal profile，Water Resources Research，1（2）：325-328

Fulton P M，Brodsky E E，Kano Y et al.，2013，Low coseismic friction on the Tohoku-Oki fault determined from temperature measurements，Science，342（6163）：1214-1217，Doi：10.1126/science.1243641

Furuya I，Shimamurath，1988，Groundwater micro-temperature andstrain，Geophysical Journal International，94（2）：345-353

Li H B，Xue L，Brodskye E et al.，2015，Long-term temperature records following the M_W7.9 Wenchuan（China）earthquake are consistent with low friction，Geology，43（2）：163-166

Ma K F，Lee C T，Tsai Y B et al.，2013，The Chi-Chi Taiwan earthquake：Large surface displacements on inland trust fault，Eos Transactions American Geophysical Union，80（50）：605-611

Rosaev A E，Esipko O A，2003，Lithospheric tidal effects from observations in deep wells，Celestial Mechanics and Dynamical Astronomy，87（1/2）：203-207

Sakaguchi A，Yangihara A，Ujiie K，Tanaka H，Kameyama M，2007，Thermal maturity of a fold thrust beltbased on vitrinite reflectance analysis in the Western Foothills complex，western Taiwan，Tectonophysics，443：220-232

Ujiie K，Toczko S，2013，Low Coseismic Shear Stress on the Tohoku-Oki Megathrust Determined from Laboratory Experiments，Science，342（6163）：1211-1214

第 3 章　地震地球化学基础*

地震地球化学是研究地震孕育、发展、发生过程中化学元素的变化及迁移规律的科学，其研究目的是让地震的孕育机制与地球化学特征的变化建立联系。长期地震监测及跟踪表明，地震前常常会出现大量的地下水变色变味、井水浑浊冒泡以及气体、离子含量等地球化学场异常变化，利用地下水化学总体特征、常微量元素、气体组分、放射性和稳定同位素等方面来研究这些异常变化与地震的关系，这对深入开展地震地球化学研究及地震预报具有重要的理论意义和实用价值。

3.1　地球化学与地震

3.1.1　地球的化学成分及演化

地球是由各种化学元素组成的，其中以 O、Si、Pb、Fe、Ca、P、Na、K、H 为主，此外还有一些稀有元素及气体组分（蒋凤亮等，1989）。这些元素在不同的温度和压力等条件下组成了各种矿物、岩石、液体及气体。地球不同圈层物质结构和化学成分存在着差异。

根据火山所喷发出的沸腾岩浆推论，地球内部的主要物质是 K_2O、Na_2O、CaO、MgO、FeO、Fe_2O_3、Al_2O_3、SiO_2、NiO 或 K^+、Na^+、Ca^{2+}、Fe^{2+}、Fe^{3+}、Al^{3+}、SiO_3^{2-} 等。此外在化学反应中生成大量的气体物质，如 CO_2、CO、N_2、H_2S、SO_2、HCl、HF、CH_4、He、NH_3 及一些金属的卤化物。这些物质与地壳岩石融合时，重新组成混合岩流体的化合物。岩浆与地壳岩层在长期作用过程中，所产生的物理化学作用，可使固体的结晶变成熔流态、液态或气态，然后再由液态、气态的分子变成原子，由原子又变为离子。另外岩浆与地壳的岩层作用时，除产生一些物相变化外，还产生大量的气态物质 CO_2、CO、N_2、H_2、SO_2、S、Cl、H_2O、H_2S、HCl、HF、CH_4、O_2、Ar、He、NH_3，同时还有金属的氯化物、氟化物及砷化物等。其中的熔流物质特别不稳定，当构造运动和地球物理化学环境发生变化时，它们向地壳浅部运移。

3.1.2　地球元素的迁移

1. 元素迁移的定义

地壳中元素，当物理化学条件改变，原有平衡被打破时，则自动发生变化与环境达到新的平衡，如果在转变的过程中形成活动态将发生空间上的转移。元素从一种赋存状态转变为

---

　　* 本章执笔：苏鹤军、周晓成、李营、曹玲玲。

另一种赋存状态，并经常伴随元素组合和分布上的变化与空间的位移。一个完整的迁移过程包括元素的活化、搬运及沉淀三个环节。由于化学机制引起的元素的转移的一个主要特点是有流体相参加。按照地质上重要意义的流体介质划分又可分为气相迁移、水溶液相迁移、熔融体迁移及生物迁移等（赵伦山等，1987）。

2. 元素迁移的类型

（1）物理和化学迁移：包括物质在硅酸盐熔体、水溶液和气象中的迁移。

（2）生物和生物化学迁移：物质的迁移与生物活动有关，如光合作用，生物还原（硫）作用等。

（3）机械迁移：元素的存在形式没有变化的迁移。

3.1.3　地球系统的化学作用类型

元素在迁移的过程中，会发生各种化学作用，地球系统中化学作用的类型很多，如按发生作用和生成物质的相、态进行分类，主要可分为以下几类（赵伦山等，1987）：

1. 水—岩反应和水介质的化学作用

如大气降水与地表岩石的相互作用，聚水盆地中物质的溶解-沉淀、热液与围岩的交代作用等。

2. 熔—岩反应和熔浆化学作用

包括岩石部分熔融形成岩浆、岩浆结晶分异形成火成岩，也包括岩浆与围岩的化学作用。

3. 水—气化学作用

如地表水和大气中 H_2O、O_2、CO_2 等气体的相互作用和循环，火山喷发对大气和大洋水成分的改造等。

4. 岩—岩化学作用

如球外物质撞击地球表面的岩石，在构造断裂带岩石间的相互挤压造成岩石的变质。

5. 有机化学作用

如在地球表层生物积极参与风化作用过程、在地球一定的深度形成石油和天然气的过程等。

3.1.4　地震地球化学

1. 地震地球化学定义

地震地球化学是研究地震孕育、发展、发生过程中化学元素的变化及迁移规律的科学。为了实现地震预报，必须对地震的孕育机制与地球化学特征的变化联系起来研究。

2. 地震地球化学的研究内容

在地震孕育过程中，构造活动会加强，可引起一些列地球化学效应，必然产生多种地球化学参数的变化。由于断层活动，使岩石老裂隙的闭合、开启，新裂隙的生成，新老裂隙的沟通，地下流体从下部地层乃至上地幔向地壳上部的运移随之加剧。地下流体可以具体反映地下岩石物理状态的变化和物质迁移情况。在岩体受力、变形、破裂过程中,岩石—水—气之间能量的传递及物质的交换,使流体中的一些参数发生变化,而流体又沿着断裂或裂隙这个通道把深部的信息传递到浅部。在断裂及其附近,岩石破碎,裂隙度高,是地下流体上涌的良好通道,所以在活动断裂或裂隙附近地球化学及水文地球化学参数会出现异常。

因此可用从地下水化学总体特征、常微量元素、气体组分、放射性和稳定同位素以及断层气特征等方面来研究地震与地球化学的关系,这对深入开展地震地球化学研究及地震预报具有重要的理论意义和实用价值。

3.2　地下水地球化学

地下水地球化学是研究地下水中化学组分的形成、分布、迁移和富集规律的一门科学,它不仅研究地下水的化学成分及其形成作用及途径,而且探索地下水在地壳层中所起的地球化学作用(钱会等,2005)以及地壳应力变化引起的水化学组分的变化等。

3.2.1　地下水中离子浓度的表示

(1)质量浓度:质量浓度有多种表示方法,有的以每升溶液中所含的溶质的毫克数(mg/L)或微克数(μg/L)表示,有的则以每千克溶液中所含溶质的毫克数(ppm)或微克数(ppb)来表示。

(2)摩尔浓度:一种是以每升溶液中所含溶质的摩尔数来表示(mol/L),另一种是以每千克溶液中所含溶质的摩尔数来表述。

(3)当量浓度:当量浓度考虑了溶质的离子价,由于溶液中的正离子和负离子必须相互平衡。指1L溶液中所含溶质的克当量数,当量浓度可定义为离子的摩尔浓度(mol/L)与其离子价的乘积,单位为meq/L(毫克当量/升)。

3.2.2　地下水化学成分

1. 无机成分

组成地下水无机物的化学元素,根据它们在地下水中的分布和含量,可划分为主要组分,微量组分和痕量组分:

表 3 - 1　地下水的化学组分(车用太等,2006)

成分类型	化学成分及形成条件	化学组分
主要离子及分子成分	多种成因	HCO_3^-、Cl^-、SO_4^{2-}、Na^+、K^+、Ca^{2+}、Mg^{2+}、SiO_2、CO_3^{2-}、H^+、NH_4^+、$H_3SiO_4^-$、Fe^{2+}、Fe^{3+}、Al^{3+}、有机物质等

续表

成分类型	化学成分及形成条件	化学组分
主要微量元素（质量份数<10mg/L）	①在黄铁矿、砷矿、及其他矿床氧化带中随 pH 值降低而发生的金属元素的富集。 ②在油、气田和其他有机物聚集的地区中富集碘铵，富集金属元素。 ③结晶岩地区地下水发生 Li、F、Br 硅酸及其他微量元素富集作用。 ④其他成因	Li、Be、B、F、Tl、V、Cr、Mn、Co、Ni、Cu、Zn、Ge、As、Se、Br、Rb、Sr、Zr、Nb、Mo、Ag、Cd、Sn、Sb、I、Ba、W、Au、Hg、Pb、Bi、Tb、U、Ra 等
气体成分	大气成因	O_2、N_2、CO_2、He、Ne、Ar、Kr、Xe、NO_2 等
	生物化学成因	CO_2、CH_4、N_2、H_2、H_2S、O_2、重烃等
	化学成因	CO_2、H_2S、H_2、CH_4、CO、N_2、HCl、HF、NH_3、SO_2、SO_3、Cl 等
	火山活动	CO_2、H_2、SO_2、HCl、HF、N_2、NH_3、He、Ar、H_2S、CH_4、SO_3、水蒸气等
	放射性成因	He、Rn、Ar 以及镭和钍射气等
胶体成分	正胶体	Fe（OH）$_3$、Al（OH）$_3$、Cd（OH）$_2$、Cr（OH）$_3$、Ti（OH）、Zr（OH）$_4$、Ce（OH）
	负胶体	粘性胶体、腐殖质、SiO_2、MnO_2、SnO_2、V_2O_5、Sb_2S_3、PbS、As_2O_3 等硫化物胶体
有机成分（细菌）	生命代谢产物、生命死亡分解腐殖酸和硫酸细菌等	高分子有机化合物、腐殖酸藻类介质、细菌、腐质物质、酚、酞、脂肪酸、环烷酸等

（1）主要组分：指在地下水中经常出现、分布较广、含量较多的化学元素或化合物，其在地下水中的含量一般大于 5mg/L。这些组分包括 HCO_3^-、Cl^-、SO_4^{2-}、Na^+、K^+、Ca^{2+}、Mg^{2+} 以及 SiO_2 等。其中前七种离子构成了水中的七大离子，占地下水中无机物成分含量的 90%~95%，决定着地下水的化学类型。

（2）微量和痕量组分是指在地下水中含量较少、分布局限和含量较低的化学元素和化合物。微量组分在地下水中的含量为 0.01~10mg/L，主要包括 B、F^-、NO_3^-、Si 和 Hg 等。

（3）痕量元素：指在地下水中含量一般低于 0.1mg/L 的组分，包括 Al、Ti、Se、Ba 等多种元素。

2. 气体成分

地下水中含有一定数量的气体，常见的溶解气体有：O_2、CO_2、CH_4、N_2、H_2 以及惰性气体 Ar、Ke、He、Ne、Xe、Rn 等。地下水中的气体主要来源于大气，包括 O_2、CO_2、N_2 以及惰性气体等；其次来源于岩层中的生物化学作用产生，包括 CO_2、H_2S、H_2、CH_4、CO、N_2、NH_3 等；岩层中的变质作用可释放出 CO_2、H_2S、H_2、CH_4、重烃和 CO、N_2、HCl、HF、NH_3、SO_2 等；放射性衰变作用可形成 Rn、He、Ne、Xe 等。

3. 有机成分

地下水中以真溶液形式存在的有机化合物含量甚微。按其物理性质而言，有机物可分为极性的（离子型的）和非极性的（非离子型的）。主要为高分子有机化合物、腐殖酸藻类介质、细菌、腐殖物质、酚、酞、脂肪酸和环烷酸等

4. 胶体成分

胶体分为正胶体和负胶体。正胶体主要为：$Fe(OH)_3$、$Al(OH)_3$、$Cd(OH)_2$、$Cr(OH)_3$、$Ti(OH)$、$Zr(OH)_4$、$Ce(OH)$。负胶体有：粘性胶体、腐殖质、SiO_2、MnO、SnO_2、V_2O_5、Sb_2S_3、PbS、As_2O_3 等硫化物胶体。

3.2.3 地下水的化学指标

1. 总溶解固体（TDS）

总溶解固体也称地下水的矿化度，是指地下水中各种离子、分子与化合物的总量，其中包括所有呈溶解状态及胶体状态的成分，但不包括悬浮物和呈游离状态的气体成分，指含盐量的多少。

矿化度也称总矿化度，单位为 g/L 或 mg/L。按矿化度把地下水分为淡水、微咸水、咸水、盐水及卤水五类（表 3-2）。一般深层水的矿化度比浅层的高，地下热水的矿化度比冷水的高。

2. 地下水的酸碱度（pH 值）

地下水的酸碱度取决于水中所含 H^+ 的多少，H^+ 含量越高，pH 值越低。pH 值对化学元素在水溶液中的存在形式及地下水与围岩的相互作用有着重要的影响。主要受溶液的化学成分、温度、压力（特别是 CO_2 和 H_2S 等气体的分压）等影响。天然水的 pH 值一般在 7.2~8.5。

表 3-2 地下水的矿化度分类（蒋凤亮等，1989）

矿化度/（g/L）	地下水类型
<1	淡水
1~3	微咸水
3~10	咸水
10~50	盐水
>50	卤水

3. 地下水的硬度

地下水的硬度反映了水中多价金属离子的总和，这些离子包含 Ca^{2+}、Mg^{2+}、Sr^{2+}、Fe^{2+}、Fe^{3+}、Al^{3+}、Mn^{2+}、Ba^{2+} 等。与 Ca^{2+} 和 Mg^{2+} 的含量相比，其他金属离子在天然水中的含量很少，因此天然水的硬度主要是指地下水中 Ca^{2+}、Mg^{2+} 的含量。硬度通常以 $CaCO_3$ 的 mg/L 数表示，其数值等于水中所有多价离子毫克当量浓度的总和乘以 50（$CaCO_3$ 的当量），除此之外，硬度常用的表示方法还有德国度、法国度和英国度等。1 德国度 = 17.8mg/L（$CaCO_3$），1 法国度 = 10mg/L（$CaCO_3$），1 英国度 = 14.3mg/L（$CaCO_3$）。过去我国一直用德国度来表示水的硬度，现在很多部门已改用 $CaCO_3$ 的 mg/L 来表示。

硬度可分为总硬度、碳酸盐硬度和非碳酸盐硬度。

1）总硬度

总硬度是以 $CaCO_3$ 的 mg/L 数表示的水中多价金属离子的综合，也就是前面说的硬度。

2）碳酸盐硬度

是指可与水中的 CO_3^{2-} 和 HCO_3^- 结合的硬度，但水中有足够的 CO_3^{2-} 和 HCO_3^- 可供结合时，碳酸盐硬度就等于总硬度，当水中 CO_3^{2-} 和 HCO_3^- 不足时，碳酸盐硬度就等于 CO_3^{2-} 和 HCO_3^- 的毫克当量数之和乘以 50，也就是以 $CaCO_3$ 的 mg/L 表示水中的 CO_3^{2-} 和 HCO_3^- 的总量，碳酸盐硬度通常被称为暂时硬度。

3）非碳酸盐硬度

也叫永久硬度，即为总硬度与碳酸盐硬度的差，它指的是与水中 Cl^-、$SO4^{2-}$、NO^{3-} 等结合的多价金属阳离子的总量。

表 3-3　地下水的硬度分类（钱会等，2005）

硬度范围		分类
$CaCO_3$ 的浓度/（mg/L）	德国度	
<75	<4.2	极软水
75~150	4.2~8.4	软水
150~300	8.4~16.8	微硬水
300~450	16.8~25.2	硬水
>450	>25.2	极硬水

4）氧化还原电位

表征水体氧化还原状态的一个综合性物理化学指标，水体的氧化还原条件对元素在水中的存在形态及元素的迁移、富集和分散有巨大的影响。地下水在含水层的滞留时间越长，其氧化还原电位越低。

5）含盐量

指水中各组分的总量，其常用的单位是 mg/L 或 g/L，该指标是计算值，它与总溶解固体的区别在于无需减去 CO_3^{2-} 浓度的 $1/2$。

6）溶解氧

天然水中的溶解氧主要来源于空气中的氧气，在一个大气压，0℃时大气氧在淡水中的溶解度是 14.6mg/L，35℃时的溶解度则大约为 7mg/L。雨水经过包气带中的有机质和还原性无机物所消耗，所以地下水中的溶解氧含量一般较低。

7）酸度

指水中和碱的能力。组成水中酸度的物质可归纳为三类，即强酸、弱酸和强酸弱碱盐，水中这些物质对强碱的总中和能力称为总酸度。

8）碱度

指水中和酸的能力。天然水中的碱度主要由水中的弱酸盐类引起。一般情况下，碳酸盐和重碳酸盐是碱度的主要组成部分。由碳酸盐和重碳酸盐所引起的碱度通常被称为碳酸盐碱度。

9）电导率

地下水的电导率是一个综合性指标，它与水的矿化度，离子的成分温度等因素有关。

3.2.4　地下水化学成分的形成作用及影响因素

1. 地下水化学成分的形成作用

1）溶解与沉淀作用

溶解作用是指地下水在与围岩接触过程中围岩中的某些化学成分被淋滤溶解进入地下水中。沉淀作用使地下水中的某些组分经化学作用后成为围岩颗粒中固体矿物的过程。溶解分为全等溶解和不全等溶解。全等溶解指溶解作用的产物以离子或可溶的化合物形式进入到地下水中，且溶解的产物不会形成新的固相化合物。不全等溶解的特点是溶于水中的化合物相互间可发生化学作用，或可与水中碳酸的离解产物相互作用，形成新的固相物质。沉淀一种是温度压力等条件的改变，使溶质达到过饱和而从溶液中析出，另一种是由化学反应生成难溶的物质。

2）浓缩作用

地下水埋藏较浅时，在干旱季节，水分不断被蒸发进入空气中，而留在地下水中的盐类含量便会不断的增加，矿化度也越来越高，水中的化学组分也可能发生变化，地下水的这种因蒸发而引起的化学成分和矿化度的变化称为浓缩作用。浓缩作用跟当地的气候条件（气温、气压、降雨、风等）、地貌条件、地下水的埋深以及岩土的空隙特征等因素有关。

3）脱碳酸作用

地下水中 CO_2 的含量对碳酸盐类的溶解能力影响很大，而地下水中的 CO_2 含量受地下水的温度和压力控制，CO_2 在水中的溶解度随温度的升高而降低，随压力的降低而降低。地壳深部地下水上升到地表形成泉，温度随着降低，但相差不大，而压力变化很大，地下水中的包含 CO_2 在内的各种气体的溶解度都将减小而从水中逸出，CO_2 逸出的结果使水中的 HCO_3^-、Ca^{2+}、Mg^{2+} 相结合生成 $CaCO_3$ 和 $MgCO_3$ 沉淀析出，在泉口往往形成钙花，使地下水的矿化度降低，这种作用就是脱碳酸作用。

$$Ca^{2+}+2HCO_3^- = CaCO_3 \downarrow +H_2O+CO_2 \uparrow$$
$$Mg^{2+}+2HCO_3^- = MgCO_3 \downarrow +H_2O+CO_2 \uparrow$$

4）脱硫酸作用

处于还原环境中的地下水，当有机质存在时，脱硫酸细菌能使硫酸根离子还原为 H_2S，使地下水中的硫酸根离子减少以至消失，重碳酸根离子含量增加，pH 值变大，这就是脱硫酸作用。脱硫酸作用一般在深度较大的封闭的地质构造容易出现，所以地下水含有一定量的硫化氢，说明其处于缺氧的还原环境，与脱硫酸作用有关（陈陆望等，2013）。

$$SO_4^{2-}+2C+2H_2O = H_2S \uparrow +2HCO_3^-$$

5）吸附及离子交换作用

吸附是固体表面反应的一种普遍现象。在液相与固相接触时，液相和固相表面之间常产生物质的交换，这种现象称为吸附。在地下水与地层岩土长期接触的相互作用过程中，吸附作用对地下水化学成分的形成和演变起到重要的作用。吸附作用可分为面吸附作用、静电吸附与离子交换作用、构造吸附作用、胶体吸附作用。

阴离子吸附亲和力顺序为：$F^->PO_4^{2-}>HPO_4^->HCO_3^->H_2BO_3^->SO_4^{2-}>Cl^->NO_3^-$

阳离子吸附亲和力顺序为：$Fe^{3+}>Al^{3+}>Ca^{2+}>Mg^{2+}>K^+>Na^+$

6）混合作用

地下水在含水层流动的过程中，不仅与周围的岩石发生水-岩相互作用，从而改变其化学组分和化学性质，而且还会遇到不同类型的水，如地表水与其混和或另一含水层中地下水与其混合，则发生不同类型水的混合作用，其结果使地下水的化学组分和化学性质发生改变。还有一种混合作用，可能不发生任何化学反应，不产生新化学组分，但地下水的矿化度和化学组分也发生变化。

7）脱气作用

气体是地下水的一个活跃的组成部分。因环境的温度、压力及边界条件等的变化而使水中溶解的气体逃逸转变成自由气。

8）放射性元素的衰变作用

放射性元素通过衰变可以产生新的元素。

2. 地下水化学成分形成的影响因素

1）内在影响因素

化学元素的原子价、离子半径和离子电位：元素的离子电位由原子价和离子半径决定。总的来说，离子电位越低，元素的迁移能力越强。离子电位影响着溶解作用、阳离子交替吸附作用的进行，从而制约水的化学成分和矿化度。

化合物的溶解度：化合物的溶解度是决定元素在水中迁移的重要元素，化合物的溶解度大小影响着地下水的水质类型和矿化度。

2）外在影响因素

自然地理因素：地形、水温、气候、土壤及植被对第溪水化学成分的形成有很大的影响。

岩石的性质：岩石是地下水中化学成分的基本来源，对于提供物质来源，岩石的矿物和化学成分，岩石的空隙性和岩石结构等是十分重要的因素。

地质构造因素：地质构造在很大程度上决定了地下水的赋存、循环和水文地球化学环境。

水动力因素和热动力因素：水动力因素对地壳化学元素在地下水中的迁移和在分配起着积极的影响。温度变化对溶滤、脱气等作用有显著的影响。

介质条件：介质条件主要指溶剂水的物理化学性质。

3.2.5　地下水化学的成因分类

1. 溶滤-渗入水

渗入成因的地下水是大气降水与地表水渗入地下而形成的地下水。大气降水与地表水渗入地下后，一般对地下岩土产生溶滤作用，把岩土中的可溶盐类溶解到水中，使地下水的化学成分变得复杂，使地下水的矿化度变高。一般情况下，由地下水的渗入补给区开始，随着地下水流程的增长，地下水的化学类型由 HCO_3 型—经 SO_4 型—变化到 Cl 型。渗入成因的地下水，由于溶滤作用，不仅在水平方向上表现出明显的分带性，在垂直方向上也具有一定的分带性。

大气降水是海洋和陆地所蒸发的水蒸气凝结而成，它的成分取决于地区条件，在靠近海岸处的降水中，Na^+ 和 Cl^- 含量相对较高。内陆降水，一般以 Ca^{2+} 和 HCO_3^- 为主。

岩石中可溶成分的溶解，是溶滤化学成分的基本来源。入渗补给地下水的大气降水和地表水本身具有一定的化学成分。在含岩盐地层沉积区，地下水往往以 Cl^-、Na^+ 为主。有石膏沉积的区域，水中 SO_4^{2-}、Ca^{2+} 较多；石灰岩白云岩等碳酸盐沉积区的地下水，以 HCO_3^-、Ca^{2+}、Mg^{2+} 为其主要成分，酸性岩浆岩地区的地下水，大多为 HCO_3-Na 型水，基性岩浆岩地区的地下水常常富含 Mg^{2+}。

浅层地下水化学成分的变化有两个方向：①溶滤作用使岩石脱盐，最终难溶性盐进入水中，形成矿化度较低的 HCO_3-Ca 水，在溶滤的不同阶段可形成与溶滤阶段相适应的水化学成分；②浓缩作用导致氯化物水、硫酸钠型水的形成。

2. 沉积-埋藏水

沉积水又名埋藏水或封存水，在沉积物发生沉积的同时，被封存在沉积物内而保留下来的水。它埋藏于地质构造的封闭部分，其化学成分在一定程度上反映了古沉积盆地水的化学特征。

沉积水需要在封存的地质环境中才得以保存，一旦沉积层上升，露出地表而被侵蚀、剥蚀或地层为断裂所错动，大气降水和地表水便可渗入沉积层内，结果使原有的沉积水逐渐为后来进来的溶滤水所代替。

较为多见的沉积水是海相沉积层中地下水。这种水的化学特征是矿化度高，水化学类型多为 Cl-Na 型，富含 Br、I 等，pH 值偏高。沉积水的化学特性，虽然保持着原始沉积物中的许多特性，但与原始特性不完全相同。

3. 岩浆水

岩浆成因的地下水简称岩浆水，又称初生水，是指岩浆冷凝过程中析出的地下水。

岩浆水的主要成分为水蒸气和 CO_2，岩浆水的化学特性，一般表现为高矿化度的 Cl-Na 型。岩浆在冷凝过程中，不仅脱水，还脱出大量的 CO_2 和 H_2S。

4. 变质成因水

很多岩石是含水的，在其组成矿物中含有氟石水、结晶水和结构水，这些岩石在高温高压下经历变质作用时，将使这些水脱离岩石成为地下水，这种水就是变质水，又称再生水。变质作用不仅使岩石脱水，还脱气-CO_2。因此变质成因的深层水中富含 CO_2 等气体。

3.2.6　地下水化学成分分类

1. 地下水化学成分的表示

1）库尔洛夫式

常规阴阳离子以分数表示，阴离子作为分子，阳离子作为分母，单位 meq（%），小于 10% 的不予表示，自大而小排列，分数前面依次是：气体、特殊成分、矿化度（M）、g/L、分数后面表示温度 t℃。

$$H^3SiO_{0.07}^3 H^2S_{0.021} CO_{0.031}^2 M_{3.27} \frac{Cl_{84.8} SO_{14.3}^4}{Na_{71.6} Ca_{27.8}} t_{52}^0 \qquad (3-1)$$

2）舒克列夫分类

是根据地下水中 6 种常量离子（钾合并于钠）的相对含量来划分的，将地下水划分成 49 种类型。

将大于 25% mg 当量百分数的离子参与分类命名：阴离子在前，阳离子在后；含量大的在前，含量小的在后，中间用短横线相连；共分 49 中类型，每型用一阿拉伯数字表示；又根据地下水中矿化度的不同分为四个组。A 组表示矿化度小于 1.5g/L，B 组矿化度在 1.5~10g/L，C 组矿化度为 10~40g/L，D 组矿化度大于 40g/L（具体见表 3-4）。

表 3-4　舒克列夫分类图表

>25%meq 的离子	HCO_3^-	$HCO_3^- + SO_4^{2-}$	$HCO_3^- + SO_4^{2-} + Cl^-$	$HCO_3^- + Cl^-$	SO_4^{2-}	$SO_4^{2-} + Cl^-$	Cl^-
Ca^{2+}	1	8	15	22	29	36	43
$Ca^{2+} + Mg^{2+}$	2	9	16	23	30	37	44
Mg^{2+}	3	10	17	24	31	38	45

续表

>25%meq 的离子	HCO_3^-	$HCO_3^- + SO_4^{2-}$	$HCO_3^- + SO_4^{2-} + Cl^-$	$HCO_3^- + Cl^-$	SO_4^{2-}	$SO_4^{2-} + Cl^-$	Cl^-
$Na^+ + Ca^{2+}$	4	11	18	25	32	39	46
$Na^+ + Ca^{2+} + Mg^{2+}$	5	12	19	26	33	40	47
$Na^+ + Mg^{2+}$	6	13	20	27	34	41	48
Na^+	7	14	21	28	35	42	49

各个水样的分析结果可以按其化学成分投落在各个方格中。

可进行编号命名：水型代号-矿化度组号；也可进行顺序命名：按水中阴阳离子含量>25meq%的顺序排列命名，阴离子在前，阳离子在后。同时也可以采用库尔洛夫式进行苏卡列夫顺序命名。

3）苏林分类

根据水中阴、阳离子（Cl^-、SO_4^{2-}、HCO_3^-、Na^+，Mg^{2+}、Ca^{2+}）彼此化学亲和力的强弱顺序组成盐类的原则，划分出四种类型的水。

首先按照 $rCl^- < rNa^+$（毫克当量数）的关系进行分类，然后根据阴阳离子毫克当量比例数进行进一步划分。

2. 地下水化学成分的图形表示

地下水化学成分的图形表示法比较多，如 Piper 三线图法，圆形图示法-饼图，柱形图示法及多边形图示法。其中 Piper 三线图法最为常用（图3-1），因此这里仅对 Piper 三线图法做一介绍。

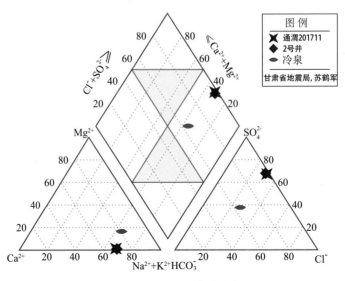

图3-1　Piper 三线图示法

Piper 三线图在判断地下水类型及循环中广泛应用（温煜华等，2011；张磊等，2014）。它由两个三角形和一个菱形组成，左三角表示阳离子 $Na^+ + K^+$、Ca^{2+}、Mg^{2+} 的毫克当量百分数，右三角表示阴离子 HCO_3^-、Cl^-、SO_4^{2-} 的毫克当量数。任意一个水样，先根据阴阳离子分别在三角形中表示出来，再从两个三角形对应的位置平行三角形的边向上方的菱形延伸得出交点，交点表示水样阴阳离子的相对含量，按一定比例尺画圆，大小表示水样的矿化度，但在日常应用中，有时并未考虑矿化度的大小。

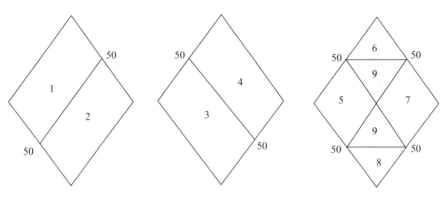

图 3-2　Piper 三线图菱形区域化学特征分区

Piper 三线图菱形分区：1 区碱土金属离子超过碱金属离子（Ca^{2+}、$Mg^{2+} > 50\%$）；2 区碱金属离子大于碱土金属离子（$K^+ + Na^+ > 50\%$）；3 区弱酸跟离子超过强酸根离子（$HCO_3^- > 50\%$）；4 区强酸根离子大于弱酸根离子（$SO_4^{2-} + Cl^- > 50\%$）；5 区碳酸盐硬度超过 50%；6 区非碳酸盐硬度超过 50%；7 区碱金属离子及强酸为主；8 区碱土金属离子及弱酸根离子为主；9 区任意一对阴阳离子含量均不超过 50% 毫克当量百分数。

3.2.7　地下水补给来源判定

由肖勒（1955）引入地下水文献中的 Schoeller 图，可以使很多样品的阳离子和阴离子成分表示在一张图上，并可近似地判明数据中主要的组合与趋势。研究处于不同地点的水样的水化学变化主要依据的是两点：①同稀释水混合的效果具有垂向移动曲线而不会改变其形状的特点；②曲线形状变化趋势大致不变，表明具有同一补给来源。

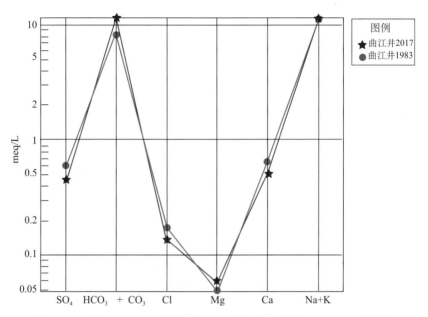

图 3 - 3　曲江 2017 年 6 月水样与 1983 年 9 月水样的 Schoeller 对比图

3.2.8　水-岩反应平衡分析

在地下热水研究和开发利用中，热储温度是划分地热系统的成因类型和评价地热资源潜力所不可缺少的重要参数，但在通常情况下难以直接测量。地热温标方法是提供这一参数的经济有效的手段。地热温标法指利用地下热水中的某些化学组分的含量与温度的关系，估算深部热储的温度，其原理在于深部热储中矿物与水达到平衡，在热水上升至地表的过程中，温度下降，但化学组分含量几乎不变，可以用来估算反应的平衡温度，也就是深部热储的温度。理论上，受温度控制的化学反应中的组分都可以用来作为地热温标，但必须满足以下 5 个基本假设：①深部发生的反应只与温度相关；②反应物充足；③在热储温度下水—岩间的反应达到平衡；④当水从热储流向地表时，在较低的温度下，组分间不发生再平衡，或者变化很小；⑤来自系统深部的热水没有和浅部地下冷水相混合。

Na-K-Mg 三角图由 Giggenbach 于 1988 年提出，常用来评价水-岩平衡状态和区分不同类型的水样，进一步验证 Na-K-Mg 阳离子温标法的可靠性，该水-岩平衡判断取决两个依赖于温度反应：

$$K-长石+Na^+=Na-长石+K^+ \tag{3-2}$$

$$2.8K^+-长石+1.6H_2O+Mg^{2+}=0.8K-云母+0.2 氯化物+5.4 硅+2K^+ \tag{3-3}$$

Giggenbach 得出地下热水中的 Na、K、Mg 含量与温度之间的存在如下关系式：

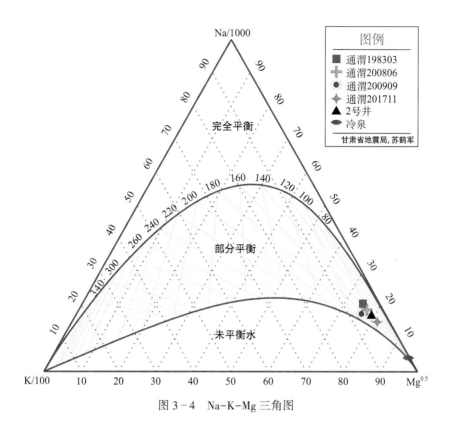

图 3-4 Na-K-Mg 三角图

$$L_{kn} = \lg(c_{K^+}/c_{Na^+}) = 1.75 - 1390/T \tag{3-4}$$

$$L_{km} = \lg(c_{K^+}^2/c_{Mg^{2+}}) = 13.95 - 4410/T \tag{3-5}$$

$$L_{nm} = \lg(c_{Na^+}^2/c_{Mg^{2+}}) = L_{km} - 2L_{kn} = 10.45 - 1630/T \tag{3-6}$$

在图 3-4 中，从每个三角点到其对边，相应组分含量（mg/L）的百分数由 100% 变化到 0%，则按 Na 和 Mg 计算的百分数作平行于其对边的两直线，交点则为各水样在此图中位置。图中坐标可以计算如下：

$$S = (Na^+/1000) + (K^+/1000) + \sqrt{Mg^{2+}} \tag{3-7}$$

$$Na\% = Na^+/10S \tag{3-8}$$

$$Mg\% = 100\sqrt{Mg^{2+}}/S \tag{3-9}$$

由完全平衡线和平衡下限把整个三角图分为完全平衡、部分平衡和未成熟水三个区。完全平衡线由方程：$L_{kn} = 0.315L_{km} + 2.66 = sL_{km} + MI$ 或 $c_{Na} = 457c_K^{0.37}c_{Mg}^{0.315}$ 控制，其中参数 $s = 0.315$ 为 van't Hoff 斜率、MI 为成熟指数，完全平衡时 $MI = 2.66$；平衡下限由方程：$MI = 0.315L_{km} - L_{kn} = 2.0$ 或 $c_{Na} = 100c_K^{0.37}c_{Mg}^{0.315}$ 控制。根据样品点在图中的落点位置判断该样品所代表的水－岩平衡状态，如果在完全平衡线上（如图样品 CP、ZU），表示该样品区地下水可以利用式（3-4）、式（3-5）和式（3-6）进行地热温标计算。

3.3　常量元素水文地球化学

3.3.1　地下水常量元素

地下水中元素是地壳元素迁移的一种重要形式，地下水中分布最广、含量最多的离子主要有七种：阴离子有 Cl^-、SO_4^{2-}、HCO_3^-，阳离子有 K^+、Na^+、Ca^{2+} 和 Mg^{2+}，这七种离子称为地下水中的常量离子，也是地下水化学类型划分的依据。

3.3.2　常量离子与矿化度之间的关系

地下水中各种主要离子的含量是随着水的总矿化度的不同而有所变化，在低矿化度水中以重碳酸根（HCO_3^-）及钙镁离子（Mg^{2+}）为主；中等矿化度的水中则以硫酸根离子（SO_4^{2-}）及钠（Na^+）、钙离子（Ca^{2+}）为主；高矿化度水中则以氯离子（Cl^-）和钠离子（Na^+）为主。

3.3.3　离子间的相互作用对水中常量离子的影响

离子间的相互作用，一是有些阴阳离子可形成难溶化合物，从而影响它们在水中含量的不断变化；二是由于溶液中离子的缔合可形成络合体等作用，随地下水中离子浓度的增加，溶液许多性质的变化不可能与离子浓度呈直线关系。由于随离子强度增加，各离子间的相互作用减小，从而使难溶化合物的溶解度增加。地下水中与常量离子有关的难溶化合物主要是是 $CaCO_3$、$CaSO_4$ 和 CaF_2，因此地下水中 Ca^{2+} 与 CO_3^{2-}、SO_4^{2-} 或 F^- 的浓度应存在相互制约的关系。

3.3.4　常量离子的形成与演化

1. 氯离子（Cl^-）

Cl^- 在地壳中含量很少，但由于氯盐极易溶于水，所以 Cl^- 在地下水中分布十分广泛。在垂向上，浅部的氯化物含量较低，深部较高。浅层孔隙水、裂隙水或岩溶水中，Cl^- 含量通常为几 mg 至 20mg/L；冲积层内，水中 Cl^- 可达到几百 mg/L；深藏的裂隙水、岩溶水中，Cl^- 含量可达到 0.1~3g/L；与岩盐，钾盐矿床等有关的地下水中，Cl^- 离子的含量可达 100g/L；深部热液和火山活动产生的原生水和再生水中，Cl^- 的含量为几十 g/L。

不同矿化度的地下水中 Cl^- 含量不同，在高矿化度地下水中，Cl^- 含量可达数十 g/L 中，但在低矿化度水中仅有数毫克每升到 10mg/L。

地下水中 Cl^- 的来源主要有六种：①来自地壳中沉积岩所含岩盐或其氯化物的溶解；②来自岩浆岩中含氯矿物的风化溶解；③来自海水，如海水补给地下水等；④来自火山喷发物的溶滤；⑤地幔挥发性组分上涌；⑥环境污染，生活及工业污水下渗，主要补给浅层地下水。

2. 硫酸根离子（SO_4^{2-}）

在浅层的各类地下水中，SO_4^{2-} 的含量为十分之几 mg/L 到几十 mg/L。深埋藏的热水，在不同的介质环境下，SO_4^{2-} 的含量变化很大，温泉水中，SO_4^{2-} 含量较高为 60～1000mg/L，现代海水 SO_4^{2-} 的含量可高达 2.688g/L。

在中等矿化度水中，SO_4^{2-} 常常成为地下水含量最多的阴离子，在高矿化度水中，含量并不多，在低矿化度水中，SO_4^{2-} 含量很低，仅数毫克每升到 10mg/L。

地下水中的 SO_4^{2-} 在深部还原条件下不稳定，可被还原成 H_2S，在完全封闭的构造的深层地下水中 SO_4^{2-} 含量可能很低，所以深层水中 SO_4^{2-} 的含量常常标志着构造发育的程度。

地下水中 SO_4^{2-} 主要来源有：①沉积岩中石膏及其它硫酸盐的溶解；②岩石中硫或硫化物的氧化；③岩浆火山活动带的 H_2S 体经氧化以及 SO_2 气体溶解于水形成 SO_4^{2-}；④含硫有机质分解氧化时生成的 SO_4^{2-}；⑤人为污染，如酸雨随大气降水补给地下水。

3. 重碳酸根离子（HCO_3^-）

HCO_3^- 是天然水的重要成分，在低矿化水中往往大于氯和 HCO_3^- 而成为主要阴离子。但其含量并不高，一般均在 1g/L 以内。HCO_3^-、HCO_3^- 和 H_2CO_3 之间存在一定的平衡关系：

$$H_2CO_3 \rightleftharpoons H^+ + HCO_3^- \rightleftharpoons 2H^+ + HCO_3^-$$

浅层地下水中，HCO_3^- 含量为 90～400mg/L；深埋藏的地下热水中，HCO_3^- 含量为 200～1300mg/L；温泉中的含量较低，为 20～270mg/L。

地下水中的 HCO_3^- 主要是来自碳酸盐的沉积岩，但当地下水中有侵蚀 CO_2 存在时，含水层中围岩的矿物就有一定数量溶解于水，而在地下水中形成 HCO_3^-，即：

$$CaCO_3 + H_2O + CO_2 = 2HCO_3^- + Ca^{2+}$$
$$MgCO_3 + H_2O + CO_2 = 2HCO_3^- + Mg^{2+}$$

其次是在 CO_2 存在时地下水对铝硅酸盐的水解作用。

4. 钠离子（Na^+）

浅层地下水中 Na^+ 含量为十几 mg/L 至 80mg/L；深埋藏的热水中，可到 90～2000mg/L，热水中 Mg^{2+}/K^+ 或者 Na^+/Ca^{2+} 值越高，意味着热储中温度也越高。温泉中 Na^+ 含量为 60～1000mg/L；海水中 Na^+ 含量可高达 10.7g/L，深层卤水中为几十到 100g/L。

地下水中钠离子的含量随着矿化度的增加而增长。在低矿化度的地下水中含量较低，一般低于钙镁离子的含量，其含量在数 mg/L 至 10mg/L；在高矿化度的地下水中，Na^+ 是水中的主要阳离子，而在岩浆岩地区的低矿化度地下水中，Na^+也能成为水中主要阳离子。

地下水中钠离子主要来源于含钠盐的海相沉积物和干旱环境中的陆相沉积物以及岩盐的溶解，其次是铝硅酸矿物的风化作用，此外，在低矿化相对富集钙镁的地下水中，两价的钙镁离子可以从岩石和土壤中交替出一价的钠离子，促进它在地下中的富集。人为污染、海水及盐度很高的地表咸水补给到地下水，也会使地下水中的Na^+升高。

5. 钾离子（K^+）

在地下水中，K^+含量不大，浅层孔隙水、裂隙水及岩溶水中，含量为$0\sim6mg/L$；深埋藏的热水中为$3\sim140mg/L$；温泉中为$14\sim25mg/L$。在海水中平均为300多mg/L；黄卤水中可高达$720mg/L$。

地下水中K^+来自含钾盐类沉积岩的溶解，岩浆岩和变质岩中含钾矿物经风化作用的溶解。

6. 钙离子（Ca^{2+}）

Ca^{2+}是低矿化度水中的主要阳离子，其含量在数十mg/L到数百mg/L，随着矿化度的增加，Ca^{2+}的含量相对减少，但在高矿化度的$CaCl_2$水中，Ca^{2+}离子的含量很高，这些地下水一般贫HCO_3^-、SO_4^{2-}和F^-。在火山岩浆活动地区有变质成因的CO_2加入到地下水的循环时，水中的Ca^{2+}含量有时可达数g/L。地下水中钙离子含量的增加与减少，在某种程度上跟水中CO_2含量的变化有关。

一般浅层地下水中含量为$2\sim250mg/L$；深埋藏的热水中含量为$36\sim180mg/L$；温泉水中$18\sim125mg/L$；卤水中可达$7\sim8g/L$。

地下水中的Ca^{2+}来源于碳酸盐岩类、含石膏沉积物及岩浆岩、变质岩中含钙矿物的风化溶解和溶滤。

7. 镁离子（Mg^{2+}）

Mg^{2+}在淡水中一般是次要阳离子，但远超过钾。在矿化度小于0.5的水中，一般Ca^{2+}浓度大于Mg^{2+}浓度，当矿化度超过1的水中，Mg^{2+}含量逐渐增高而成为主要阳离子

Mg^{2+}在低矿化度地下水中的含量一般较低，在高矿化度的地下水中以及在基性和超基性岩浆岩分布区的地下水中，Mg^{2+}含量是比较高的；在高矿化度水中，Mg^{2+}多于SO_4^{2-}伴生。

浅层地下水中，含量为$1\sim40mg/L$；，当地下水的矿化度小于1时，镁离子含量低于钙离子，若矿化度大于1，镁含量则大于钙离子，浅层地下水中的镁离子的来源于岩石的类型有关。在深埋藏的热水中，镁离子含量有所增高，为$6\sim160mg/L$；温泉水中的含量$0\sim59mg/L$；深层卤水中镁离子的含量为$1g/L$，但还是比钙含量低；

镁的主要来源是地下水对白云岩、菱镁矿和富含镁的基性、超基性岩的溶解。

3.3.5　元素在地下水中的运移

1. 元素在地下水中迁移的种类

元素在地下水中的迁移包括两种：第一为正向迁移过程，系指元素从矿物、岩石、有机质等物质中转移到地下水中，进入地下水后，又由高浓度处向低浓度处弥散迁移和渗流的过程。第二为反向迁移过程，系指由于沉淀、吸附等作用，元素从地下水中向矿物、岩石、气

体和生命等物质转移的过程。

2. 不同相间元素的迁移

1）溶解（溶滤）和沉淀的相间转移

地下水在岩石空隙中赋存和运动时，常发生固相物质的溶解（溶滤）和水溶液中物质的沉淀。溶解（溶滤）可以使岩石、矿物中的某些元素从固相转移到地下水中。

2）吸附和解吸的相间转移

吸附是指固体从水溶液中吸附某些离子（分子）的作用。吸附作用可以使地下水中的某些元素向固相岩石表面转移，因而阻止元素的迁移。解吸作用可使吸附的元素从固相岩石表面转移到地下水中继续迁移。

影响元素吸附的因素主要有：吸附和被吸附体的种类；元素的物理化学性质；吸附物在迁移过程中的存在形式；各组分的浓度等。

3. 元素进入地下水后的迁移

1）分子扩散迁移

由温度差，压力差和浓度差引起的迁移。

2）渗流（或对流）迁移

物质在静止的地下水中，只有分子扩散迁移，而在运动的地下水中，可以随着水流一起较快的迁移到很远的距离，物质随着介质一起的迁移称为渗流（对流）迁移。

3）渗流弥散（水动力弥散）迁移

由于地下水在多孔介质中渗流时，除有一种假想平均流动速度外，实际速度的分布是极其复杂的。在同一段时间内，流速大的物质迁移得远，流速小的则迁移得近。再加上分子扩散作用的影响，使地下水物质浓度的分布形成一个由高到低的过渡混合带，称为弥散带。弥散带形成机制中的渗流机制称为渗流弥散（水动力弥散）。

4. 影响元素在水中迁移的因素

1）内因

原子（或离子、离子团）电价与半径：通常，电价越高，越难迁移；化学键性质与电负性；溶解度，溶解度越大，迁移能力越大；原子的重力性质，轻元素向上，重元素向下。

2）外因

温度主要影响元素和化合物的活性和溶解度以及化学反应的速度和方向；压力对溶解度影响不大，但对气态物质的影响较大；在地下水中，各组分的浓度梯度是引起物质沉淀-溶解作用、扩散作用及交替吸附作用的动力，即决定物质迁移的动力；酸碱度影响着化合物的溶解与沉淀、弱酸和弱碱的水解作用；氧化还原条件，元素在氧化还原反应中伴随着电子的得失，导致离子的化学性的改变；化合物的溶解度也相应变化，迁移形式也不同；有机物对元素迁移的影响，元素与有机物结合成络合物形式，其溶解性增强、被吸附性减弱，从而增强了元素在地下水中的迁移；胶体的影响；水文地质条件；地层岩性，主要是岩石的透水性；水交替条件；地下水的化学成分；地下水的化学成分及矿化度，反映了一定的地球化学环境，因此对元素的迁移影响较大；人类活动的影响。

3.4　微量元素地球化学

3.4.1　微量元素

通常将自然体系中含量低于 0.1% 的元素称为微量元素，然而微量元素的含义是相对的，某元素在某一地质体中为微量元素，而在另一种地质体中可能是常量元素。它们以低浓度（活度）为主要特征，往往不能形成自己独立的矿物，而是以多种分散状态被容纳在由其它组分所形成的矿物固体溶液、溶体或流体相中。

微量元素虽然含量很低，但由于其反映地球化学环境特征方面更为灵敏，尤其是来源于地壳深部的微量元素，在解决地质、水文地质及地球化学问题方面起着重要的作用。地下水中主要的微量元素有氟（F）、溴（Br）、碘（I）、硼（B）、锂（Li）、锶（Sr）、汞（Hg）等。

3.4.2　微量元素地球化学的形成与演化

1. 氟（F）

F 在地下水中的含量与区域岩石的地球化学特征、地下水的水文地质类型、地下水中硅酸盐的含量、水的温度和 pH 值等有关。结晶盐地区的地下水，尤其是地下热水中含有多量的 F。当 pH 小于 7 时，Fe^{3+}、Al^{3+} 与 F^- 形成化合物，当 pH 值小于 7 时，Fe^{3+}、Al^{3+} 与 OH^- 作用，使其中的 F 游离并且在水中富集，但 F^- 和 Ca^{2+} 能形成难溶的 CaF_2，所以 F^- 的活动是有限的。

F 在地下水中的含量相差很大，为 0.01mg/L 到数百 mg/L。一般的河流及胡泊等陆地表生 F 含量小于 0.3mg/L，海水中约 1mg/L，浅层地下水中一般小于 1mg/L，深部地下水中可达数 mg/L 到数十 mg/L，岩浆岩地区，地下热水的含量可达数十 mg/L 或更高，温泉水中可达 10~18mg/L。

含 F 矿物是地下水中 F 的主要来源。在现代火山地区，有可能有初生来源的 F。

2. 溴（Br）

地下盐水特别是氯化钙和重碳酸钠水中，Br 和碘的含量较高，在一些弱矿化的地下水中也有碘，但几乎不含 Br。油田水中的溴含量超过碘，Br 的含量与氯的含量具有明显的相关性，尤其在矿化度较高的水中，氯溴比值可作为水的成因标志。

岩石中的 Br 在条件适当的时候，可以从岩石中转移到水中，热动力状况对地下水中的 Br 含量具有显著的影响。但 Br 的沸点很低（58.9℃），容易挥发进入大气之中。

地表海水中 Br 含量达到数十 mg/L，浅层低矿化度水中，含量不超过 20mg/L，高矿化度的深层热水中，可达到上百 mg/L。

岩石中处于分散状态的溴和海洋中的溴是地下水中溴的主要来源。

3. 碘（I）

I 是一种容易被吸附的元素，在自然界中易被矿物吸附剂、有机吸附剂及淀粉等吸附，因此，I 在沉积物、沉积层、特别是生命物质中的浓度较高。I 有显著生物化学活动性，与生物残骸在沉积岩过程中的再造有关，在沉积岩层厚度大于 5km 时，在凹陷深部、深大断裂带的地下水中常有碘的富集。含 I 水通常都是温度高于 50℃的深部热水。

I 是地下水中的微量元素，在低矿化度到高矿化度以及卤水中均有存在，但含量差别大，低的只有几 mg/L，高值可达数百 mg/L。碘对温度和压力的变化反应非常敏感。温度升高，地下水中的碘含量增加，另外碘的沸点低，容易挥发，只有当压力较大时，才能一些碘化物挥发。

4. 硼（B）

在适当的地质、水文地质条件下，可有多量 B 的富集。含 B 水在蒸发浓缩或含可使 B 沉积的组分的岩石和水相遇是，硼可沉淀析出；温度平衡条件打破时，B 也可沉淀析出。B 的迁移还受蒸气压控制，沿深大断裂释放出高压水时，可使蒸气压骤然下降。B 对温度、压力、游离 CO_2 含量、水的酸碱度等水文地球化学条件的改变敏感。

浅层地下水中，每升水内含 B 千分之几到万分之几 mg；深层热水中，含量较高，温泉水中的含量也较高。

在低矿化度的淡水中含量相当低，有的只有零点几 mg/L，而在高矿化度的地下热水中以及现代和近期火山活动的地下水中，深大断裂附近的深层水中，含量可达数百 mg/L。

B 的来源：如果含水层为海相沉积岩，则为海水浓缩析出以及植物吸附而聚集；温泉水中的为岩石中原生的矿物风化后形成次生的、易溶的进入水中。

5. 锂（Li）

Li 的含量随着水的矿化度的增高、围岩和水中含钾量增多而增多。Li 的溶解度随着盐的增大而增大，含 Li 水主要分布在深大断裂，特别是断裂交会带的层状或脉状结晶岩中以及火山岩深循环裂隙水和碳酸水带中，在一些特殊的构造部位可能成为活动断裂深部循环流体上涌的标志性元素。

海水中含量约为 0.1mg/L，普通浅层低矿化度地下淡水中，含量仅为千分之几到百分之几 mg/L，在岩浆岩含锂云母的地区，为零点几 mg/L，地壳深部高矿化度地下热水中，含量可达到 1mg/L 左右。

6. 锶（Sr）

Sr 与钙和钾常有伴生关系，在富钙和富钾的矿物中，锶的含量较高，在氯化钙型的浓卤水中，锶的含量可达数 mg/L。

随着地下水循环深度的加大，温度和压力的增高，地下水中锶的含量也有所增高。地下水中锶的含量还与围岩锶的含量有关，在深大断裂带或近代有岩浆火山活动的地区附近，高矿化度的深层地下热水中锶的含量可达数 mg/L。

地下水中的 Sr 主要来源于碱性正长石、花岗岩、石膏、泥质石灰岩等岩石。

7. 汞（Hg）

Hg 通常情况下是呈液态存在的，地壳中的 Hg，可以 HgS 呈富集状态，但 99.98%的汞以吸附和吸留的方式分散存在。Hg 的化合物在地下水中的溶解度很低加上岩土颗粒对 Hg 有较强的吸附力，因此地下水中 Hg 的含量很低，在地下水中，汞以离子或吸附在悬浮物和胶体颗粒上等形式存在。

在浅层水或深埋藏热水中，Hg 的含量很低，为十分之几 μg/L，汞在水中的迁移距离仅为几十米；在碳酸盐地层内，富含 CO_2 的酸性水中，Hg 的含量可达几十 μg/L 至几 mg/L，并可迁移数千米。

Hg 在地下水中的含量极低，但汞具有易挥发成 Hg 蒸气的特点，所以 Hg 以气态形式迁移显得尤为重要，在深大断裂，特别是活动的深大断裂上，土壤和水中的气态 Hg 大大高于远离断裂带的含量。说明气态 Hg 的迁移受深大断裂控制，可能是地壳深部乃至地幔的 Hg 呈气态向上迁移的结果，地球沿深大断裂带向外界放气时也包括 Hg 蒸气的释放。

在地壳的深大断裂及火山活动区，汞来源于地壳深部及上地幔，汞以蒸气的形式沿着深大断裂运移，直至地表，能够形成显示断裂构造的 Hg 分散晕，并具有反应地震孕育和发生的敏感化学元素等特点。

地壳中的 Hg 的来源多种多样，有岩浆成因的，也有大气降水渗入成因的。一般来说，Hg 在超基性岩中区域富集，在碱性岩与碳酸盐岩中也较富集。

3.4.3　微量元素的地球化学示踪作用

1. 成岩成矿构造环境的判别

由于不同构造环境的物质、热源、物理化学条件及动力学机制等方面的差异，形成元素的微量元素含量与组合有较明显的不同。

2. 成岩成矿物理化学条件示踪

微量元素可作为地质温度计，元素地质压力计。

3.5　气体地球化学

3.5.1　气体的来源及组成

1. 大气圈的气体组成

大气圈气体的主要组成部分是 N_2、O_2、Ar、CO_2，它们占干燥空气的 99.99%。此外还有 He、Ne、Kr、Xe、CH_4、N_2O、H_2、Rn、O_3 等

2. 地壳中的气体

气体在地壳中广泛存在，它们有的分布在岩石的孔隙、裂隙及孔洞中，有的溶解于水中，有的封存在合适的构造中形成气芷。按其成因：

1）大气起源的气体（N_2、O_2 及惰性气体）

地壳上部的气体与大气圈中的空气不断进行交替，进入地下的空气呈自由状态或溶于水中，而溶于水中的气体，会沿岩石的孔隙或裂隙渗入到深远的地方。空气进入地下后，其中氧气因为生物化学作用消耗而逐渐减少，二氧化碳则逐渐增高。

大气中的 Ar/N_2 是恒定的，其值为 1.18%。这样可以利用地下气体中的 Ar/N_2 与大气圈中的进行比较。根据：

$$\alpha = \frac{Ar_{\text{气}} \times 100}{N_{2\text{气}} \times 1.18} \tag{3-10}$$

来确定气体中氮气的起源，当 $\alpha = 1$ 时，表明地下气体中氮气全部起源于大气；当 $\alpha \neq 1$ 是，则表明有其他起源的氮气和氩气存在。

2）生物起源的气体（CO_2、CH_4、重烃、N_2、H_2S 等）

生物起源的气体是生物化学作用的产物，与微生物的活动有关。在缺氧的条件下，微生物活动可产生甲烷和碳酸气。生物化学作用中，经常形成大量的硫化氢。一般情况下，生物化学起源的气体不含氧。如果有氧气存在，可以认为是有大气气流的混入，只有在个别情况下，它可以由水生植物的光合作用产生。

3）化学起源的气体

化学起源的气体可分为为两组，一是常温常压条件下化学作用产生的气体（硫化物、Cl_2、S、氯化物、CO_2 等），与生物化学起源的气体有相似之处，还可有酸性水对碳酸盐类的作用以及其他一些化学反应产生，但作用不大；二是变质作用起源的气体（CO_2、H_2S、H_2、CH_4、CO、N_2、HCl、NH_3、SO_2 等），这些气体是岩石在深部受高温高压影响分离出来的。深层岩石分离出来的气体中的 CO_2 和 H_2 几乎一样多，地壳表层岩石中 CO_2 占优势。

4）放射起源的气体（He、Ra、Th 的射气、Ar 等）

放射性起源的气体在天热条件下，不形成化合物，它的分布取决于岩石含放射性元素的矿物和构造的封闭程度。

3. 上地幔的气体

上地幔的气体主要是 H_2O（水蒸气）、CO_2、H_2、N_2、H_2S、SO_2、He、Ar 及 F、Cl 的氢化物等。火山析出气中的很多组分，一般认为来源于上地幔。高温火山气孔中气体成分一般以 CO_2 为主。

表 3-5　气体组分及来源（据 B. A. 萨戈诺夫）

气体类型	化学组成		气体成因
	主要成分	重要杂质	
大气	N_2、O_2	Ar、CO_2、Ne、He、Kr、Xe、H_2、O_3	大气是化学的、生物的及放射性（He、Ar）成因的气体混合物
地球表层气体土壤及土壤下层	CO_2、N_2、O_2	Ar、CH_4、N_2O、H_2 惰气（从大气中来）	CH_4、N_2O、H_2 主要是生物化学成因的，这些与空气混合
沼泽，泥炭	CH_4、CO_2、N_2	Ar、H_2、CO、NH_3、N_2O、H_2S 惰气（由大气来的）	CH_4、CO_2、H_2、NH_3、N_2O、H_2S 主要是生物化学成因的，其余气体都是化学成因的

续表

气体类型	化学组成		气体成因
	主要成分	重要杂质	
海水下沉积物	CO_2、CH_4、N_2	H_2、NH_3、H_2S、Ar	除了惰气外的其他气体，主要是生物化学成因的
沉积岩气体石油矿床	CH_4、T. Y.、N_2、CO_2	H_2S、He、Ar、H_2	除了惰气（He、Ar）外的所有气体，主要是化学成因的
气体矿床	CH_4、N_2、CO_2	T. Y.、H_2S、He、Ar、H_2	有生物成因（部分 H_2S 和其他）的气体杂质，在极深处，那里有高温，微
煤矿床	CH_4	CO_2、N_2、H_2S、T. Y.、He、Ar	生物的正常活动终止，也就不存在生物化学气体
分散的	CO_2、CH_4	N_2、T. Y.、H_2、H_2S	
海洋气体	CO_2、N_2	NH_3、H_2S、O_2、Ar	NH_3、H_2S、O_2 和部分 CO_2 是生物化学成因的，部分 CO_2 和 N_2 化学方法生成，而 Ar 是放射性成因的，在海洋上层 CO_2、N_2 和 O_2 是大气加入的
变质岩气体	CO_2、N_2、H_2	CH_4、H_2S、He、Ar	除惰气外都是化学成因的
岩浆岩气体	CO_2、H_2	N_2、H_2S、He、Ar 在较深处 SO_2、HCl、HF	除惰气外都是化学成因的
火山气体高温气体（从火山熔岩湖）	CO_2、H_2、SO_2、HCl、HF	N_2、CO、NH_3、He、Ar	火山气体（火山熔岩湖，火山喷气，温泉）是由上地幔加入经某种改变的
火山喷发气体（100～300℃）温泉气体	CO_2、H_2、SO_2、H_2S、CO_2、SO_2	N_2、CO、NH_3、He、Ar、N2、CO、NH_3、He、Ar	气体，并带有上部壳层来的饿气体杂质，除惰气外的气体都是化学成因的
宇宙气体	H_2、H_2、He	CO 原子团、CH、CH_3OH 和其他电离原子 Ne、N_2、Ar	宇宙气体是核的、放射性化学和化学反应的结果

3.5.2　主要气体的形成及演化

1. 氢气（H_2）

氢以分散状态广泛分布在宇宙、大气层和地下水包气带中，在地球表面大气圈、地球表层水、土壤及一些沉积岩中含量很少，可是在深部高温高压和缺氧富铁的条件下，氢气容易聚集。在地壳上部有隔气性较高的盖层时，即在封闭性良好的条件下氢能封存下来，所以在岩盐、岩浆岩、变质岩中可能有氢气的富集。

岩石破裂新鲜断面与水发生化学反应产生的氢气的原理被日本学者用来推断断裂破裂的深度。在地震应力作用下，埋藏在地球深处的富氢气流，岩石受力变形破裂和超声波作用下释放的氢气以及岩石破裂新鲜面与水发生反应产生的氢极易岩裂隙向地表迁移，造成氢气浓度大幅升高。

氢气可以在各种自然过程中产生，如化学作用，生物作用和放射化学作用等。氢气也可来自变质岩和深部岩浆。

2. 二氧化碳（CO_2）

CO_2 即可来自大气，也可在生物化学过程、深部变质过程以及纯化学作用中形成，也可来自火山和岩浆内。

土壤层是表层 CO_2 的主要生成层，是在微生物参与下有机质分解生成的，但因易与空气交替和易溶于水，地下空气中 CO_2 的含量一般不超过 5%。大气在进入地壳向深部运移过程中，氧气不断消耗，CO_2 含量逐渐增加。

无论浅层水还是深层地下水，CO_2 通常是溶解气体中的主要组分，在地下水中以 CO_2、H_2CO_3、HCO_3^-、CO_3^{2-} 四种形态存在，并彼此趋于平衡状态。浅层地下水中，CO_2 来源于大气和包气带，并可由包气带岩石中的有机物氧化而来，浅层地下水中含量可达 $15\sim40mg/L$，若含水层内夹有富含有机质的粘土层或淤泥，水中可富集较多的 CO_2。深埋藏的热水中 CO_2 含量较高，为 10%~15%，温泉水中的含量较高，它来源与高温变质作用有关。地下水中的 CO_2 可是地下水的类型、侵蚀性及矿化度发生变化，同时它对元素的迁移富集起着很大作用。

CO_2 是普遍分布的活动性气体之一，从全球来看，CO_2 富集带与地震带、变质带、板块相连的接触带是完全一致的，CO_2 的迁移变化与地壳运动及地震活动的关十分密切。

3. 硫化氢（H_2S）

H_2S 是区分氧化还是还原环境的重要指示剂，通常存在于缺氧的还原环境中，多存在于深层地下水中。由于 H_2S 易于铁化合，且在氧化环境下不稳定，所以在浅层冷水中很少存在。现代火山区的热水、热气流中存在大量的 H_2S。自由的，特别是溶于水的硫化氢在氧化-还原条件的过度界面附近或于空气接触时，迅速氧化为单体硫。

H_2S 和 CO_2 是地下热水中常见的重要气体组分，它们的溶解或逸出控制着水的氢离子浓度以及水岩之间的化学平衡。

浅层地下热水中的 H_2S 主要来自：在脱硫酸细菌的作用下对硫酸盐的还原；在高温高压的化学条件下，如有水蒸气存在，黄铁矿分解可产生 H_2S。这两种作用使浅层地下热水中 H_2S 的主要形成作用。另外在细菌参与下的生物化学作用均能生成 H_2S，深变质作用和岩浆作用都能生成 H_2S。

4. 氧（O_2）

氧气主要分布于大气层和地壳上部，地下水中的氧主要来源于大气，随着大气降水补给给地下水，氧在近地表含量较高，随着深度的增加逐渐减小，在地壳深部很低。溶解氧的含量较高的地下水处于氧化环境，反之为还原环境。氧化条件下流体和还原条件下流体相遇、混合常是构造活动地球水化学异常的原因。

气体氧除来源于大气和生物化学作用外，在辐射化学作用、有机质的热动力变质作用以及水的热催化作用也可生成氧。

5. 氮（N_2）

氮可以以自由氮形式存在，也可成联结的 NH_4^+ 存在于地壳中，在变质过程中 NH_4^+ 可分解，自由的氮分子重新逸出。

氮来源于大气、或者部分由生物分解产生，还可以来自于深部，岩浆岩孔隙中含有保留的氮，火山气体中氮是常见的组分。

几乎所有的地下水中都有溶解氮。在浅层地下水中，氮含量较高，为 58%～88.5%（容积含量），其主要来源于大气。

在深埋藏热水中，氮也主要来源于大气，其相对含量通常为 14%～46%，在某些封闭的地质环境中，地下水处于停滞状态，硝化作用可产生自由氮。在近期火山活动地区的地下热水中氮的含量仅为 30%～40% 或更低。

发育与岩浆和变质岩地区的温泉氮的含量高达 87%～90%，大多来源于大气降水的补给，其中也可能有变质起源的氮。

空气中 Ar/N_2 值固定，$^{14}N/^{15}N = 273$，地壳中有生物成因的氮或有放射成因的氩时，这一比值将发生变化。

6. 甲烷（CH_4）

甲烷主要是生物成因的，是有机质在还原环境下经过生物化学作用而产生，但也有部分来自无机质经化学作用产生，还有地球形成时就有的甲烷。

甲烷在大气中含量很低，只有百万分之几，而在还原带沉积岩地下水中广泛分布。浅层地下水一般不含甲烷，深层地下水中甲烷含量也相差很大。火山气体中含甲烷气平均少于 1%，但火山喷发气在与沉积岩热矿水气体混合时，含甲烷气明显增加。

现代浅水、池沼中由生物化学作用产生的甲烷气的特点是无重碳氢气。在深度 1～1.5km 直到 5～6km 还可生成甲烷及其同系物和石油，在地表浅部尤其是沿活动断裂带附近有深部气体的运移时，这种深部气体中的碳氢气特征是除甲烷外还可以发现其他重碳氢气，它与浅部淤泥、沼泽成因的不同。

甲烷对应力变化比较敏感，可以沿着深大断裂带、岩浆活动通道向地壳浅部运移。

7. 氩（Ar）

氩时放射性成因的，由 ^{40}K 衰变而来，从地球形成就不断的产生，且多存入大气层中，大气中的 ^{40}Ar 随气流运动和溶于水中随水流运动而进入地壳，称为大气来源的 ^{40}Ar。在地壳中含钾矿物衰变产生的或由地幔运移来的 ^{40}Ar 有时统称为放射性成因的 $^{40}Ar_{放}$。

氩有三个稳定同位素：^{36}Ar、^{38}Ar、^{40}Ar，地球上 ^{36}Ar、^{38}Ar 大部分是原生的，即地壳凝固时捕获的，现在主要富集与大气中，空气中的 $^{40}Ar/^{36}Ar = 295.5$，为一常数，如果地下水的 $^{40}Ar/^{36}Ar$ 大于这一常数，表明地下水中有地壳或地幔中运移来的放射性成因的 Ar 混入，当温度在 10℃ 时，溶于水的空气的 $N_2/Ar = 35$，用此数值可以判断地下水中氮氩的成因。

8. 氦（He）

1）氦的生成

氦在自然界中有两种稳定同位素 ^3He 和 ^4He，还有三种寿命很短的人造放射性同位素 ^5He、^6He、^8He。

大气中的氦是重放射性元素（U、Th、Acu）α 衰变的产生，这样生成的氦主要是 ^4He。^3He 在大气中含量很少，是由氢的重同位素氚 α 衰变生成。

2）不同来源的氦同位素比值

大气中来源：$^3He/^4He=1.4\times10^{-6}$

岩石圈上部：$^3He/^4He=n\times（10^{-9}-10^{-6}）$

天然气来源：$^3He/^4He=n\times（10^{-6}-10^{-7}）$

地幔成因：$^3He/^4He=n\times10^{-5}$

典型花岗岩为：$^3He/^4He=n\times10^{-7}$

铀矿床中的气体为：$^3He/^4He=n\times（10^{-7}-10^{-8}）$

3）地壳的岩石、水和气体中的氦同位素

地壳岩石中的 $^3He/^4He$：在板块边缘，通气孔和热泉通常所含的 He 相对于空气富集 ^3He，这种氦是地幔贡献的。一般地表水所含的 He 处于溶解平衡或接近于空气，但是地下水中有时含有从其他母体岩石提取的过量放射性成因 He。地下水中特别高的 He 浓度一般与断裂交错带有关。地壳岩石中观测到的 He 同位素成分是地幔 He 和放射性成因 He 的混合物。

大范围流体的 $^3He/^4He$ 比值有极大的变化范围，而在相同的构造区内流体的 $^3He/^4He$ 不变。

在新构造-岩浆活动的地球 $^3He/^4He$ 比值最高，且随大陆地壳变老和固结而降低。

3.5.3　气体的运移

气体可以在各种力的作用下以各种不同的相态进行运移，地表水，地下水和石油等可作为气体运移的载体，气体也可以以独立的相态进行运移。地壳中的气体可以是自由气，以气流方式渗流；或者是溶解气与流体一起运移；也可以是在浓度差作用下的分子扩散；也可以是因密度不同可在溶液中上浮。

气体的运移受温度、压力及混合气体各组分的性质等诸因素的控制。当压力降足够的大时，气流可克服岩石阻力而突然涌出。气体在与岩石接触时可被吸附，吸附的气体在温度和压力等条件变化时又有一部分可转化为自由气参加运动。

气体在溶液中随溶液移动而运移，但在运移的过程中，随着温度、压力等条件的变化，溶解在溶液中的或被岩石吸附的气体可以部分逸出而呈独立的相态运移。气体隙透可使气体从地球内部运移到地表，在地表隙透现象以干气泉（气流）形成而被观察到。深部断裂和断裂交会处岩石破碎，裂隙度高，是气体运移的良好通道。混合气体在孔隙介质中的运移过程中，在运移的通道上气体成分伴随着发生变化（王金杰，2016；王春光等，2016；方震等，2012；盛艳蕊等，2015；苏鹤军等，2009）。

3.6　稳定同位素地球化学

3.6.1　稳定同位素基本概念

1. 稳定同位素

无可测放射性的同位素，其中一部分是放射性同位素衰变的最终产物，另一部分是天然的稳定同位素，即自核合成以来就保持稳定的同位素（本节只介绍后一类中的部分同位素）。

2. 同位素丰度

同位素丰度可分为绝对丰度和相对丰度，绝对丰度指某一同位素在所有稳定同位素总量中的相对份额，常以该同位素与 ^1H（取 $^1H = 10^{12}$）或 ^{28}Si（$^{28}Si = 10^6$）的比值表示。相对丰度指同一元素各种同位素的相对含量。

3. 同位素分馏

同一元素的同位素之间由于核质量的差异，其物理和化学性质存在微小差别，这种性质差别与核过程无关，与放射性衰变无关。正由于这种微小的差别，经物理的、化学的或生物的过程之后，体系的不同部分（如反应物和产物）的同位素组成将发生微小的、但可测的改变，称为同位素分馏，其分馏程度正比于同位素质量差。

4. 同位素效应

由同位素质量差异引起的物理和化学性质的差异称为同位素效应。

5. 同位素分馏系数

指化学体系经过同位素分馏过程后，在一种化合物（或一部分馏份）中两种同位素浓度比与另一种化合物（或一部分馏份）中相应同位素浓度比之间的商。

通常用 α 值、δ（‰）值、$10^3 \ln \alpha$ 和 Δ 表示。

α 值是分馏反应达到平衡时的平衡常数：

$$\alpha = \frac{(AX_{重})(BX_{轻})}{(AX_{轻})(BX_{重})} = K \qquad (3-11)$$

式中，A、B 为反应系数；K 为反应速度常数。

当 $\alpha \neq 1$ 时有分馏现象存在。

δ（‰）值为同位素比值测量单位，是表示同位素分馏的方向和分馏的程度：

$$\delta(‰) = \frac{R_{样} - R_{标}}{R_{标}} \times 1000 \qquad (3-12)$$

式中，$R_{样}$ 是样品中轻重同位素的比值；$R_{标}$ 是标样中轻重同位素的比值。

δ 标记法能清楚的反映出同位素组成变化的方向和程度，样品的 δ 值越高，反映重同位素越富集。当 δ>0 时，表示样品的重同位素富集，小于零则相反。

3.6.2　同位素标准

样品的 δ 值总是相对于某个标准而言的，目前国际上承认的标准有：

1. 氢同位素

氢同位素分析结果均以标准平均大洋水（SMOW）为标准报道，其"绝对"氢同位素比值被定义为：

$$D/H = (155.76 \pm 0.10) \times 10^{-6} \qquad (Hayes，1982)$$

这是一个假象的标准，后来 LAEA 分发了两个用作同位素标准的（Gonfiantini，1978）一个是用海水经蒸馏后加入其它水配置成的 δD 值非常接近 SMOW 值的水样，称为 V-SMOW：

$$\delta D_{V-SMOW} = 0‰$$

另一种为 SLAP，定义其氢同位素组成为：

$$\delta D_{SLAP} = -428‰$$

2. 氧同位素

一般来说，氧同位素分析结果均以 SMOW 标准报道，它是根据水样 NBS-1 定义的（Craig，1961）。

SMOW 的"绝对"氧同位素比值为：

$$^{18}O/^{16}O = (200.20 \pm 0.43) \times 10^{-6}$$
$$^{17}O/^{18}O = (373 \pm 15) \times 10^{-6} \qquad (Hayes，1982)$$
$$\delta^{18}O_{NBS-1} = -7.94‰$$

两个 LAEA 标准水样 VSNOW 和 SLAP 的氧同位素的比值分别为（Gonfiantini，1978）

$$\delta^{18}O_{VSMOW} = 0‰$$
$$\delta^{18}O_{SLAP} = -55.0‰$$

3. 硫同位素

硫同位素标准为取自 Canyon Diablo 铁陨石，简称 CDT，其绝对硫同位素的比值：

$$^{34}S/^{32}S = 0.0450045\pm93$$

4. 碳同位素

碳同位素分析标准为 PDB，其"绝对"碳同位素比值：

$$^{13}C/^{12}C = (11237.2\pm90)\times10^{-6} \qquad （Hayes，1982）$$

定义其 $\delta^{13}C = 0‰$。

5. 氮同位素

氮同位素标准为空气，其"绝对"碳同位素比值：

$$^{15}N/^{14}N = (3676.5\pm8.1)\times10^{-6} \qquad （Hayes，1982）$$

3.6.3　氢氧同位素地球化学

1. 同位素组成

氢有两种稳定同位素：^1H（99.985%）和 ^2D（0.015%），此外还有一种宇宙射线成因的 ^3T。

氧有三种稳定同位素：^{16}O（99.762%）、^{17}O（0.038%）和 ^{18}O（0.200%）

一般采用原子比率 D/H、$^{18}O/^{16}O$ 或相对富集度 δD、$\delta^{18}O$ 值表示氢氧同位素组成：

$$\delta D（‰）= \left[（D/H）_{样}/（D/H）_{标}-1\right]\times1000 \qquad (3-13)$$

$$\delta^{18}O（‰）= \left[（D/H）_{样}/（^{18}O/^{16}O）_{标}-1\right]\times1000 \qquad (3-14)$$

2. 氢氧同位素分馏机制

（1）蒸发-凝聚分馏。蒸发过程中，轻的水分子 $H_2^{16}O$ 比重的水分子 $D_2^{18}O$ 易蒸发而富集于蒸气相，在凝结作用中重的水分子优先凝结，导致在液、汽相间发生氢氧同位素的分馏。

（2）水岩同位素平衡分馏。当大气降水与岩石接触时，水与矿物间发生氢氧同位素交换反应而达到平衡。水岩同位素交换使岩石中富集 ^{18}O，而在水中富集 ^{16}O，但由于岩石氢的含量很低，通常水岩交换反应中氢同位素成分变化不大。

（3）矿物晶格的化学键对氧同位素的选择。

（4）生物分馏作用：植物的光合作用使 ^{18}O 在植物中富集，释放出的氧富含 ^{16}O。

3. 不同成因地下水氢氧同位素的组成

1）大气降水

大气降水指雨、雪等各种形式的降水以及由它们组成的地表水（如河水、湖水）和浅层地下水（如井水），其 $\delta^{18}O = -54‰ - 31‰$，$\delta D = -300‰ - 131‰$，平均 $\delta^{18}O = -4‰ - 31‰$，$\delta D = -22‰$。主要由物理作用控制，沿 Craig 线分布，内陆蒸发盆地水 δD 和 $\delta^{18}O$ 值都比当地大气降水偏大。它具有：纬度效应：随着纬度的升高 $\delta^{18}O$ 和 δD 值下降；大陆效应：从海岸向大陆内部，$\delta^{18}O$ 和 δD 值下降；季节效应：夏季温度较高，富集 $\delta^{18}O$ 和 δD，冬季反之；高度效应：随高度增加，$\delta^{18}O$ 和 δD 值下降，$\delta^{18}O = Kh + b$（h 为地形高程，K 为同位素告诉梯度），通常的变化梯度是 $1.2‰ \sim 4‰$（δD）/100m 和 $0.15‰ \sim 0.5‰$（$\delta^{18}O$）/100m；雨量效应：一般雨量越大，降水的 δD 和 $\delta^{18}O$ 值越低（靳晓刚等，2015；陈婕等，2016；黄天明等，2008）。

1961 年 Craig 通过对全球降水样同位素资料的分析发现，雨水中 δD 和 $\delta^{18}O$ 值之间存在线性关系（Craig，1961）：

$$\delta D = 8\delta^{18}O + 10 \qquad\qquad (3-15)$$

这个方程为雨水线方程，该方程为全球降水线方程（GMWL），不同的地方，降水线方程存在着差别（LMWL）（陈粉丽等，2013；王蔚等，1995）。当地下水的同位素组成十分接近地球大气降水线是，说明地下水起源于大气降水。

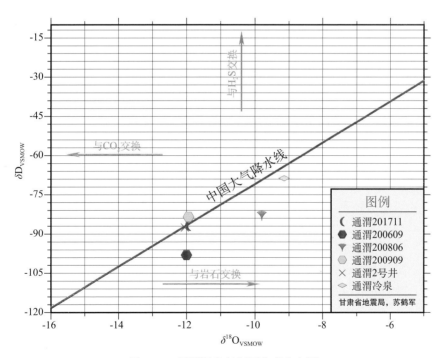

图 3-5　通渭温泉氢氧同位素分布图

2）温泉、地热水

指大气降水经过深循环加热的水，这种水的 δD 与当地纬度有关，但 $\delta^{18}O$ 变化较大，主要由于与岩石发生了同位素交换，中性、氯化物型地热水和地热气，在每一地区，$\delta^{18}O$ 有一定的变化范围，而 δD 几乎不变，因此在 δD-$\delta^{18}O$ 图解中大致为一条直线，此直线与大气降水线的交点接近于当地现代大气降水的氢氧同位素组成。只有 $\delta^{18}O$ 增加的这种现象称为氧同位素飘移，飘移的大小受交换程度、水岩比和围岩 $\delta^{18}O$ 等的影响。

3）封存水

包括生成热卤水和油田水：是由海水和大气降水深循环后长期封存的产物，以高盐度、高矿化度为特征，其 $\delta^{18}O$ = -16‰～25‰，δD = -25‰～120‰。水的同位素组成投点常延伸到当地大气降水的成分点。

4）变质水

$\delta^{18}O$ 值的范围为 -16‰～25‰，δD 的范围一般为 -20‰～140‰。多具混合成因。

5）原生水及岩浆水

来自地幔与超基性岩平衡的水，$\delta^{18}O$ 值的范围为 +5‰～+9‰，δD 的范围一般为 -50‰～-85‰，以变化范围窄为特征。

6）沉积水

沉积水也叫埋藏水，沉积水的同位素组成是沿着一条斜率比大气降水线小、但为正值的直线分布的。这条直线与大气降水线的交点正好是当地大气降水同位素成分的年平均值。$\delta^{18}O$ 的升高时由于与岩土发生了交换，δD 升高则是由于沉积水中硫化氢和甲烷发生交换造成的。

4. 氢氧同位素的示踪作用

（1）探索地下水的成因。地下水按其成因可分为大气成因溶滤水、海相成因沉积水、变质成因再生水和岩浆成因原生水，它们的氢氧同位素组成存着很大的差异，因此根据测定的氢氧同位素比值即 D/H、$^{18}O/^{16}O$ 来大致判断地下水的成因类型。

（2）判断地下水的补给来源。

（3）判断地下水与地表水体间的水体联系。一般来说，地下水由大气降水补给渗入地下水后，其氢氧同位素组成在含水层中相当稳定，而地表水由于受蒸发作用的影响明显，与当地的大气降水相比，地表水的氢氧同位素组成总是相对富集中同位素。

（4）判断地下水补给的海拔高程。

（5）确定各种来源的地下水的混合比例。

（6）地下热水成因的判定。

3.6.4　碳同位素地球化学

1. 碳同位素组成

自然界中碳有两种稳定的同位素：^{12}C 占 99.89%，^{13}C 占 1.11%，另外还有核反应形成的 ^{14}C。自然界中碳主要有两个储库：有机碳和碳酸盐，前者轻 $\delta^{13}C$ = -25‰，后者重 $\delta^{13}C$ = 0‰

$$\delta^{13}C(\permil) = \left\{ \left[(^{13}C/^{12}C)_{\text{样}} - (^{13}C/^{12}C)_{\text{标}} \right] / (^{13}C/^{12}C)_{\text{标}} \right\} \times 1000 \qquad (3-16)$$

2. 碳同位素的主要分馏机理

1）光合作用

植物的光合作用使大气中 CO_2 进入植物机体形成有机分子，光合作用使有机物中富含 ^{12}C，而大气中富含 ^{13}C。

2）热裂解作用

碳氢化合物的热裂解的动力效应导致轻的化合物富 ^{12}C、重的化合物富集 ^{13}C。由于不同同位素分子组成的化合物之间的扩散速度存在差异，比如石油及天然气运移时，甲烷类烃的化合物富 ^{12}C。

3）同位素交换反应

大气 CO_2 与溶液中 HCO_3—$CaCO_3$ 发生的同位素交换使引起碳同位素变化的又一原因。并使溶液中 CO_3^{2-} 和 HCO_3^- 富集 ^{13}C，导致沉积碳酸盐岩石等富含 ^{13}C，同位素交换作用的进行可以形成比较固定的富 ^{13}C 系列。

4）氧化还原反应

碳的氧化还原反应发生在强还原条件下：

$$^{12}CH_4 + 2H_2O = {}^{13}CO_2 + 4H_2$$

自然界中 CH_4 转换为 CO_2 反应可能发生在岩浆形成、火山喷发活动、温泉及生物活动中，分馏的结果使 CO_2 富集 ^{13}C，CH_4 富集 ^{12}C。

3. 不同成因类型中碳同位素的分布

空气中 CO_2 的 $\delta^{13}C$ 为 $-7\permil$。变质成因的 CO_2 的 $\delta^{13}C$ 为 $-3\permil \sim +4\permil$，生物成因的二氧化碳 $\delta^{13}C$ 低于 $-25\permil$ 因此可以利用二氧化碳中 ^{13}C 的含量，确定其成因类型。

深部成因的甲烷中 $\delta^{13}C$ 为 $0.2\permil \sim -40\permil$，而浅部成因的 $\delta^{13}C$ 低于 $-40\permil$

因此可以利用 CH_4 中 $\delta^{13}C$ 的值判断气体的来源

4. 不同组分中碳同位素的组成

1）岩浆岩

岩浆岩中的氧化碳（碳酸岩及气液包裹体中 CO_2）存在两种碳同位素变化范围，一种 $\delta^{13}C$ 值为 $-5\permil \sim -7\permil$，另一种为 $-15\permil \sim 25\permil$。

2）沉积碳酸盐

沉积碳酸盐的碳同位素组成比较稳定，由寒武纪到第三纪的海相碳酸盐 $\delta^{13}C \approx 0$。深成或平均地壳来源碳的 $\delta^{13}C \approx -7\permil$，生物成因的有机化合物 $\delta^{13}C \approx -25\permil$。海相沉积碳酸盐的 $\delta^{13}C$ 变化范围很小（$-1\permil \sim +2\permil$，平均为 $0\permil$），淡水沉积碳酸盐比同类海相岩石亏损 ^{13}C；深源火成碳酸盐和金刚石的 $\delta^{13}C$ 值大多集中在 $-5\permil \pm 2\%$。

3) 热液体系碳同位素的组成

火山喷气及热泉中 CO_2 和少量的 CH_4 共存，其中 $\delta^{18}O$ 值的范围为 $-16‰\pm25‰$，$\delta^{13}C_{co2}=-2‰\sim28‰$，$\delta^{13}CH_4=-20‰\sim-30‰$。一般地热区 $\delta^{13}C=-2‰\sim-8‰$，而与熔岩流伴生的 CO_2 种 $\delta^{13}C=-14‰\sim-28‰$，说明壳源 CO_2 具有接近沉积碳酸盐岩的 $\delta^{13}C$ 值，而深源热液或部分幔源物质的 CO_2 丰富 ^{12}C。

4) 有机体系碳同位素

煤、石油、天然气富集 ^{12}C 可确切表明其为生物成因。

5. 碳同位素的示踪作用

（1）地幔去气作用碳同位素示踪。

（2）热液系统中碳的来源。热液中的碳有三个来源：岩浆源或深部源，他们的 $\delta^{13}C$ 值在 $-7‰$ 左右；沉积碳酸盐来源，其 $\delta^{13}C$ 值在 $0‰$ 左右；沉积岩、变质岩与火成岩中的有机碳（还原碳），他们的 $\delta^{13}C$ 在 $-25‰$ 左右，因此根据热液系统中碳同位素的组成可示踪碳的来源。

（3）地—气交换过程中碳同位素的示踪。可通过单个甲烷分子的 $^{13}C/^{12}C$、D/H 同位素比值的测定，为大气甲烷的成因及其来源提供重要的示踪线索。

3.6.5 硫同位素地球化学

1. 硫同位素组成

自然界硫有四个同位素，分别为：^{32}S（95.02%）、^{33}S（0.75%）、^{34}S（4.21%）、^{36}S（0.02%）。由于 ^{33}S 和 ^{36}S 的丰度低，在硫同位素研究中，主要研究 ^{32}S 和 ^{34}S 两个同位素组成的变化。

$$\delta^{34}C(‰)=\left\{\left[\left(^{34}S/^{32}S\right)_{样}-\left(^{34}S/^{32}S\right)_{标}\right]/\left(^{34}S/^{32}S\right)_{标}\right\}\times1000 \qquad (3-17)$$

2. 硫同位素分馏

1) 化学动力分馏

主要指硫在氧化-还原反应过程中所产生的硫同位素分馏。在无机反应过程中，硫酸盐离子还原为硫化氢，结果无机还原硫酸根离子产生的硫化氢比硫酸盐富集 ^{32}S。

2) 生物动力分馏

细菌的催化作用使硫酸盐还原为硫化氢，一般生物成因的硫同位素有两个明显的特征：第一，还原形成的硫化氢或硫化物中 ^{32}S 的富集明显超过原始硫酸盐，$\delta^{34}S$ 通常为负值；第二，硫化氢或硫化物中 ^{32}S 富集随还原程度而变化，表现为 $\delta^{34}S$ 值具有大幅度的波动范围。

3) 平衡分馏

当一个含硫矿物从流体相沉淀出来时，在平衡的条件下共生矿物间硫同位素组成出现一定的差异，其 $\delta^{34}S$ 的大小与硫的价态有密切关系，随着化合物中硫的价态从低到高的变化，$\delta^{34}S$ 依次增加。

3. 不同组分中硫同位素的变化范围

超基性岩、基性岩及有关矿床的 $\delta^{34}S$ 变化范围很窄，范围约为 0‰±1‰；随着岩石酸度增加，$\delta^{34}S$ 的绝对值增加，变化范围增大。现在海洋硫酸盐的 $\delta^{34}S$ 相当稳定，为 20.0‰±0.5‰，海相蒸发岩代表了地史上海洋硫酸盐的 $\delta^{34}S$ 变化特征，为 9‰~32‰。沉积岩中的硫化物、石油和煤中硫 $\delta^{34}S$ 多为负值，且变化范围大。

4. 硫同位素的示踪意义

（1）地幔硫：$\delta^{34}S$ 值接近 0，并且变化范围较小。

（2）地壳硫：在沉积作用、变质作用和岩浆作用以及表生作用过程中，地壳物质的硫同位素发生了很大变化，各类地壳岩石的硫同位素组成变化很大。

（3）混合硫：地幔来源的岩浆在上升侵位过程中混染了地壳物质，各种硫源的同位素混合。如果混染了海水或海相硫酸盐的硫，混合硫便以富 ^{34}S 为特征，如果混染了生物成因的硫，混合硫便以富 ^{32}S 为特征，如果混染了解决陨石硫的硫，则混合硫的 $\delta^{34}S$ 值接近 0。

3.7　放射性地球化学

3.7.1　天然放射系列

（1）铀系：铀系中的母体元素为 $_{92}U^{238}$，它的半衰期为 $4.15×10^9$ 年。

（2）锕系：锕系的母体同位素为 $_{92}U^{235}$。

（3）钍系：钍系的母体同位素为 Th^{232} 在整个钍系中共有 13 个放射性同位素。Th^{232} 当 R124 蜕变成（Em，Tn），半衰期为 3.64 天，这与铀系与锕系不同。

这三个系列都包含氡的同位素，分别为 Rn、Tn 和 An，称为"射气"。

3.7.2　放射性元素的运移

起始元素（铀，钍和锕）的原子能够进入矿物晶格中，而衰变产物的原子将积累在晶格的损伤处，包括各种类型和成因的含水空隙，或者是毛细管，随着晶格损伤数量的增加，反冲原子损伤带中的几率将增大。

由于铀、钍和锕存在于矿物晶格中，它们由岩石向水中迁移与矿物的溶解现象有关，这种迁移为第一类迁移。

三种放射性元素的衰变产物（铀-234、钍的同位素，镭及其同位素，氡及其同位素）存在于岩石的"毛细管"中，一部分存在于溶液中，一部分呈吸附的状态存在于"毛细管"壁上。它们由岩石向水中迁移可能与矿物的溶解无关。这种迁移叫第二类运移。

放射性气体同位素的运移决定于射气释放过程。镭及其同位素、铀同位素和钍同位素从岩石向水中的迁移是由岩石被淋滤而发生的。

3.7.3　放射性元素水文地球化学

在天然水中，特别是地下水中含有一定数量的放射性元素 U、Th、Ra、Rn 等。水中放射性元素的含量取决于地下水围岩所含放射性矿物有关。因岩石中放射性元素矿物在地下水循环过程中相互作用，从而发生氧化、溶滤、溶解、吸附、沉淀、射气等作用。特别是氧气及二氧化碳较多的地下水，它们分散在充满水的所谓"毛细孔"中，引起含放射性矿物及岩石的晶格发生破坏，从而使一部分铀、钍、镭、氡等以吸附存在于毛细壁上。另一部分，随着水的运动而进入层压水及裂隙水中，形成了富含放射性元素的水，它一般分为五个类型：

(1) 氡水型：具有高含量的镭射气。

(2) 镭水型：具有高含量的镭盐。

(3) 氡-镭水型：具有高含量的镭及剩余的超平衡的氡。

(4) 镭水：三个元素含量较高。

(5) 铀-氡-镭-氡水：四个元素含量都高。

3.7.4　铀、钍、镭同位素地球化学特征

铀主要集中在地球表层，花岗岩圈中的铀含量为玄武岩圈的 4 倍，约为地幔的 30 倍，是地核的 133 倍。水中铀的溶解度与 pH 值、CO_2 和 CO_3^{2-} 的含量密切相关。沉积岩中铀的分布与有机质十分密切，即岩石中的铀含量随着有机碳含量的增加而增加。

钍主要富集于岩石圈上部，在花岗岩和沉积岩中也常含有，火成岩中的钍分布在造盐矿物和副矿物中。

镭以分散状态存在于岩石中，或以吸附状态存在于裂隙水的岩壁上和泉水的沉淀中。镭水主要分布在很厚的沉积岩层系中，一般在还原环境的封闭构造中。

3.7.5　氡同位素地球化学

1. 氡同位素的来源及组成

氡是一种放射性气体。是铀系、锕系、钍系中镭的蜕变子体元素，在铀系列中的放射性气体是 ^{222}Rn，半衰期是 3.825 天；锕系中放射性气体是 ^{219}Rn，半衰期是 3.92s，钍系中的钍射气是 ^{220}U，半衰期是 54.4s。因此，通常所研究的氡为 ^{222}Rn。

2. 岩石中的氡

1) 岩石的氡射气作用

岩石中由于含有相关的放射性矿物，因此可以放出氡射气。岩石的这种性能常用射气因子来表示，即 1g 岩石在完全达到放射性平衡时单位时间内放出的氡含量。岩石的射气因子除与岩性有关外，还与岩石的破碎程度有关，岩石越破碎射气因子越大；此外温度高，射气因子越大；压力越大，射气因子越小。

2) 岩石对氡的吸附作用

常见固态物质对氡具有不同程度的吸附作用，在岩土中，黏土是氡很好的吸附剂，因此在断层泥中常富集大量的氡。大量实验证明，固体对氡吸附与伴随气体的性质、压力以及被吸附固体物质的量无关，而与温度和吸附剂的性质关系密切，一般温度越高，吸附能力越弱。

3） 氡在介质中的扩散

氡在各种介质中可以扩散，即氡分子由高浓度向低浓度迁移，不同介质氡的扩散系数不同。

3. 地下水中的氡

氡在地下水中以溶解和游离两种状态存在。溶解度与温度密切相关，温度越高，溶解度越低，具体关系如下：

$$\alpha = 0.1507 + 0.4052e^{-0.402t} \tag{3-18}$$

式中，α 是氡在水中的溶解因子；t 是水的温度

此外，氡的溶解度与介质有关，一般在有机溶剂中氡的含量较大，而在无机溶剂中含量低。

4. 地下水中氡的来源及富集

在天然水，尤其是在地壳岩石的地下水中含有一定量的放射性元素（如铀、钍、镭、氡），由于岩石中放射性元素的含量差异很大，存在形式也不同，控制放射性元素转入地下水中的水动力条件和水文地球化学环境不用，从而导致地下水中氡含量高低有很大的变化。

氡在地下水中的富集程度，主要取决于岩石中镭的含量和岩石射气系数两大基本因素。

富集高含量氡的条件是：强烈的构造破碎引起的岩石的高射气系数；由于吸附作用在岩石中产生镭的次生富集；岩石中有矿石集中；其他溶解成分的含量的相互制约，如有机质增加氡含量增高，无机盐含量减小，氡含量降低；在包气带，水中放射性元素会增加；在酸性火成岩体的深部构造裂隙中，在水交替强烈带和水交替缓慢带中，水中含量的大小与水的流速、水流过岩体的路程长短有关。

5. 氡的迁移方式

氡在岩石中进入水中的过程，称为原始迁移。这主要是通过射气作用，溶解作用，离子交换作用等完成的，而进入水中后的迁移称为二次迁移（曹玲玲等，2005；刘菁华，2006）。主要方式：

1） 扩散作用

由温差引起的运动，氡在岩石中的扩散作用主要取决于岩石的孔隙度、渗透性、湿度、温度和结构等因素。

2） 对流作用

地壳岩石中存在着压力差，气体可以从压力高的部位向压力低的部位迁移，而氡气和其它气体一样随着迁移。根据已有的研究结果，仅在扩散和对流作用下，氡在岩石中的迁移距离不超过 10m。

3） 水的携带作用

由于氡溶解于水中，因而地下水就成为氡气迁移的载体。水的携带作用包括纵向运动和横向运动，而且地下水流动速度在很大范围内波动，因此水的携带作用对氡的迁移比扩散和

对流作用强的多。

4）地热作用

温度梯度的存在，气体由高温向低温迁移时也带动了氡的迁移，尤其是在地热异常区，地热作用对氡气从深部向浅部的迁移是很重要的。

5）伴生气体的压力作用

氡在很多情况下可以在其他浓度大的气体扩散压力推动下迁移。

6）固体潮汐作用及大气压力的纵深效应

固体潮汐作用及大气压力的纵深效应可以引起岩石裂隙和毛细孔的开闭，进而导致氡的迁移。

除以上的迁移方式之外，氡还有混合作用，离子交换作用，吸附作用，脱气作用，接力传递，载气运移等方式。而这些运动方式都与压力、震动、温度的变化有关。地下水存在于地壳岩石中，与岩石圈、水圈、生物圈甚至宇宙圈都有密切联系，当各圈层按自身的规律发生变化时，同时也会引起地下水和水中氡含量施加的影响。

参考文献

蔡祖煌、石慧馨，1980，地震流体地质学概论，北京：地质出版社

曹玲玲、刘耀炜，2005，氡迁移机理研究概述，地震研究，28（3）：302~306

车用太、鱼金子，2006，地震地下流体学，北京：地震出版社

陈粉丽、张明军、马潜等，2013，兰州及其周边区域大气降水 $\delta^{18}O$ 特征及其水汽来源，环境科学，34（10）：3755~3763

陈婕、高德强、徐庆等，2016，西鄂尔多斯荒漠夏季大气降水氢氧同位素特征及水汽来源，林业科学研究，29（6）：911~918

陈陆望、殷晓曦、桂和荣等，2013，矿区深部含水层水岩作用的同位素与水化学示踪分析，地质学报，87（7）：1021~1032

丁悌平主编，1980，氢氧同位素地球化学，北京：地质出版社

方震、刘耀炜、杨选辉等，2012，地震断裂带中气体来源及运移机制研究进展，地球物理学进展，27（2）：0483~0495

国家地震局科技监测司编，1995，地震地下流体手册，北京：地震出版社

韩吟文、马振东，2003，地球化学，北京：地质出版社

黄天明、聂中青、袁利娟，2008，西部降水氢氧同位素温度及地理效应，干旱区资源与环境，22（8）：76~81

蒋凤亮、李桂茹、王基桦等，1989，地震地球化学，北京：地震出版社

蒋敬业主编，2006，应用地球化学，中国地质大学出版

靳晓刚、张明军、王圣杰等，2015，基于氢氧稳定同位素的黄土高原云下二次蒸发效应，环境科学，36（4）：1241~1249

孔令昌编著，1997，自然界中氦同位素，北京：专利文献出版社

李学礼编著，1988，水文地球化学，北京：原子能出版社

刘菁华，2006，活断层上覆盖层中氡迁移的数值模拟及反演拟合 ［D］，吉林大学

罗先熔、文美兰、欧阳菲等，2007，勘探地球化学，北京：冶金工业出版社

钱会、马致远，2005，水文地球化学，北京：地质出版社

沈照理、朱宛华、燊钟佐，1993，水文地球化学基础，北京：地质出版社

沈照理主编，1986，水文地球化学，北京：地质出版社

盛艳蕊、杨歧焱、张子广，2015，地震流体地球化学应用研究概述，矿物岩石地球化学通报，34（4）：837~842

苏鹤军、张慧、史杰，2009，地下气体运移机理及清水流量井水变蓝现象的解释，西北地震学报，31（3）：237~241

王春光、刘琛、陶志刚等，2016，花岗岩在温度—压力作用下原生气体运移试验研究，地球物理学进展，31（1）：0461~0468

王金杰，2016，页岩孔隙气体运移规律试验及理论研究，中国石油大学硕士论文

王蔚、张景荣、胡桂兴等，1995，湘西北地区现代温泉地球化学，中国科学（B辑），25（4）：427~433

温煜华、王乃昂、朱锡芬等，2011，天水及其南北地震地区地热水水化学特征及起源，地理科学，31（6）：668~673

张磊、刘耀炜、孙小龙等，2014，基于水化学和物理方法的井水位异常分析，地质地质，36（2）：513~524

赵伦山、张本仁，1988，地球化学，北京：地质出版社

中国地震局监测预报司编，2009，地震地选流体理论基础与观测技术，北京：地震出版社

Craig H，1961，Isotope varivations in meteoric water［J］，Science，133：1702-1703

Gonfiantini R，1978，Standards for stable isotope measurements in natural compounds，Nature，271：534-536

Hayes J M，1982，An introduction to isotopic measurements and terminology，Spectra，8：3-8

Schoeller H，1955，Géochemie deseaux souterraines，Rev. Inst. Fr. Pétrol.，10：230-244

第 4 章　地下流体观测技术[①]

地下流体指赋存于地球表面以下可流动的物质，主要指赋存于地壳中的流体，常见的流体有地下水、地下气、石油等，还有岩浆、超临界流体等其他物质。地下流体是地壳的重要组成部分，广泛存在于地壳的各层中。地下流体的赋存方式多样，组成成分复杂，具有独特的运动特性与复杂多变的物理化学性质。在地壳的形成与演化历史过程中曾产生过重要作用，对现今地壳动力作用也有重要影响，与当今社会的资源环境与灾害有着密切的联系。地下流体与地震的关系也极为密切，一方面地壳深部流体对地震的孕育与发生有重要作用，另一方面地壳浅部流体的动态对地震的孕育与发生过程可做出灵敏的响应，表层流体还直接影响地震灾害，此外甚至还有可能在未来人类通过地下流体控制地震活动，乃至减轻地震灾害（李克，2009；车用太等，2014）。

我国地震地下流体观测网建设的目的就是要监测我国大陆地壳应力状态的变化过程，捕捉地震前地下流体异常信息，为地震预报提供依据。此外，利用这个网的观测，探索现代地壳应力场状态开展断层现今活动性分析，开辟水文地质学方法研究现代地质过程的新途径。准确地测量地下水水位（水压）、水温、流量、气体成分、水化学成分及流动地球化学等随时间的变化过程，为地震预报与科学研究提供准确、可靠、连续、及时的资料（孙其政，1997；阴朝民，2002；车用太等，2006）。

截至 2019 年 3 月，给国家前兆台网报数、纳入地下流体学科管理的台站共 450 个，"十五""九五"和人工观测项目，共计 1033 个测项，包括水位、水温、数字化气氡、数字化气汞、数字化氦气、水氡、水汞，其中水位共计 370 个、水温 408 个、数字化氡 78 个、数字化汞 51 个、数字化氦 11 个、模拟水氡 93 个、水汞 22 个；另外气体、离子、痕量氢气观测共约 200 个。

4.1　地下水物理

4.1.1　井水位[②]

井水位观测方法是地震台站观测井水位变化信息的技术手段。以承压含水层中井水位变化为观测对象，揭示区域构造活动过程中应力变化与井水位变化之间的物理联系，获取与地震孕育及发生过程中的有关信息。

[①]　本章执笔：朱成英。
[②]　DB/T 48-2012《地震地下流体观测方法　井水位观测》

1. 观测原理和方法

1) 井-含水层系统

井-含水层系统是由观测井与观测含水层构成。观测井由井深、井径、护井套管和井-含水层过水断面等结构要素组成。井-含水层系统示意图见图 4-1。

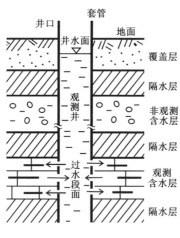

图 4-1　井-含水层系统示意图

2) 井水位变化机理

含水层受到外力的作用而发生变形或破坏时，例如，地震孕育与发生过程引起含水层变形或破坏，由于其含水层参数发生变化，引起含水层压力（孔隙压力）的变化。

含水层受到地下水补给或排泄时，其储水量发生变化。

当含水层受力作用或储水量发生变化时，井-含水层系统中发生水流运动；含水层中储水量增多或水压力升高时，含水层中的地下水流入井中，使井筒内水量增多，引起井水位升高；而储水量减少或水压力降低时，井中水流回到含水层中，使井水位下降。

3) 井水位观测原理

井水位的变化是由含水层受力状态改变或地下水补给与排泄等因素引起的。在固定观测点（井）上使用专用观测仪器，按照规定的观测技术要求，连续测量井水位随时间的变化，产出观测数据，获取与地震相关的信息。井水位观测基本原理示意图见图 4-2。

4) 浮子式水位仪测量原理

浮子式水位仪的测量原理如图 4-3a 所示。当井水位发生变化时，放置在井水面的浮子受到浮力作用使其上下浮动，连接浮子与滚筒滑轮的导绳移动，带动滚筒同步转动。通过记录笔将井水位的变化量记录在滚筒上的专用记录纸上，产出反映水位变化的模拟曲线。在模拟曲线上，按照 0~23h 时间刻度，读取 24 个水位变化值。

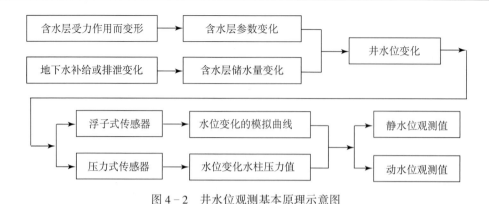

图 4 - 2　井水位观测基本原理示意图

5) 压力式水位仪测量原理

压力式水位仪的测量原理如图 4 - 3b 所示。当井水位发生变化时，井水位的变化可以用井水面以下某一基准面至井水面的水柱高度的变化来描述。传感器测量井中该基准面水柱压力变化，按照电压和水柱压力转换关系，将该基准面的水柱压力变化转换为压力水位值。根据静水位或动水位观测原理，按照一定的换算关系，将压力水位值转换为井水位值。

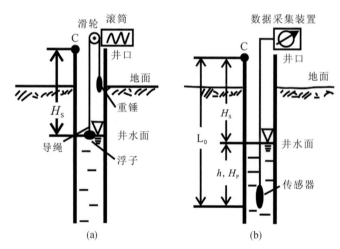

图 4 - 3　井水位（静水位）测量原理示意图
（a）浮子式传感器测量原理；（b）压力式传感器测量原理
C 为井口固定基准点；H_s 为静水位；L_0 为传感器导压孔至井口固定基准面（点）的垂直距离；
h、H_P 为水柱高度、压力水位

水柱压力与水柱高度的关系为

$$P_h = \rho g h \tag{4 - 1}$$

式中，P_h 为水柱压力，单位为 Pa 或 N/m^2；ρ 为被测井水的密度，单位为 kg/m^3；g 为当地

重力加速度，单位为 N/kg；h 为水柱高度，单位为 m。

当井水面下的基准面为传感器的导压孔时，水柱高度即为压力水位，$H_P = h$。水柱高度与传感器输出的电压为线性关系时，压力水位表示为

$$H_P = h = \frac{1}{\rho g} P_h = KV \qquad (4-2)$$

式中，K 为仪器系数，单位为 m/V；V 为仪器输出电压，单位为 V。

6）观测仪器性能指标

表 4-1　水位仪器的性能指标

仪器类别	HCJ-1	红旗-1	红旗-2	SW40	SW40-1	SZ-1	SW20
水位分辨/mm	5.2	3.7	3.7	2	1.0	1.2	1
走时日误差/mm	9.9	4.5	2.0	4	<3	2.5	0.8
跟踪速度/（mm/s）	>3.19	>4.4	>4.4	>4.4	>4.4	73.3	20

2. 水位校测

1）校测要求

安装仪器完成后应进行校测；仪器工作不正常或进行检修之后应时校测；浮子式水位仪，应在每日更换记录纸或变动记录起点时进行校测。

压力式水位仪校测：有人值守的观测站每 1 个月校测 1 次，无人值守观测站每 3 个月校测 1 次。

2）校测方法

（1）测钟法。

测钟法装置由测量尺与测钟构成，见图 4-4a，测量尺可选用钢卷尺或皮卷尺，钢卷尺的刻度精度应不低于 1mm，皮卷尺的刻度精度应不低于 2mm；校测水位时缓慢下放测钟，当测钟接触水面时即发出声音，上下移动使测钟恰好处于接触水面的位置，确定测量尺与井口基准面的相交点位置，测量尺交点位置的读数加上测钟高度即为井水位测量值。

（2）电极法。

电极法装置由测量尺与测量器构成，见图 4-4b。测量器由水面接触开关、工作电路、电池和蜂鸣器组成。测量尺可选用钢卷尺或皮卷尺，钢卷尺的刻度精度应不低于 1mm，皮卷尺的刻度精度应不低于 2mm；当测量器接触水面时，水面接触开关即刻导通，蜂鸣器发声；测量器离开水面，水面接触开关断开，蜂鸣器停止发声。确定测量尺与井口基准面的相交点位置，测量尺交点位置的读数加上测量器高度即为井水位测量值。

（3）测压管法。

直接读取测压管中水柱高度，所读取的数据即为井水位测量值。

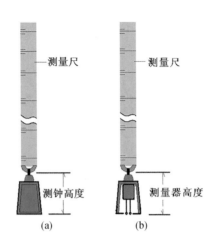

图 4-4 水位校测装置示意图
(a) 测钟法装置; (b) 电极法装置

(4) 井水位校测值计算。

静水位使用测钟法或电极法连续重复测量 5 次，计算出 5 次测量值的平均值和平均误差。若平均误差满足表 4-2 的要求，则将平均值作为校准观测仪器的井水位校测值，并将测量结果与计算结果填入表中。否则应重新测量 5 次，再计算测量值的平均值和误差。

动水位直接读取测压管上的水位值，每次间隔 1~2min，重复读取 5 次。计算出 5 次读数的平均值和平均误差。若平均误差 σ_1 不超过表 4-2 给出的误差阈值，则将平均值作为校准观测仪器的井水位校测值，并将读数与计算结果填入表中。否则应重新读取 5 次，再计算读数的平均值和误差。

表 4-2 井水位校测值平均误差表

	静水位				动水位
水位埋深/m	0~10	10~30	30~60	>60	/
误差阈值/m	0.005	0.010	0.015	0.020	0.005

井水位校测值 ($\overline{H}_1$) 的误差 σ_1 的计算公式如下：

$$\sigma_1 = \frac{\sum_{i=1}^{5}(\overline{H}_1 - h_{1i})}{5} \qquad (4-3)$$

式中，h_{1i} 为 1~5 次的测量值; $\overline{H}_1$ 为 5 次测量值的平均值，即井水位的校测值。

4.1.2　井水和泉水温度*

1. 观测原理和方法

1）井水温度或泉水温度变化的机理

深部物质上涌、深层热水上升或不同层位冷热水混入等因素，引起井（或泉）-含水层系统水温变化；介质变形、岩石破裂、断层摩擦等作用产生的热量，引起井（或泉）-含水层系统水温变化；井（或泉）-含水层系统中的水发生热交换时，引起观测层井水（或泉水）温度升高或下降。

2）井水温度和泉水温度观测原理

井水温度或泉水温度的变化是在区域地热背景条件下，井（或泉）-含水层系统受到热物质上涌、冷热水运动等水-热动力的作用和介质变形、岩石破裂、断层摩擦等构造-热动力的作用而产生的。在固定观测点（井或泉）上使用专用观测仪器，按照规定的观测技术要求，连续测量井中某一层（点）水温或泉水出露处（点）水温随时间的变化，产出观测数据，获取与地震相关的信息。井水温或泉水温观测基本原理示意图见图 4-5。

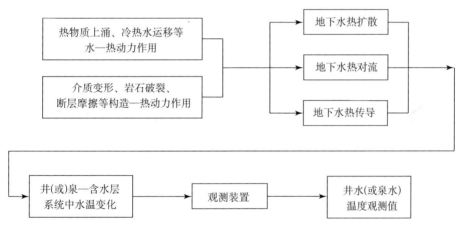

图 4-5　井水和泉水温度观测基本原理示意图

3）水温仪器主要参数

表 4-3　水温仪器的性能指标

仪器类型	SZW-1	SZW-1A
测温范围/℃	0~99.9999	0~100
分辨率/℃	0.0001	0.0001
仪器稳定性/（℃/a）	0.001	短期：0.0001；长期：0.01
测量精度/℃	≤0.05	≤0.05
采样间隔	1 次/60min，1 次/10min，1 次/min，连续	1 次/min

---

* DB/T 49—2012《地震地下流体观测方法　井水和泉水温度观测》

2. 井水温度的梯度测量

1）基本要求

要求在水温仪器安装前应对观测井的水温进行温度梯度测量。根据温度梯度测量结果，确定水温传感器的投放位置，水温传感器宜放置在：水温梯度变化大的区段、水温背景噪声小的区段和水温潮汐效应明显的区段。

2）温度梯度测量

井水温度测量应从水面开始至井底（当水位埋深大于 50m，从井口以下 50m 开始），进行不同深度的等间距测量。传感器拟放置段应进行加密测量，加密测量段长度宜大于 2 个全程测量点间距的长度。不同深度观测井的水温测量要求见表 4-4。

根据观测井水温度（T_w）随井深（H）变化的测量数据，绘制井水温度分布曲线，计算井水温测量数据的差分值。正差分值表明随井深增加水温升高，负差分值表明随井深增加水温降低。差分绝对值越大，则表明水温梯度变化越大。

梯度值的计算方法：

$$\Delta T = 100 \times (X_{i+1} - X_i)/(h_{i+1} - h_i) \tag{4-4}$$

使用加密测量段每个观测点后 30 分钟数据，计算该时间段数据差分绝对值的累积值，作为分析水温度背景噪声的指标。

每个观测点井水温背景噪声 $\Delta \overline{X}$ 计算公式：

$$\Delta \overline{X} = \frac{\sum_{i=1}^{n-1} |X_{i+1} - X_i|}{n-1} \tag{4-5}$$

表 4-4　不同深度观测井的水温测量要求

井深 H/m	全程测量		加密测量		备注
	测量点间距 ΔD/m	测量时间 t/min	测量点间距 Δd/m	测量时间 t/min	
<200	10	≥30	2	≥60	全程测量时，距井底测量小于规定的测量间距时，应在井底设一个测点
200~500	20		4		
500~1000	30		6		
>1000	40		8		

3. 温度-深度、温度梯度-深度关系图

在太阳辐射热的影响深度、不同大地构造区的地热差异，水温梯度的差异性对研究井水温微动态特征及其成因机制的理解，提供了重要的科学依据（车用太等，2011）。绘制温度-深度关系图、温度梯度-深度关系图，可以分开、合并绘制。如图 4-6 所示。

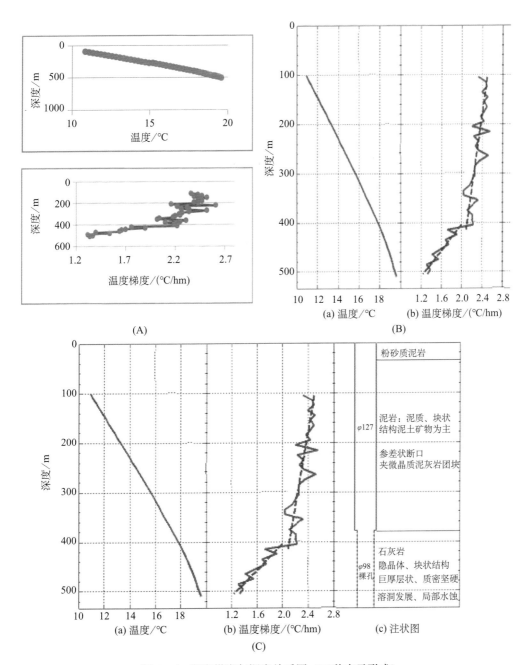

图 4-6　温度梯度与深度关系图（三种表示形式）

4. 水温对比观测

进行水温对比观测的要求有一下几个方面：观测数据不正常并初步判定为观测仪器有故障时，宜进行对比观测；对比观测仪器的传感器应放置在与原观测仪器传感器的同层位；对比观测仪器宜使用同一类型仪器；对比观测时间宜不少于 7 天。

4.1.3　井水和泉水流量*

井水和泉水流量观测方法是地震台站观测井水和泉水流量变化信息的技术手段。以承压含水层中井水流量或泉水流量变化为观测对象，揭示区域构造活动过程中应力变化与井水流量或泉水流量变化之间的物理联系，获取与地震孕育及发生过程中的有关信息。

1. 观测原理和方法

1）井-含水层系统

井-含水层系统是由观测井与观测含水层构成。观测井由井深、井径、护井套管和井-含水层过水断面等结构要素组成。井-含水层系统示意图见图4-1。

2）泉-含水层系统

泉-含水层系统是由观测泉与观测含水层构成。观测泉由泉口、泉水出露点等要素组成。泉-含水层系统如图4-7所示。

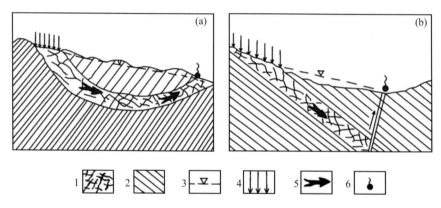

图4-7　泉-含水层系统示意图

（a）上升泉；（b）断层泉

1. 观测含水层；2. 弱透水层；3. 承压水层；4. 大气降水渗入区；5. 地下水流向；6. 泉

3）井水和泉水流量变化的机理

含水层受到外力的作用而发生变形或破坏时，例如，地震孕育与发生过程引起含水层变形或破坏，由于其储水空间容积发生变化，引起含水层压力（孔隙压力）的变化。

含水层受到地下水补给或排泄时，其储水量发生变化。

当含水层受到的压力或储水量发生变化时，井-含水层系统（或泉-含水层系统）中发生水流运动；含水层中储水量增多或水压力升高时，引起井水（或泉水）流量增加；而储水量减少或水压力降低时，井中水（或泉水）流回到含水层中，使井水（或泉水）流量减小。

＊ DB/T 50—2012《地震地下流体观测方法　井水和泉水流量观测》

4) 井水和泉水流量观测原理

井水或泉水流量的变化是由含水层受力状态改变和地下水补给或排泄等因素引起的。在固定观测点（井或泉）上使用观测仪器，按照规定的观测技术要求，连续测量水流量随时间的变化，产出相关数据，获取与地震相关的信息。井（泉）流量观测基本原理示意图见图 4-8。

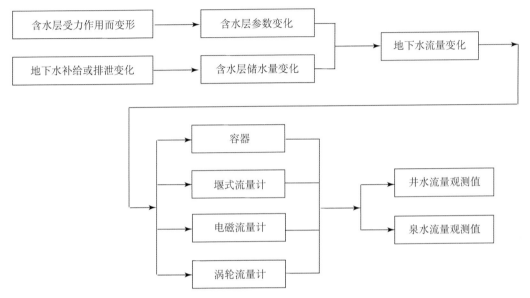

图 4-8 井水和泉水流量观测基本原理示意图

2. 测量方法

流量的测量方法有四种：容积法、量水堰法、电磁流量计法和涡轮流量计法，其中量水堰法包含直角三角堰和矩形堰。

测量原理和适用条件：

1) 容积法

使用容器量取一定的时间内从井或泉流出水的体积，用体积除以时间求得流量值；适用于水流量较小或矿化度较大的井水或泉水流量测量。

2) 量水堰法

使用容器量取一定的时间内从井或泉流出水的体积，用体积除以时间求得流量值；适用于水流量较小或矿化度较大的井水或泉水流量测量。

3) 电磁流量计法

电磁流量计是基于法拉第电磁感应定律，通过水在电磁场中作切割磁力线运动时产生的感应电动势得到水流速；适合用于流量不小于 0.01L/s 的井水流量和泉水流量测量，水流速度在 0.1~12m/s 的范围内。

4）涡轮流量计法

当管中的水流经传感器时，冲击叶轮旋转，在感应线圈的两端即感应出电脉冲信号；适用于矿化度小于每升 3g，且不含泥沙、油脂等杂质的井水流量或泉水流量的观测。

其中，容积法和量水堰法是目前使用最广泛的方法。

3. 流量计标定

在用容积法测量的 7 次测值中去掉最大值和最小值，取 5 个测值的均值作为标定值 Q_{v1}，计算出 5 次仪器显示流量值的平均值 Q_{v2}。标定系数 k 计算公式如下：

$$k = \frac{Q_{v1}}{Q_{v2}} \tag{4-6}$$

偏差 σ 计算公式：

$$\sigma = \frac{k_2 - k_1}{k_1} \times 100\% \tag{4-7}$$

式中，k_1 为原标定系数；k_2 为新标定系数。

当标定系数偏差 $\sigma \leqslant 5\%$ 时，表明仪器观测精度达到观测技术要求。

4.2　流体地球化学

4.2.1　氡（水、气）*

水氡和气氡观测为台站连续动态观测，目的是揭示区域构造活动过程中应力和热力变化与氡浓度变化之间的物理联系，获取与地震孕育及发生过程中的有关信息。水氡是以人工方式观测水中的溶解氡浓度，也是我国最早用于地震前兆观测的方法之一。气氡是使用数字化测氡仪连续自动观测水中溶解氡和逸出氡浓度，或者是观测水中逸出气或断层土壤（岩土）气中的氡浓度。

1. 观测原理

1）氡浓度变化机理

氡被岩石、土壤颗粒表面吸附与解附，或溶解于地下水并随地下水迁移，这些过程都受环境温度、压力等条件的影响，因此无论在岩土空隙中的逸出氡含量还是地下水中的溶解氡的含量都将随环境温度及压力的变化而改变。在地震孕育与发生过程中，随着岩石应力与热力状态的变化及深部物质运移，可能会导致岩石氡射气系数改变、氡溶解度变化，裂隙沟通导致高氡水（气）与低氡水（气）混合等，这样岩土空隙中的逸出氡含量或地下水中溶解

---

*《地震地下流体观测方法　水氡和气氡观测》（征求意见稿）

氡的含量都将发生显著的异常变化。

2）测量原理

（1）闪烁法测氡仪。

氡气进入 ZnS（Ag）闪烁室后，在衰变过程中，氡及其子体发射的 α 粒子轰击 ZnS（Ag）屏，使 ZnS（Ag）释放出光子。光阴极吸收光子放射出光电子，在光电倍增管高压电场作用下，光电子通过倍增极形成电子流，在光电倍增管阳极负载上形成脉冲电信号。这些脉冲经电子学测量单元放大后由计数器记录。α 粒子的数量与氡活度成正比，根据脉冲数可计算出氡活度。根据氡活度与脱出氡气水的体积之比，计算出水氡浓度；根据氡活度与闪烁室的体积之比，计算出气氡浓度。

脉冲数与氡活度的关系为

$$A = K \cdot N \qquad (4-8)$$

式中，A 为氡活度，单位为 Bq；K 为仪器系数，单位为 Bq/（脉冲/min）；N 为脉冲计数，单位为脉冲/min。

（2）脉冲电离法测氡仪。

氡气进入电离室，在衰变过程中，氡发射的 α 粒子使空气电离，产生大量电子和正离子，在电场的作用下这些离子向相反方向的两个不同的电极漂移，在收集电极上形成电压脉冲。这些脉冲经电子学测量单元放大后由计数器记录。α 粒子的数量与氡活度成正比，根据脉冲数可计算出氡活度。根据氡活度与脱出氡气水的体积比例关系，计算出水氡浓度，根据氡活度与电离室的体积之比，计算出气氡浓度。

脉冲数与氡活度的关系为

$$A = b \cdot (K_0 \cdot N) \qquad (4-9)$$

式中，A 为氡活度，单位为 Bq；K_0 为出厂仪器系数，单位为 Bq/（脉冲/min）；N 为脉冲计数，单位为脉冲/min；b 为体积活度响应校准系数。

3）观测对象与基本原理

水氡的观测对象是水氡浓度随时间的变化，气氡的观测对象是气氡浓度随时间的变化。在固定观测井或观测泉，水氡通过采集水样，气氡通过脱气装置与集气装置采集气体，使用专用观测仪器，按照规定的观测技术要求，测量水氡浓度或气氡浓度随时间的变化，产出观测数据，获取与地震相关的信息。氡观测基本原理示意图见图 4-9。

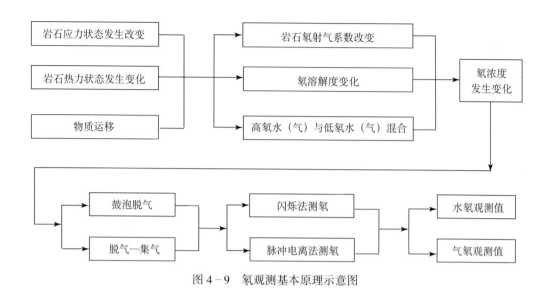

图 4 - 9　氡观测基本原理示意图

4）仪器性能参数

表 4 - 5　氡仪器的性能指标

仪器类别	水氡测量仪	气氡测量仪
测量范围	不小于 0.1~5000Bq/L	不小于 100~7500000Bq/m³
灵敏度	闪烁室 K 值应不大于 0.009Bq/（脉冲/min）	闪烁室 K 值应不大于 0.009Bq/（脉冲/min）
稳定度	闪烁法：仪器系数（K 值）相对误差年变化不大于 10% 脉冲电离法：体积活度响应年偏移量不大于 5%	闪烁法：仪器系数（K 值）相对误差年变化不大于 10% 脉冲电离法：体积活度响应年偏移量不大于 5%
采样率	/	采样频率不低于 1 次每小时

2. 测量方法

1）水氡观测

水氡测量包括水样采集，样品处理，测量本底，鼓泡脱气，闪烁室静置与读数、计算及降本底等程序。

（1）水样采集：水样采集器应统一规格，采样器的真空度达到当地大气压标准。采样水应保持匀速进入采样器。取水量应控制为 100mL，误差应不大于 ±5mL。

（2）样品处理：水样与观测室的温度差应不大于 5℃。

（3）测量本底：在常压下对闪烁室测量本底，本底应达到规范要求。记录本底脉冲计数为 N_0。

（4）鼓泡脱气：鼓泡过程应保持匀速，鼓泡时间为 11min，误差应不大于±1min。

（5）闪烁室静置与读数：闪烁室密封静置 1 小时，读取脉冲计数，记为 N_0。

（6）水氡测量结果按式（4–10）计算：

$$Rn = \frac{K(N - N_0)}{Ve^{-\lambda t}} \qquad （Bq/L） \qquad (4-10)$$

式中，K 为闪烁室校准值（Bq/脉冲/min）；N 为闪烁室的脉冲读数（脉冲/min）；N_0 为闪烁室本底脉冲计数（脉冲/min）；V 为水样体积（L）；t 为采样时间到开始鼓泡的时间间隔（min）；$e^{-\lambda t}$ 为氡衰变函数值。

闪烁室降本底：使用净化空气对闪烁室进行降本底，本底应达到规范要求。

2）气氡观测

按照气氡观测仪的技术要求连接气路，仪器自动观测气氡浓度，观测数据通过网络传送到数据中心。

3. 标准仪器校准

标准仪器校准是通过已刻度过的 AlphaGUARD 测氡仪，用水中溶解氡气作为介质，对观测仪器进行校准。校准原理是将 AlphaGUARD 测氡仪、测氡仪的闪烁室、装有水样的排气瓶、Alpha 抽气泵及干燥器等进行串联，形成闭合循环系统，具体连接如图 4–10 所示。开启抽气泵，闭合系统的空气将排气瓶水中的溶解氡气脱出，AlphaGUARD 测氡仪测量出整个闭合系统的氡浓度，进而获得闪烁室的氡浓度。由于闪烁室的体积已知，可以计算出闪烁室的氡活度。测量已经氡活度的闪烁室的脉冲计数，用氡活度除以脉冲计数即得到 K 值。

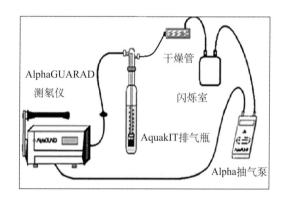

图 4–10　标准仪器校准连接示意图

具体操作流程包括水样采集，气路连接，AlphaGUARD 测氡仪读数，闪烁室静置与读数、计算及降本底等过程。

（1）水样采集：使用专用取样瓶采取水样。水样氡浓度在 3.0~14.0Bq/L，用 500mL 取样瓶采样。水样氡浓度大于 14.0Bq/L，用 100mL 取样瓶采样。

（2）气路连接：将 AlphaGUARD 测氡仪、装有水氡样品的专用取样瓶、待校准闪烁室、Alpha 抽气泵及干燥器等连接为一个闭合循环系统。

（3）AlphaGUARD 测氡仪读数：按照操作规程读取测氡仪读数，计为 C。

（4）闪烁室静置与读数：闪烁室静置 1 小时，读取脉冲计数，记为 N。

K 值计算公式为

$$K = \frac{C \times V}{N} \quad （\text{Bq}/ \text{脉冲} /\text{min}） \qquad (4-11)$$

式中，V 为闪烁室的体积（mL）；N 为闪烁室的脉冲计数（脉冲/min）；C 为系统氡浓度（Bq/m^3）。

降本底：使用净化空气对闪烁室进行降本底，本底应达到规范要求。

4.2.2 水汞和气汞[*]

水汞和气汞观测为台站连续动态观测，揭示了区域构造活动过程中断裂通道及深部热状态变化与汞浓度之间的物理联系，获取与地震孕育及发生过程中的有关信息。水汞是以人工方式观测水中的总汞浓度，也是我国最早用于地震前兆观测的方法之一。气汞是使用数字化测汞仪连续自动观测水中溶解和逸出的零价汞，或者断裂带土壤（岩石）气中零价汞。经过近 40 年的发展，无论是对汞观测原理的认识，还是对水汞或气汞观测技术的要求，以及对数据分析方法的总结等，都有了新的进展和积累。

1. 观测原理

1）汞浓度变化机理

在断裂带中及断裂带上覆土壤（岩石）中富集有来自深部的汞，随着环境温度和压力、断裂开启程度等因素的改变，在岩土空隙中的气态汞、地下水中的溶解汞和气态汞都将发生变化。在地震孕育与发生过程中，由于断裂活动及其热力状态和应力状态的变化，深部的气态汞沿着断裂裂隙向上运移，岩石裂隙中的气态汞从深部向浅层扩散，使得岩土空隙中的逸出汞或地下水中溶解汞和逸出汞浓度发生显著的异常变化。

2）测量原理

（1）冷原子吸收法测汞仪测量原理。

依据汞蒸气对 253.7nm 谱线的吸收原理，低压汞灯发出波长为 253.7nm 的特征谱线，照射在吸收池内的被测样品汞蒸气上，经光电检测器检测，由显示器显示吸收信号的响应值，将响应值转换为汞的质量。

响应值（A）与汞质量（X）的关系为

$$X = \frac{A - a}{b} \qquad (4-12)$$

---

* 《地震地下流体观测方法 水汞和气汞观测》（征求意见稿）

式中，A 为被测样品的输出量（字或 mv）；a 为校准曲线的截距；b 为校准曲线的斜率，即仪器校准的 K 值（ng/字或 ng/mv）；X 为被测样品的汞质量（ng）。

（2）金汞齐法测量原理。

汞在复合含金薄膜表面与金形成汞齐，并使复合含金薄膜的电阻发生变化，电阻变化大小与其表面的汞量成比例，经检测桥路产生不平衡电压，由显示器显示电压信号的响应值，将响应值转换为汞的质量。

2. 观测方法

1）水汞观测

水汞测量包括水样采集、样品处理、净化捕汞管、还原与富集、释放与测量、结果计算等步骤。

水汞浓度按式（4-13）计算：

$$C_{Hg}(ng/L) = \frac{\overline{A} \times K \times 1000}{V_{水样}} \tag{4-13}$$

式中，$\overline{A}$ 为水样平行测定的吸光度的均值（单位为字）；K 为使用测量档校准的换算系数（每个字相当的汞量，单位 ng/字）；$V_{水样}$ 为还原器内加入水样体积（mL）。

表 4-6　不同汞含量下的允许误差表

汞含量/（ng/L）	10~20	20.1~100	100.1~1000	>1000
允许相对误差/%	<100	<50	<40	<30

2）气汞观测

按照气汞观测仪的技术要求连接气路，仪器自动观测气汞浓度，观测数据通过网络传送到数据中心。

3. 仪器校准

1）校准要求

仪器安装完成后应进行校准；仪器维修后应进行校准；仪器应定期进行校准，校准周期应根据仪器的 K 值稳定性指标确定。

2）校准方法

（1）校准要求：测汞仪每次应由 2 人用 2 支注射器对同一量程分别进行校准；校准前应对测汞仪的性能及工作状态进行检查，确定工作条件；校准前应提前 24 小时把标准汞发生器放在室内温度稳定的地方，室温最好在 15℃以上；校准应在 1~2 小时内完成，避免时间过长温度变化过大。

固定几支捕汞管专用于仪器校准；校准曲线上的测点应不少于 5 个，严重偏离原点的需重新校准；等量汞蒸气至少平行测定 2 次，其相对误差及各测点间的相对误差均应<15%；仪器校准及水样测定时都要注意防潮、防污染。

（2）校准方法：

①水汞测量仪：大气采样器流量为 0.4L/min；由捕汞管短端注入饱和汞蒸气；注入饱和汞蒸气的体积分别是 10、20、40、60、80、100μL；每个体积平行测 2~3 次，注汞速度应保持一致，同时记录饱和汞蒸气的温度和浓度；用同样的方法测得 1 档的校准用 K 值。

②气汞测量仪：仪器预热正常运行；用干净完好的微量进样器从同一台标准汞发生器量取标准汞蒸气；注入饱和汞标准气的体积分别是 5、10、20、30、40μL；每个体积平行测 2 次，注汞速度应保持一致；严重偏离的点应重新校准。

4.2.3　气体*

1. 溶解气

1）观测原理

当易挥发的热稳定性好的混合物注入汽化室，它们立即被汽化，并在载气的携带下进入色谱柱，由于色谱柱内充有固定相，所以当试样通过色谱柱时，因固定性对不同组分的吸收能力或溶解能力不同，各组分向前移动的速度也不同，通过色谱柱后各组分彼此分离，先后从色谱柱中流出，再进入检测器，并有记录器自动记录下来，得到一组色谱图。根据色谱仪测得的色谱仪，可进行定性分析或定量分析。

2）观测方法

气体测定最早是利用化学试剂对气体组分的选择性吸收及气体燃烧反应的原理来测定的。气象色谱问世以来，由于其高分离效能和高检测灵敏度，已成为气体分析的主要方法。

3）仪器的原理

气相色谱仪的工作原理主要是通过色谱柱的分离，把混合物通过色谱柱得到单一组分，然后以检测器测量每一个单一组分的量。

2. 逸（溢）出气：氦与氢

1）观测原理

井（泉）水中的逸出气和部分溶解气通过井口装置脱气—集气后，经气路进入缓冲器，再进入仪器的传感器，一部分氦或氢气进入渗透膜并被检测出来，而另一部分氦或氢气和其它气体流入传感器的集气容器并自然扩散，检测结果以电压信号形式输出，采集器采集后经格值转换成百分含量，通过公共数据采集系统自动传输或打印出来。

---

* 《地震水文地球化学观测技术规范》

2）仪器的性能指标

表 4 - 7　数字化气体仪器主要性能指标

仪器类别	WGK-1 型测氦仪	WGK-A 型测氢仪	ATG-6118H 测氢仪
检出限	$10\times10^{-4}\%$	$20\times10^{-4}\%$	5ppb（5×10^{-9}L）
相对测量误差	≤2%	≤5%	/
稳定性	≤10%（半年）	≤10%（半年）	/
量程	（10~20000）$\times10^{-4}\%$	（20~5000）$\times10^{-4}\%$	0~5000ppm

3）仪器校准

仪器的标定步骤与方法如下：

选择与井口逸出气中氦或氢气浓度相近的标准钢瓶氦或氢气作标准气，其浓度为 C_{He}（体积百分比%）。

将仪器的进气口与气路断开，出气口接上 20cm 长的乳胶管，用吸耳球对准仪器的进气口吹洗 10 次后（切勿用机械泵抽洗），自然放空 24h，以便彻底排清原有气体。

先将标准钢瓶氦或氢气的流量通过减压阀调节为 200mL/min，然后用乳胶的入气口与钢瓶接连。

仪器中进入标准氦或氢气前，先记录仪器的背景电压值 V 空白（单位为 V），然后再打开钢瓶开关，使标准气流入传感器中。

打开标准气阀门，使标准气流入传感器 2min 后，先后关闭钢瓶阀门和流量调节阀，用弹簧夹子先后夹住仪器的进气口和出气口的乳胶管。

让标准气在仪器中静置 50min 后，测定仪器的输出电压值，每分钟测定一个电压值，至少记录 9 个测定值（V_1、…、V_9）。

测定完毕，取下钢瓶标准氦或氢气的连接管和出气口的乳胶管，用吸耳球对准仪器的进气口吹洗 10 次，自然扩散 4h，彻底排净标准氦或氢气体。

将仪器重新与井口装置连接，恢复正常工作状态，1h 后可恢复正常观测记录。

氦或氢气浓度与电压值的换算系数 K 值的计算，一般是先计算测定的电压平均值（$V_{平均}$），然后求出 K 值。计算公式如下：

$$V_{平均} = （V_1 + V_2 + \cdots + V_9）/9$$
$$K = C_{He}\%/（V_{平均} - V_{空白}） \qquad (4-14)$$

4.2.4　常量元素和微量元素[*]

水分析类型及其观测项目有简分析、全分析、专项分析和现场分析四种。

---

[*]《地震水文地球化学观测技术规范》

1. 简分析

观测项目包括 pH 值、游离二氧化碳、氯离子、硫酸根、重碳酸根、氢氧根、钾离子、钠离子、钙离子、镁离子、总强度及溶解性固体总量等。

2. 全分析

除简分析项目外，增加铵离子、全铁（二价铁离子和三价铁离子）、亚硝酸根、硝酸根、氟离子、磷酸根、硅酸及化学需氧量等项目。

3. 钠和钾

测定钠和钾的方法较多，通常采用火焰发射光度法、原子吸收分光光度法和离子色谱法。目前常用的是火焰发射光度法和离子色谱法，特别是后者。

火焰光度分析利用钠和钾离子的发射光谱通过单色器，进入光电系统转换成电流信号，在一定范围内，其电流强度的读数与钠、钾离子含量成正比。

分离的原理是基于离子交换树脂上可离解的离子与流动相中具有相同电荷的溶质离子之间进行的可逆交换和分析物溶质对交换剂亲和力的差别而被分离。适用于亲水性阴、阳离子的分离。

4. 钙和镁离子

钙离子的测定有经典的重量法、容量法和原子吸收分光光度法等。目前，我国地震前兆监测一般采用的是乙二胺四乙酸二钠（即 EDTA）容量法。

镁离子的测定方法与钙离子大致相同，地震前兆常用的是 EDTA 容量法测定钙和镁的含量，再按差减法求出镁量再计算出镁的含量。

5. 碳酸根和重碳酸根

水中碳酸根和重碳酸根离子的测定（又称为碱度的测定），分别用酚酞和甲基橙作指示剂，用盐酸标准溶液滴定水样，根据滴定消耗盐酸标准溶液的体积，分别计算碳酸根和重碳酸根的含量。

6. 氯离子

氯离子的测定方法通常采用铬酸钾指示剂容量法。水样以铬酸钾作指示剂，在中性或弱碱性条件下，用硝酸根标准溶液进行滴定。水样中的氯离子与银离子生产白色沉淀。反应到达终点时，过量的银离子与铬酸根离子生成砖红色沉淀，指示反应到达终点。

7. 硫酸根离子

在微酸性溶液中，加入对硫酸根过量的氯化钡，使硫酸根定量地与钡离子生成硫酸钡沉淀，过量的钡离子，在镁离子的存在下，于 pH 值为 10 的氨缓冲溶液中，连同水样中的钙、镁离子一起用 EDTA 标准溶液滴定，通过消耗 EDTA 的量，间接计算出硫酸根的含量。

8. 亚硝酸根离子

亚硝酸根离子采用分光光度比色法，在酸性溶液中，亚硝酸根与对氨基苯磺酰胺起重氮化作用，再用 a-萘胺耦合，生成紫红色染料，于 540nm 处测量吸光度。测定亚硝酸根离子浓度的测试仪器有 721 型（或其他型号）分光光度计。

9. 氟离子

测定水中氟离子的方法通常用离子选择性电极法。氟化镧单晶电极对氟离子有选择性响应。当氟电极与含氟的溶液接触时，电池的电动势 E 随溶液中氟离子活度的变化而变化（遵循 Nernst 方程）。在控制溶液中总离子强度下，即可直接测得溶液中氟离子含量。

10. 可溶性硅酸

可溶性硅酸的测量方法有重量法、比色法。重量法虽然精度高，但由于水中硅的含量较低，其测量手段又复杂，故很少采用。通常用硅酸盐比色法或硅酸盐还原比色法。在酸性溶液（pH = 1.2）中。钼酸铵与水中可溶性硅酸反应，生成柠檬黄色硅钼酸络合物，其颜色的强度与可溶性硅酸浓度成正比。于分光光度计在 440nm 波长处以空白作参比，测量其吸光度。

11. 硫化物总量

天然水中的硫化物以硫化氢（H_2S）硫氢酸（HS^-）硫离子（S^{2-}）等形式存在。

测定的方法有比色法和容量法。水中硫化物含量在 1mg/L 以下时，可用对二乙胺基苯胺（对–二甲氨基苯胺）分光光度法测定；硫化物含量超过 1mg/L 时，可用碘量法测定。

12. pH 值

测定 pH 值方法一般用电位法和比色法。目前应用最多的是电位法。电位法测定 pH 值是测定溶液中指示电极与参比电极所产生的电位差。参比电极的电位是恒定的，指示电极的电位则随溶液的 pH 值不同而改变，因此用电位补偿法可以准确的测定出所组成原电池的电动势，应用 pH 计可直接测得溶液中相应的 pH 值。

13. Eh 值

用电位补偿法进行 Eh 值的测定。当铂金指示电极和饱和甘汞参比电极插入试样中时，电极之间产生电位差。将测得的电位值换算为以标准氢电极标准的电位，即为 Eh 值。

14. 电导率

电解质溶液的电导率，通常是用两个金属片（即电极）插入溶液中，测量电极间的电阻率大小来确定。电导率是电阻率的倒数。溶液的电导率与电解质的性质、浓度、溶液的温度有关。通常将测得值校正到 25℃时的电导率。

4.2.5　构造地球化学*

构造地球化学流动观测服务于未来地震重点监测防御区和地震重点危险区震情跟踪判定，在隐伏断层的探测方面，利用地球化学手段为其他物探手段圈定了比较可靠的详勘靶区。在断层活动分段性研究、震情跟踪观测及地震危险性评价方面，通过不同期断层气测量结果的对比分析，划分出了断层活动强烈的区段，圈定了地震重点危险区域。在异常落实、震情跟踪及发震构造的识别等方面具都取得了良好的效果。因此，构造地球化学流动观测是地震监测行之有效的手段之一，应该作为长期发展的观测技术。

――――――――
* 《构造地球化学流动观测技术规范》（2019 修订版本）

1. 观测原理

利用断裂带土壤气浓度（通量）在时间和空间变化的差异性对断裂活动性进行示踪的方法，是活动断层探测、地震监测预报、地震灾害防御的重要手段。其工作对象及内容、工作流程、观测方法、数据管理、数据分析和产出成果等要求。

构造地球化学是一门介于构造地质学和地球化学之间的新兴边缘科学，是研究地质构造作用与地壳中化学元素的分配和迁移、分散和富集等关系的学科。一方面研究构造作用中的地球化学过程，另一方面研究地球化学过程中所引起和反映出来的构造作用。

基本场观测服务于地震重点监测防御区，其目的是在长时间尺度上跟踪地下流体地球化学的时空演化特征，是中长期趋势跟踪的重要手段，主要功能是圈定地震重点防御区和区域内的重点活动断层及危险段，区分出"大震的潜在危险区"。

前兆场观测服务于地震重点危险区，其目的是对通过地震地质、深部构造环境、地震学及形变场、重力场等手段完成的中短期地震预测区域进行重点跟踪监测，从而捕捉地震前兆信息。主要功能为圈定区域活动断层构造地球化学"异常变化"区段。

震后跟踪观测服务于震后，其目的是对社会产生影响的地震发生后，对地震发生构造的判定提供依据，并对地震影响地区近期内地震活动形势的发展进行判断。主要功能是综合异常的核实，具有应急的灵活性。

背景场探测的目的是获取监测区域断层气地球化学的分区分段性特征，并通过分析它与区域地壳形变和地震活动之间的耦合关系，寻找出适合于断层气流动观测的区域和地点。

地震重点危险区和地震重点监测防御区主要活动断裂带土壤气背景场探测；

在前期地震地质调查的基础上，根据断层几何形态、运动特征、力学性质以及地形地貌变化特征，对研究区主要活动断裂进行活动性分段分析，确认断层气背景值测量的区段，主要对地震空区、空段以及断层交汇等部位开展高密度背景值探测。

地震重点危险区和地震重点监测防御区活动断裂带深部流体活动特征与地壳形变关系研究；

开展研究区主要活动断裂带地壳形变特征与断层土壤气分布特征之间的耦合关系研究，重点研究断裂带地壳形变与深部流体活动之间的相互作用及机理。

活动断裂带深部流体活动与地震活动性特征关系研究；

通过研究区主要活动断裂带不同区段地震活动性特征（小震活动、中强地震、历史大震）分析，研究断裂带深部流体对断层介质的弱化及对地震的触发作用，并结合前面两点的探测和研究结果进行断层断裂带流体活动性分段研究。

通过以上监测和分析，确定最终监测网络布设的具体位置和区域。

2. 观测方法

1）测线布设

（1）构造地球化学流动观测的目的是监测区域断层活动状态，其观测对象是活动断层，其选择与布设对活动性分析至关重要，需按满足如下条件：

全新世以来活动且发生过地震的断层；断裂带的主断层及周边活动断裂；空间展布贯通性较好的断层；地表断层活动迹象明显或有露头和探槽的位置；次级断层中间及交汇端点的

部位；有其他前兆学科监测台站的位置，如形变观测台站附近；兼顾固定台网的监测能力；测线应尽量做到沿断裂带整体布设均匀、疏密合理；测线应垂直或高角度相交于断层走向或成网格状布设。

（2）测线长度主要根据测值是否达到相对稳定的背景值来决定，测线测值应达到低—高—低曲线形态，一般情况下：

对于构造活动明显，地表存在断层陡坎、露头、水系位错等明显活动迹象的断层，测线不宜过长，原则上只要跨过断层面并延伸到能够确定背景值的位置即可，测线长度为150~250m；对于地表构造活动迹象不太明显，断层主断层面不易确定的断层，测线需要加长，一般为1000~2000m范围内；在背景场探测时测线长度应根据构造环境和实际情况进行加长。

2）测点布设

（1）测点应注意以下情况：

观测点应避开严重干扰源及严重化学污染的场地；近地表地质条件相对均一，无明显岩性分界；覆盖层不宜太厚，也不宜太薄，应在0.5m以上；不宜在地下水较浅的环境下测量；选择原始覆盖土层，或三年以上的回填土层；避开砾石层或卵石层，如河滩，冲沟边缘等。

（2）测点距离就要根据测线布设情况决定，具体如下规定：

对于构造活动明显，地表存在明显活动迹象的断层，点距通常为10~15m左右；对断层主断层面不易确定的断层，点距通常为50~100m左右；在测值异常段应加密布设，加密方式有网格式加密和沿测线加密，间距宜为5~10m。

3）测量过程及观测技术

（1）观测技术基本要求如下：

每一测点，应每一组分单独轧钎；采样点深度应大于0.8m，避开地下水影响（一般高出潜水面0.2m），避开冻土层影响；野外采样测量时，取样器与孔的接触部位进行需密封处理，保证采样孔的密封性；尽量使每一个钎眼取气空间大小基本一致；多组分测量时要按照一定的测量顺序：最好每一组分单独轧钎，如区域地表条件不允许需要多组分共钎时，应按照固定次序进行取气测量；氢气应进行单独取气；对于测值明显异常的测点，应重复测量，重复采集点宜位于原采集点1~2m范围内；同一条测线的测点应在相同或相似的气象条件下完成；每天测量宜在同一时间段进行；多期测量时应在已确定的测线位置进行，测线长度、测点数和点位不宜改变。

（2）特殊组分浓度测量技术要求：

土壤气中H_2的浓度可以直接抽气采样测量或者使用采样针或采样袋（要经土壤气体多次清洗）取样测量，直接测量时测到最大值出现即可；样品测量需在尽量短的时间内完成，一般不要超过5小时；土壤气中CO_2的浓度直接抽气采样测量；土壤气中Rn的浓度直接抽气采样测量，每个测点测量时间应不少于20min；土壤气中He气样品使用采样针或采样袋（要经土壤气多次清洗）采集，样品测量需在尽量短的时间内完成，应要超过5小时；土壤气中Hg的浓度需要现场抽气测量，以测得的最大浓度值作为测点的测量值；土壤气中CH_4的浓度使用采样针或采样袋（要经土壤气体多次清洗）取样，样品需在尽量短的时间内测量，应要超过 5 小时。

（3）特殊组分通量测量技术要求：

CO_2、Hg 和 Rn 的通量采用静态暗箱法进行测量，剥出新鲜面，放置通量箱，再用粘土封住通量箱边缘，最后，把仪器的气体进口与出口与通量箱的进口与出口相连形成回路，并记下采样时箱内的温度和观测前后大气的温度和压力。

4）环境条件

下列气候条件不宜进行测量：

地温高于气温条件；雨天和风沙特大的天气；大雨或暴雨后。

参考文献

车用太、何案华、鱼金子等，2011，金沙江水网各观测井水温梯度的精细测量结果及其分析 [J]，地震地质，33（3）：615~626

车用太、汪成民、杨玉荣，2014，中国防震减灾百科全书·地下流体分卷，地震出版社

车用太、鱼金子，2006，地震地下流体学，气象出版社

李克，2009，地震地下流体理论基础与观测技术（使用本），地震出版社

孙其政，1997，地下流体地震预报方法，地震出版社

阴朝民，2002，地下流体数字观测技术，地震出版社

第5章　地下流体数据处理与异常提取方法[*]

地震观测数据的内涵是丰富而复杂的，总体上由信息与噪音两大部分组成。所谓信息指试图通过观测拟捕捉的内容，对于地震监测而言就是指地震前兆异常信息，其他的内容多属于噪音。然而，信息与噪音是指观测的某种目的而言的相对概念，如从地球物理科学研究目的出发，潮汐现象、气压效应等虽不是地震前兆异常信息，但对于地球科学研究而言仍可视为重要信息；从水文地质学研究目的出发，大气降雨渗入补给与地下水开采引起的井水位的涨落也是十分重要的信息，然而对地震监测预测而言它们是最常见的"噪音"。

5.1　地下流体数据处理

观测数据处理的根本目的是识别信息与噪音，压制噪音与突出信息。从地震监测的目的出发，就是要识别与突出地震前兆异常信息，为地震预测提供更加可靠、更加明显、更加科学的依据（林纪曾，1981）。地震地下流体异常提取过程中，可用的方法很多。目前常使用的方法有相关分析、回归分析、数字滤波分析、调和分析、频谱分析等（车用太等，2006）。

5.1.1　相关分析

地震地下流体观测数据及其所反映的动态是复杂的事物，它们都是多个因素综合作用的结果，隐含有动态自身的形成与变化的规律及各种因素之间的相互关系。数据处理中的回归分析与相关分析，主要是用于揭示动态规律及各种因素之间的相互关系，建立其间的定量方程的方法。

变量之间的关系，一般可用函数关系与相关关系进行定量描述。函数关系，指一个变量（y）是由另一个变量（x）的变化所决定的，此时二个变量之间的关系可表述为 $y=f(x)$，式中，y 是因变量；x 为自变量。这是最为基本的函数关系表达式，可称为函数方程式。当然实际问题中，变量之间的关系可以很简单，只有二个变量时有 $y=ax+b$，式中，a 和 b 是二个常数；也可以很复杂，有多个变量时有 $y=a_1x_1+a_2x_2+a_3x_3+\cdots+a_nx_n$，式中，$a_1$、$a_2$、$a_3$、$\cdots$、$a_n$ 为多个常数；x_1、x_2、x_3、$\cdots$、x_n 为多个自变量等。

然而，实际观测数据之间的关系，并不是总可用明确的函数关系表述，即给定一定变量时，另一组变量并不是严格按确定的函数关系变化，而是大体上按一定规律变化。二者之间虽有关系但并无确定的函数关系。这是因为，一个变量的变化除了受另一个变量的约束之

---

　* 本章执笔：孙小龙、杨朋涛。

外，还同时受其他因素的影响。此时，二个变量之间的关系是相关关系。

变量之间的相关关系，可分为多种情况。第一种情况为正相关与负相关之分。第二种情况为简单相关、复相关与偏相关。当变量之间存在相关关系时，可根据大量的观测数据和通过一定的分析与研究，建立它们之间统计的定量关系，即可用数学公式表述出其间的关系，这种表述公式称为回归方程，建立方程的过程称为回归分析。有时，把回归分析也称为相关分析。

回归分析，一般可分为一元线性回归、多元线性回归与非线性回归等三大类。一元线性回归分析，只适用于一个自变量与一个因变量的情况，其间的关系是简单的线性关系。然而，地震地下流体数据处理中，多数情况下有多个自变量，变量之间的关系也较为复杂。多个自变量与一个因变量关系中，若每个自变量与因变量关系为线性时，可作多元线性回归分析，而每个自变量与因变量关系为非线性时，只能作多元非线性回归分析。

在自然界，变量之间的关系，除了线性关系之外还存在很多非线性关系。较为常见的非线性关系有如下等：

对数关系：$y=a+b\lg x$

指数关系：$y=ae^{bx}$

幂关系：　$y=ax^b$

5.1.2　滤波分析

在地震地下流体数据处理中，一般是利用数字滤波技术对观测数据进行分离。例如，如果一组水位观测数据中，既包含有长周期的趋势变化，也包含有短周期的日变化（如潮汐），那么可以通过数字滤波技术分离为二组数据，其中一组数据中滤去短周期变化后只包含趋势变化，而另一组数据中则滤去趋势变化后只包含短周期变化等。这种滤波要通过不同的滤波器来实现，即利用不同频率响应特性的滤波器滤去某种频率范围内的信息而突出另一种频率范围内的信息。根据滤波器的频率响应特性，可以有不同的滤波方法。常见的方法有别尔采夫滤波、维纳滤波、最佳滤波等。不同的滤波方法，具有不同的功能。

别尔采夫滤波，也就是多点滑动平均的方法。地震地下流体数据处理中，多采用15点滑动的方法求平均值，这种方法，多用于消除观测数据中的长周期变化或仪器的零飘产生的影响。维纳滤波法的滤波器是用最小二乘法原理设计的，即当期望的输出信号为 Z_t，输入信号为 X_t，滤波器的权系数为 h_t，实际输出信号为 Y_t 时，尽可能使 Z_t 与 Y_t 之间的均方差值最小。

上述的维纳滤波，只是单道维纳滤波，即只适用于一道输入与一道输出的情况，而地震地下流体数据处理中常见的问题是多道输入与多道输出，至少是多道输入单道输出。如水位的变化既受降雨的影响，也受气压、固体潮的影响等，此时要采用多道维纳滤波的方法。多道维纳滤波的原理与单道维纳滤波相似，只是把多个时间序列经过不同的频率滤波相加后形成多个输出序列，每个输出序列都是多个输入序列与不同的滤波算子褶积后的和。多道维纳滤波算子的计算，更为复杂，需解多个矩阵，求 $m\times n\times(L+1)$ 个未知数。

最佳滤波，又称最佳频率滤波。存在一组等间距时间域上的样本序列值 $x(t)$ 时，通过下式的褶积运算，求得滤波新值 $y(t)$：

$$y(t) = \sum_{k=-n}^{n} g(k)x(t+k) \qquad t = n+1, \cdots, m-n \qquad (5-1)$$

式中，$g(k)$ 为最佳频率滤波器的系数，其个数为 $n+1$ 个。按着滤波器的频率不同，又可分为低通滤波、带通滤波与高通滤波等。

卡尔曼滤波的思路与维纳滤波不同，不去寻找最佳滤波器的冲击响应，而是以状态变量法原理为基础，寻求消息过程、测量过程与滤波过程所对应的三个模型，建立一套线性无偏最小均方差的递推公式，构成另一类的滤波器。这种方法，使用得不多，但其效果不错。

5.1.3　调和分析

调和分析方法主要用于潮汐动态的分析。众所周知，潮汐变化是由很多不同周期的波组合而成的。对于固体潮汐而言，主要由 52 个日波与 27 个半日波组成。通过调和分析，可以计算出各种日波与半日波的相位和潮汐因子。调和分析有两种方法：勒卡拉兹法与维涅第科夫法。目前，主要使用维涅第科夫调和分析法。

维涅第科夫法是根据滤波理论首先把日波与半日波分离出来，然后用最小二乘法解线性方程组，再从日波中分离出不同的日波群与半日波中分离出不同的半日波群并分别求其相位差与潮汐因子，整个分析与求解过程较为复杂，诸多文献均有描述（郑香嫒等，1990；贾化周等，1995；Venedikov et al.，2003），在此不再作具体介绍。计算过程中所需主要参数包括每 48 小时为一组的组数、中心组号和台站经纬度。需要说明的是，调和分析的结果是一种平均结果，例如用一个月的水位调和分析求得的水井固体潮系数是当月在最小二乘意义下的平均。当将水位观测值作月长度逐日（或逐十日）滑动调和分析时，可获其连续变化结果。

5.1.4　频谱分析

频谱分析，主要用于分析观测数列中的频率或周期成分。很显然，对观测数据进行滤波，先要设计滤波器，而滤波器的设计要依赖于频谱分析结果。

众所周知，在自然界到处可见周期现象，如昼夜交替、四季循环等。这种现象在物理上可用周期函数表述，最简单的周期函数是谐波函数，常用下式表述：

$$y = A\sin(\omega t + \varphi) \qquad (5-2)$$

式中，A 为振幅；ω 为相位（周期 $T = 2\pi/\omega$）。然而，地震地下流体观测数据中隐含的周期不是这样简单，动态曲线除了循环往复特点外还有很多其他的变化，不能用简单的正弦函数表述。假设该复杂动态的周期函数为 $M = f(t)$，那么可由正弦和余弦项组成的傅立叶级数作为周期函数的表达式，即：

$$M = \sum_{k=0}^{l} \left(a_k \cos k\omega t + b_k \sin k\omega t \right) \qquad (5-3)$$

式中，$\cos\omega t$ 或 $\sin\omega t$ 为基波；$\cos k\omega t$ 或 $\sin k\omega t$ 为 k 次谐波或 $1/k$ 分波，其周期为基波周期的 $1/k$ 倍（$k=1$，2，…，l）。求解该方程的关键是求得 a_k 与 b_k 二个系数，该系数可用最小二乘法求解。

频谱分析的方法，除了傅立叶谱分析之外，还有功率谱分析、最大熵谱分析等其他方法。

5.1.5　数据处理方法的应用

上述的数据处理方法，其原理不同，功能也不同，用于不同的目的，解决不同的问题。目前，地震地下流体观测数据的日常处理中，较为常见的问题及其数据处理方法的应用，可归纳于表 5-1 中。

表 5-1　数据处理的问题及其方法

问题类别	基本问题	可应用的数据处理方法			
		相关与回归分析	滤波分析	调和分析	频谱分析
正常动态特征的认识	水位潮汐参数（δ，σ）计算		√	√	
	水位潮汐系数（B_g）计算	√	√		
	水位气压系数（B_p）计算	√	√		
	水位频谱特征分析				√
	其他	√	√	√	√
排除干扰	排除降雨渗入补给干扰	√	√		
	排除地下水开采干扰	√	√		
	排除气压干扰	√	√		
	排除潮汐干扰	√	√		
	排除地表荷载干扰	√	√		

各种问题的数据处理，已有专用软件（周克昌等，1997；张少泉等，1999；陆远忠等，2002），均可在计算机上实现。

5.2　地下流体异常提取

如前所述，地下流体异常指不符合正常时段动态规律的变化，其中包括地震前兆异常，也可以包括干扰异常。当这些异常十分显著时，一般不需要经过数据处理，可以直接由原始动态曲线，但有时这些异常不显著，是隐含在正常动态之中，很难直观地识别出来，此时需要进行一定的数据处理。地震地下流体动态数据处理中，常用于异常提取与识别的数据处理方法有方差分析法、差分分析法、剩余曲线法、矩平分析法、从属函数法、傅立叶变换法、变差率分析法、超限率分析法、趋势转折分析法、经验模态分解法、概率密度分布法、小波分解法等，各种方法分别简述如下：

5.2.1　方差分析法

当因变量与自变量相关时，其间可建立回归方程。一般情况下，当给出一个自变量（x_i），用已建立的回归方程计算出相应的因变量（y_i）时，总会发现 y_i 值与实际观测值 y_i' 不完全相等，总有一些差异。因此，任何一个回归分析总是需要对相关程度进行检验，此时引入了方差的概念。

方差又称均方差（s），其大小表示如下：

$$s = \sqrt{\frac{\sum\limits_{i=1}^{n} (x_i - \bar{x})^2}{n-1}} \tag{5-4}$$

式中，x_i 为某一观测值；$\bar{x}$ 为 n 个观测值的平均值。

当有一组观测数据或经过一定数据处理之后取得的数据时，识别其中有无异常存在，即可首先计算出这些数据的均方差值，然后取均方差值的 n 倍作为异常判别界线，认为当 $x_i \phi | \bar{x} \pm ns$ 时可把 x_i 当作异常识别出来。其中的 n 值，多取 2 或 3，根据正常动态的平稳程度选取。

5.2.2　差分分析法

差分分析法又称速率法，主要用于短周期异常的识别。是一种压抑长周期、突出短周期变化的线性滤波。针对原始观测数据的一阶差分序列，使用平稳序列的均方差作为异常控制线，或使用给定的阈值作为异常控制线来判别时间序列中的异常点，突出那些突跳性或离散度较大的异常。当有一组数据（x_1，x_2，$\cdots$，x_n）时，可计算相邻两个数据之间的差值（Δx_i），并依此按下式计算差分值（绝对值）的平均值（$|\overline{\Delta x}|$）：

$$|\overline{\Delta x}| = \frac{\sum\limits_{i=1}^{n-1} |\Delta x_i|}{n-1} \tag{5-5}$$

一般情况下，取 n 倍的 $|\overline{\Delta x}|$ 作为异常的阈值，凡超过该阈值的数据即可视为异常。此方法主要用于短周期异常的识别，并对异常信息有一定放大作用。

5.2.3　剩余曲线法

观测值与其邻近的若干个观测值的平均值之差称为观测值的剩余值（$\bar{x_i}$），可表示如下：

$$\overline{x_i} = x_i - \frac{1}{2m+1} \sum_{k=-m}^{m} x_{i+k} \qquad (5-6)$$

式中，$i = m+1$、$m+2$、$m+3$、…、$n-m$；n 为原始数据的长度，即数据的总个数；$2m+1$ 为滑动步长，当 $m=1$ 时步长为 3，即求得的剩余值为 3 点平均值的剩余值；$m=2$ 时步长为 5，可求得 5 点平均值的剩余值；k 为计算参数，当 $m=1$ 时 $k=-1$、0、$+1$，$m=2$ 时 $k=-2$、-1、0、$+1$、$+2$ 等等。

一般情况下，用剩余曲线法识别异常时，也要首先计算剩余值序列 $(\overline{x_i})$ 的均方差，然后再取其 2 倍或 3 倍作为异常界线。测值超过该界线的数值作为异常。

5.2.4 矩平分析法

年变形态或幅度异于多年平均变化的异常，称之为破年变异常。识别该类异常，一般采用矩平分析法。即，用多年观测数据的均值序列（五日、旬、月）之间的相关程度来求观测点值的正常年动态曲线，再以原来不同年时间段的均值序列和正常年动态曲线的余差序列提取异常指标，用其剩余标准差的 2 倍或 3 倍作为阈值控制线。

假定 $y = \{y_1, y_2, y_3, \cdots, y_n\}$ 为观测资料的时间序列，$x = \{x_1, x_2, x_3, \cdots, x_n\}$ 为其中的年变成分，以 m 表示年周期变化的数据长度，l 表示 $\{y\}$ 序列中含有的周期个数，即一年中均值序列中有 l 个等时间间隔的观测数据，关系为 $l = n/m$。如果某台站年变形态的幅度在较长期的观测中基本不变，则认为 $x_j = x_j + l$。

则可通过以下方法求出"标准年变模型"：

首先对 $\{y\}$ 序列去倾和中心化后，获得序列 $\{y'\}$，由下式求出"标准年变模型"：

$$x_i = \frac{1}{N} \sum_{t=0}^{N-1} y'_{i+tl} \qquad (i = 1, 2, \cdots, l) \qquad (5-7)$$

式中，x_i $(i=1, 2, \cdots, l)$ 即标准年变序列。利用以下两式来计算除去年变的 $\{F\}$ 序列和残差序列 $\{G\}$：

$$F_{i+tl} = y_{i+tl} - x_i \qquad (i = 1, 2, 3, \cdots, l; t = 0, 1, \cdots, N-1) \qquad (5-8)$$

$$G_{i+tl} = y'_{i+tl} - x_i \qquad (i = 1, 2, 3, \cdots, l; t = 0, 1, \cdots, N-1) \qquad (5-9)$$

如图 5-1 所示，利用矩平分析方法，可从原始观测曲线中利用多年动态变化得到标准年动态曲线，去除标准年动态曲线后得到突出异常变化的趋势变化曲线。

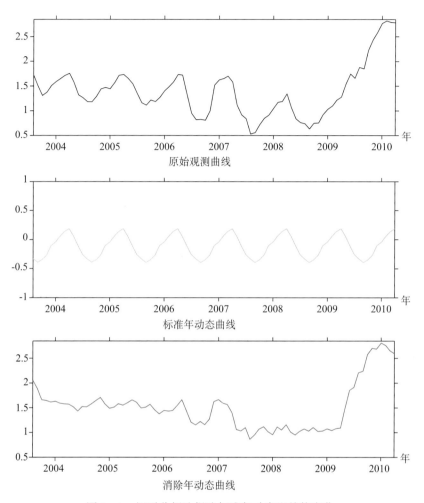

原始观测曲线

标准年动态曲线

消除年动态曲线

图 5 - 1　矩平分析法提取标准年动态和趋势变化

5.2.5　从属函数法

　　从属函数法是模糊数学中的方法之一。该方法的建立是从数据的"相关性"与"变化速率的大小"出发，将各观测曲线的趋势转折分为趋势性转折上升和趋势性转折下降两大类，针对不同的观测点和变化形态，采用从属函数法来识别其趋势异常信息。从属函数可表征一条观测曲线的斜率和波动程度，首先利用 23 点滑动平均法对原始数据进行预处理，之后采用以下方法分别提取曲线上升段或下降段的从属函数值：

$$\mu_i = \left[1 + \frac{\alpha}{|k_i||r_i|} \right]^{-1} \qquad (5-10)$$

式中，k_i 为观测值变化斜率；r_i 为滑动平均值与时间的相关系数，反映了观测序列内在质量的好坏；α 为经验常数。

图 5-2 为利用从属函数法识别山西定襄水氡值的趋势上升异常曲线图，从图中可以看出，从属函数法有效地识别出了水氡值的趋势上升时段，且依上升幅度和持续时间的变化，从属函数值也随之发生变化。

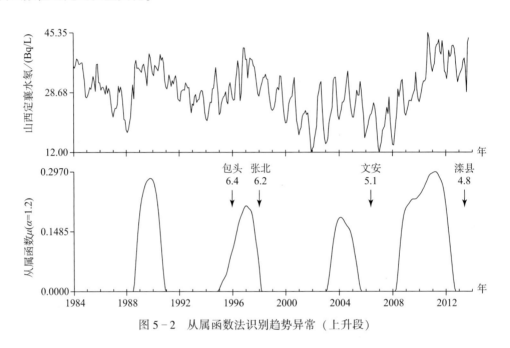

图 5-2　从属函数法识别趋势异常（上升段）

5.2.6　傅立叶变换法

对具有各种周期成分的某一样本序列作傅立叶谱分析，可求得各周期波的振幅与初相位。由各波振幅的大小，分析此样本序列的主要周期成分，以此入手，进一步从机理上分析研究该样本序列的特征。对有一定关系的两个样本序列分别作傅立叶谱分析，求二者各相同周期波的振幅比和相位差，可了解一个对另一个的影响程度、相位情况，甚至可推断其影响过程，帮助从机理上研究二样序列的关系。对具有相当长度的实测值序列，当该序列确由多个谐波组成时，求得各波的振幅常数和初相位常数，可具有一定的外推预报意义。如在地下水数据处理中，为研究气压的组成、气压与水位的关系、气压各周期分波对水位影响的差异，获取水位较气压的滞后时间，对井口气压观测值和由气压引起的水位变化值分别作傅立叶谱分析。

另外，对于趋势变化中存在年动态变化的观测资料，采用频谱分析法对其长期的趋势项和年变项进行分离，便于进一步分析其趋势变化与破年变的异常特征。频谱分析法主要是采用快速傅立叶变换对观测数据进行时频转换，后过滤到其一年左右周期的信息成份，之后再将过滤掉年变成份的频率信息利用傅立叶逆变换转换回时序信息，得到观测资料的趋势项，过滤出来的信息转换回时序信号后即为年动态项。傅立叶变换函数和逆变换函数分别为

$$X(k) = \sum_{j=1}^{N} x(j)\omega_N^{(j-1)(k-1)} \tag{5-11}$$

$$x(j) = \left(\frac{1}{N}\right)\sum_{k=1}^{N} x(k)\omega_N^{-(j-1)(k-1)} \tag{5-12}$$

式中，N 为数据长度；$\omega_N = e^{(-2\pi i)/N}$；$X(k)$ 为傅立叶变换后的频率域信号；$x(j)$ 为原始信号或经傅立叶逆变换后得到的时间域信号。

图 5-3 所示为利用频谱分析法对山西定襄水氡趋势项和年变项进行分离的曲线图，从图可看出，频谱分析法可有效地分离出观测数据中的趋势项和年变项，分离出观测数据中的趋势项和年变项后，可进一步分析其趋势转折异常和破年变异常特征。

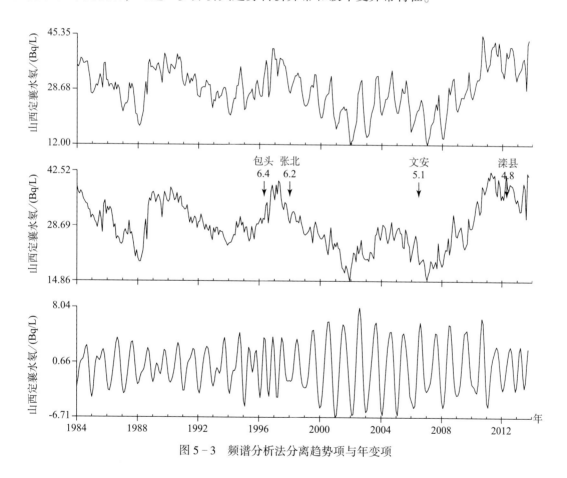

图 5-3　频谱分析法分离趋势项与年变项

5.2.7　变差率分析法

在中短期异常判定中，观测值破年变形态被认为是地下流体参量的重要异常现象。变差率是表征一条曲线的相对变化幅度，用定量值来确定本年相对于上一年在同期的变化程度。

变差率分析法的具体步骤如下：首先，对观测数据的月均值进行平滑滤波，为抵制测值的年变化和短期异常变化、突出中短期异常，采用 23 点滑动平均法，求出月均值数据的滑动平均值；之后，定义某个月的测值与前一年同月的测值之差再除以一年同月的测值，该参量用以作为单点的中期和中短期异常分析。计算式为

$$\overline{R}_i = \frac{\overline{C}_i - \overline{C}_{i-12}}{\overline{C}_{i-12}} \qquad\qquad (5-13)$$

式中，$\overline{R}_i$ 为变差率；$\overline{C}_i$ 和 $\overline{C}_{i-12}$ 分别为测值月滑动平均值和一年前同月的值。在计算时，23 点滑动平均值、变差率值 $\overline{R}_i$ 均置于计算时段的右端点。

图 5-4 为为利用变差率分析法对山西定襄水氡观测数据进行趋势分析的结果图，从图可看出，变差率分析法可有效地识别观测数据中的趋势变化，该方法可以使原始曲线中的趋势上升或趋势下降异常更明显地呈现出来。

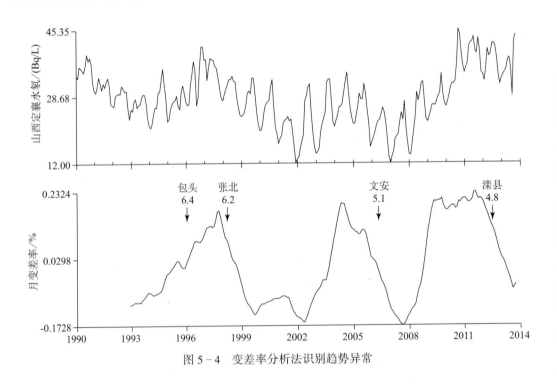

图 5-4　变差率分析法识别趋势异常

5.2.8　超限率分析法

观测数据经过高通滤波，其短周期部分总是在 0 值的附近变化。将某观测应变分量短周期变化时间序列记为 X_i（$i=1, 2, \cdots, N$），N 为数据点总数。该时间序列的均值为

$$\overline{X} = \frac{1}{N} \sum_{i=1}^{N} X_i \tag{5-14}$$

而其标准差为

$$S_D = \sqrt{\frac{1}{N} \sum_{i=1}^{N} (X_i - \overline{X})^2} \tag{5-15}$$

可用 S_D 来描述短周期部分变化的一般范围，把超出这个范围的点称为超限点，把这个点的观测值 X_i' 的绝对值超出 S_D 的部分称为超限强度，称单位时间内的超限点数 N' 为数量超限率，称单位时间内所有超限点的超限强度之和称为强度超限率，这两个超限率都是时间的函数。

根据统计理论，可以合理地预料：对于没有异常的数据，观测值将在由标准差限定的范围内变化，由随机涨落引起的超限情况将均匀地遍布整个时段，即在整个时段上超限率基本上呈现为一条水平直线。若有地震或前兆异常变化，那么超限率会增大，超出标准差限定的范围。

5.2.9　趋势转折分析

趋势转折异常分析主要采用各观测资料的月均值数据，首先通过观测曲线分析，粗略预估曲线转折时间点，之后基于此预估转折点利用滑动线性拟合法自动搜索最佳转折时间，最后分段对曲线进行线性拟合，得到趋势拟合线（司学芸等，2013）。

趋势变化异常分析时，为了更精确地确定趋势转折时间点，采用滑动计算残差的方法：首先以数据起始时间和第 2 个预估转折时间点为数据控制始末点，拟定其中间任意时刻为第 1 个趋势转折时间点，利用线性拟合法可得到两条趋势变化线，分别计算由每一个拟定转折点所得到的趋势线与原始曲线的拟合残差均值，拟合残差均值最小者即为最佳趋势转折点。得到第 1 个趋势转折时间点的精确值。

同样，利用第 1 个趋势转折时间点的精确值和第 3 个预估趋势转折时间点，滑动求得第 2 个趋势转折时间点的精确值。以此类推，可搜索得到每一个趋势转折时间点，并确定其精确值。

利用以上方法可得到每一条观测曲线不同时段内的趋势转折线。

图 5-5 为山西朔州井静水位月均值观测曲线，从原始曲线可以看出，该井水位多年观测值大致经历了 3 次趋势转折变化，分别为 1995 年、1997 年和 2011 年，为了更精确地确定这 3 个转折时间点，本研究采用了滑动计算残差的方法。具体方法如下：

（1）首先以数据起始时间 1987 年 7 月和第 2 个预估转折时间点（即 1995 年）为数据控制始末点，拟定其中间任意时刻为第 1 个趋势转折时间点（从起始点 1987 年 7 月开始滑动，至第 2 个预估转折时间点结束），利用线性拟合法可得到两条趋势变化线，分别计算由每一个拟定转折点所得到的趋势线与原始曲线的拟合残差均值，拟合残差均值最小者即为最佳趋势转折点。利用以上方法可得到第 1 个趋势转折时间点的精确值，即 1995 年 7 月。

（2）同样，可利用第 1 个趋势转折时间点的精确值和第 3 个预估趋势转折时间点

（1997 年），滑动求得第 2 个趋势转折时间点的精确值（1996 年 10 月）。以此类推，可搜索得到每一个趋势转折时间点，并确定其精确值。

利用搜索得到的各趋势转折时间点，通过线性拟合可得到各个时间段内原始观测曲线的趋势变化曲线，如图 5-5 所示。以此为基础，可更加清晰直观地体现出原始观测值在各个时期的变化趋势。

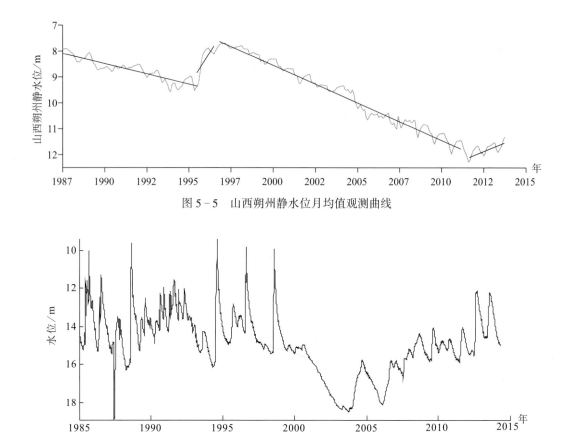

图 5-5　山西朔州静水位月均值观测曲线

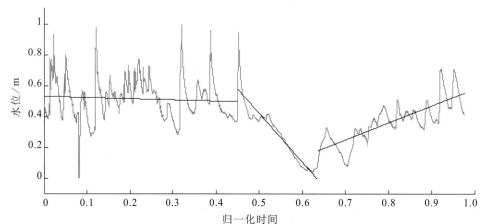

图 5-6　大灰厂水位趋势转折异常识别图

为了分析对比同一区域内不同观测点或不同观测项目趋势变化之间的差异性，对各观测曲线进行时间和幅度上的归一化，使各观测曲线在相同的时间尺度和变化幅度上具有可比性，进而分析同一地区各观测点趋势转折的群体性特征。

为了更好地从时间和空间上对比分析趋势转折异常的持续时间和异常幅度，首先对观测资料进行了坐标归一化处理。如图 5 - 6 所示，处理后的观测数据，其时间数据和观测数据均分布在 0~1。

在逐一搜索出最佳转折时间点和转折速率后，为了更好地对比不同观测点之间的异常幅度，采用了转折角度来定量分析其异常幅度（刘冬英等，2016）。如果观测曲线在出现转折前的拟合斜率为 K_a，转折后的拟合斜率为 K_b，那么其转折角度 $\theta = \arctan (K_b) - \arctan (K_a)$。如图 5 - 7 所示，如果观测曲线出现顺时针转折，那么其转折形态应为转折下降型，其转折角度为负值；如果观测曲线出现逆时针转折，那么其转折形态应为转折上升型，其转折角度为正值。

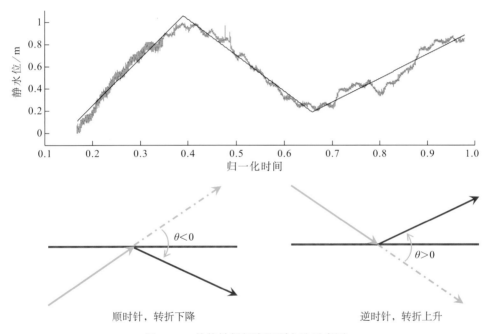

图 5 - 7　趋势转折幅度识别方法示意图

5.2.10　经验模态分解法

非平稳信号的分析是目前信号分析领域中的一个热门课题。早期对非平稳信号几乎没有什么正规的分析方法。而发展最早、最成熟的信号分析方法—博立叶变换是全局变换，用其分析平稳信号很有效，但用于分析非平稳信号缺乏物理意义。1998 年，美籍华人 Norden E Huang 等人在对瞬时频率的概念进行了深入研究后，创立了 Hilbert-Huang 变换（HHT）的新方法（Huang et al.，1998）。这一方法创造性地提出了固有模态信号的新概念以及将任意信号分解为固有模态信号组成的方法-经验模态分解法。从而赋予了瞬时频率合理的定义、物理意义和求法。初步建立了以瞬时频率为表征信号交变的基本量，以固有模态信号为基本时域信号的新时频分析方法体系。这一方法体系从根本上摆脱了傅立叶变换理论的束缚，能很好地解释以往将瞬时频率定义为解析信号相位的导数时容易产生的一些所谓"悖论"，在实际应用中也已表现出了一些独特的优点。

Hilbert-Huang 变换首先假设：任意一个信号都是由若干固有模态信号（Intrinsic Mode Signal，简称 IMS）或固有模态函数（Intrinsic Mode Function，简称 IMF）组成的，任何时候，一个信号都可以包含许多固有模态信号，如果固有模态信号之间相互重叠，便形成复合信号。其中固有模态信号是满足以下两个条件的信号：

（1）整个数据中，零点数与极点数相等或至多相差 1。

（2）信号上任意一点，由局部极大值点确定的包络线和由局部极小值点确定的包络线的均值均为 0，即信号关于时间轴局部对称。

对实际信号进行时频分析时，需要先将信号分解成 IMS 之和。为此 Hilbert-Huang 变换的创立者又提出了一种经验模态分解方法（Empirical Mode Decomposition，简称 EMD），这是一种经验筛法，其过程如下：

对任意一个信号 $s(t)$，首先确定出 $s(t)$ 上的所有极值点，然后将所有极大值点和所有极小值点分别用一条曲线连接起来，使两条曲线间包含所有的信号数据。将这两条曲线分别作为 $s(t)$ 的上、下包络线。上、下包络线的平均值记作 m，$s(t)$ 与 m 的差记作 h，则

$$s(t) - m = h \qquad (5-16)$$

将 h 视为新的 $s(t)$，重复以上操作，直到当 h 满足一定的条件（如 h 变化足够小）时，记

$$c_1 = h \qquad (5-17)$$

将 c_1 视为一个 IMF，再作

$$s(t) - c_1 = r \qquad (5-18)$$

将 r 视为新的 $s(t)$，重复以上过程，依次得第二个 IMF，第三个 IMF，…。当 c_n 或 r 满足给定的终止条件（如分解出的 IMF 或残余函数 r 足够小或 r 成为单调函数）时，筛选过程终止，得分解式

$$s(t) = \sum_{i=1}^{n} c_i + r \qquad (5-19)$$

式中，r 为残余函数，代表信号的平均趋势。

由式（5-19）可以看出，原信号 $s(t)$ 可被分解为有限的 n 个 IMF 分量和 1 个趋势项

r。每一个分量表征原信号内在的一种时间尺度的波动信息。利用经验模态分解法分解出来的各 IMF 满足近似的正交关系,可以完全进行重构,其误差也很小(武安绪等,2006)。而且,最先分解出来的 IMF 其频率最高,之后随着分解级数的不断增加,所分解出来的 IMF 信息频率也逐渐降低。因此,可以把利用原始信号 $s(t)$ 分解获得的各 IMF 序列按频率由高到低排列,根据频率分布特征,按一定规则经过适当的组合便可构成特定意义下的低通、带通与高通滤波器:

(1) 低通滤波器:从固有模态函数组中去除先分解出来的一个或几个 IMF,把其余的 IMF 相加起来形成一个信号,相当于原信号通过了一个自适应低通滤波器。

(2) 带通滤波器:从固有模态函数组中去除最先和最后分解出来的一个或几个 IMF,把其余的 IMF 相加起来形成一个信号,相当于原信号通过了一个自适应带通滤波器。实际上 IMF 序列就是多通带滤波的结果。

(3) 高通滤波器:从固有模态函数组中去除最后一个或几个 IMF,把其余的 IMF 相加起来形成一个信号,相当于原信号通过了一个自适应高通滤波器。

图 5-8 为辽宁本溪井 2003~2007 年零点值时间序列以及用 EMD 方法分解得到的 5 个固有模态分量(IMF.1~5)和各级分解所得的残余项(Res.1~5)。可以看出,图 7 中原始曲线(ORI)变化的大小涨落很不规则,把它分解成各 IMF 分量后,就能看清楚它的多尺度变

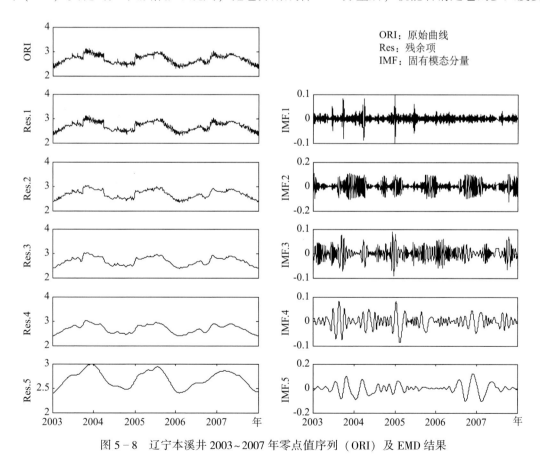

图 5-8　辽宁本溪井 2003~2007 年零点值序列(ORI)及 EMD 结果

化。IMF. 1—IMF. 5 时间尺度逐渐增大，它们在同一时间段内没有相同的频率。

依据经验模态分解特征，在图 5 - 8 中每个 IMF 分量呈现出围绕零均值线、局部极大值与极小值基本对称的波动形式。它们的均值都为零，不随时间变化，因而是平稳的；振幅和频率的变化较小，波形比原序列规整、简单，非平稳性减弱了。其中，IMF. 1 呈现了原始曲线中时间尺度最短的高频信息，而 IMF. 5 分量基本上呈现了原始曲线中趋势波动变化的低频信息。可以看出，随着分解级数的增加，IMF 各分量的波动周期逐渐增大，分别呈现了原始曲线中不同时间尺度上不同频率的变化信息。

用分解得到的各 IMF 分量按 (5 - 19) 式进行合成，即可得到不同平滑程度的重构时间序列曲线 (Res. 1—Res. 5)，各残余项 Res 呈现了将原始曲线剔除不同频率信息后的趋势变化特征。如图 5 - 8 所示，Res. 1 曲线为原始曲线 ORI 剔除了分量 IMF. 1 后的残余项，Res. 2 曲线为原始曲线 ORI 剔除了分量 IMF. 1 和 IMF. 2 后的残余项，…，而 Res. 5 曲线为原始曲线 ORI 剔除了 IMF. 1—IMF5 后的残余项。在进行趋势异常变化分析时，可以根据实际需要来选取不同的残余项，以达到既排除了低频的干扰信息，又能提取出原始曲线中的趋势性变化特征。以图 5 - 8 为例，若想提取辽宁本溪井动水位 2003~2007 年的多年变化趋势，可选用分解级数较高的 Res. 5 残余项，若既想提取出多年变化趋势，又想保留部分细节变化信息 (如地震引起的阶变、短期内的加速变化等)，可选用分解级数较低的 Res. 2 残余项。

5.2.11　概率密度分布法

随着地震观测数据采样率的不断提高，其数据量也急剧增大。如何从大量的观测数据中提取出分析所需的有用信息，是当前数字化观测资料分析研究的重点。目前，在提取数字化观测资料中的高频信息时，普遍采用高通滤波法 (邱泽华等，2010，2012)、小波分析法 (Daubechies，1988；晏锐等，2011；邱泽华等，2012)、多项式拟合法 (Manshour et al.，2009、2010)、经验模态分解法 (Huang et al.，1998；孙小龙等，2011) 等，这些方法既能有效地提取出观测数据的低频趋势变化项，也能提取出高频的短周期信息。

在地震流体数字化观测资料的高频信息成份提取过程中，可采用三阶多项式法，该方法在日常的数据处理中多用来提取流体观测资料中的长趋势变化，而主要利用原始数据在消除趋势变化后的剩余信息，即短周期的高频信息成份。三阶多项式法主要是利用多项式拟合法对原始数据进行趋势拟合，得到一条最接近原始曲线趋势变化的三阶多项式变化曲线，利用原始曲线数据减去趋势变化曲线数据，得到原始数据中的高频信息成份。

对一组时序数据 $D(t)$，以 s 为窗长进行三阶多项式拟合，得到趋势项拟合曲线：

$$T(t) = at^3 + bt^2 + ct + d \qquad\qquad (5 - 20)$$

式中，a、b、c 和 d 均为拟合系数；t 为时间。高频信息成份 $Z(t) = D(t) - T(t)$，给定窗长 s 后依次滑动进行拟合求参数，并最后得到原始数据中的高频信息 $Z(t)$。

图 5 - 9 为四川南溪台水位分钟值曲线及其利用三阶多项式 (窗长 600 分钟) 提取的高频信息，其中图 5 - 9a 和图 5 - 9b 分别为一个窗长的原始观测曲线和剔除趋势后的高频信息曲线 (图 a 中虚线为依据原始观测值利用三阶多项式拟合得到的趋势变化线)，图 5 - 9c 和

图 5 - 9d 分别为 2007 年 9 月 1 日至 2008 年 5 月 11 日的原始观测曲线和剔除趋势后的高频信息曲线。从图可以看出：

（1）在一定窗长范围内，三阶多项式方法基本上能拟合得到观测值的趋势变化线（图 5 - 9a），进而可去除趋势得到观测曲线的高频信息。如果观测曲线中有明显的潮汐或气压变化形态，如部分水位观测曲线，该方法一定程度上能消除掉观测曲线中固体潮或气压的半日潮变化（图 5 - 9b），若想达到较好的拟合效果，窗长应小于半天；

（2）从年尺度和月尺度的曲线对比来看，三阶多项式方法能很好地剔除掉原始观测曲线（图 5 - 9c）中的长期趋势变化，得到原始观测曲线中的高频信息（图 5 - 9d）。

（3）图 5 - 9d 中剔除掉趋势变化后的高频信息曲线，可看出类似于"水位固体潮半月潮"的波动变化。从图 5 - 9a 可看出，虽然三阶多项式法可很好地拟合得到观测值的趋势变化，但从局部来看，也有不吻合的部分（图 5 - 9b 中 3：00~5：00 时段），导致其去趋势残差（高频信息）值较大。另外，水位半月潮是由于水位固体潮响应幅度和相位的规律性变化引起，在利用三阶多项式进行拟合去趋势时，这种规律性的变化也会直接影响到拟合残差的波动变化。因此，结合图 5 - 9a 和图 5 - 9b，这种类似于"水位固体潮半月潮"的信息，并非真正的水位半月潮信息，而是受其影响的拟合残差的波动信息。

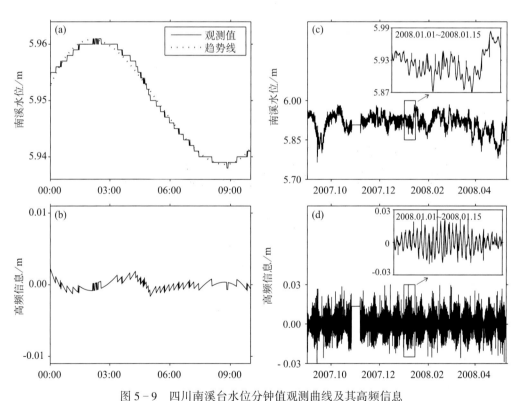

图 5 - 9　四川南溪台水位分钟值观测曲线及其高频信息

（a）原始值（2007/09/01）；（b）去趋势（2007/09/01）；（c）原始值（2007/09/01~2008/05/01）；

（d）去趋势（2007/09/01~2008/05/01）

地震流体观测资料，其长周期的趋势变化受构造环境和水文地质条件的影响较大，而其短周期的高频信息在无其它干扰因素的条件下，多表现为一种服从正态分布的随机信号。从统计的角度分析，在去除趋势变化后，且无其他影响因素存在的条件下，观测资料变化值服从正态分布 $X(t) \sim N(0, \sigma)$。但是，如果存在某种干扰（如构造活动或应力场变化），σ 值就会发生波动，并且 σ 值的波动会依干扰强度的变化而发生变化。从能量传递的角度考虑，其波动值服从对数正态分布 $\ln\sigma \sim N(0, \lambda)$，$Z(t)$ 值的概率密度分布可表示为

$$f(z) = \frac{1}{2\pi\lambda} \int \exp\left(-\frac{z^2}{2\sigma^2}\right) \exp\left[-\frac{(\ln z - \ln\sigma_0)^2}{2\lambda^2}\right] \frac{\mathrm{d}\sigma}{\sigma^2} \qquad (5-21)$$

式中，σ 和 λ 分别为 $Z(t)$ 和 $\ln\sigma$ 的标准差；σ_0 为 σ 的数学期望值。

如图 5 - 10 所示，分别服从正态分布和对数正态分布的两组信号 X（图 5 - 10a）和 Y（图 5 - 10b），其概率密度分布分别为图 5 - 10d 和图 5 - 10e，由二者乘积合成的信号 $Z = XY$（图 5 - 10c）的概率密度分布为图 5 - 10f。由图可以看出，单纯服从正态分布的原始信号 X，在加入干扰信号 Y 后，其合成信号 Z 的概率密度分布 $P(Z)$ 与 X 的概率密度分布 $P(X)$ 形态有了明显的不同，并且这种形态上的不同会依据干扰信号的强度而发生变化。如图 5 - 11 所示，同一个原始信号 X，在不同的干扰强度（干扰强度决定了 λ 值的大小）下，其概率密度分布表现出了明显的不同，干扰强度越大，其合成信号的概率密度分布 $P(Z)$ 与正态分布 $P(X)$ 在形态上的偏离程度越大。

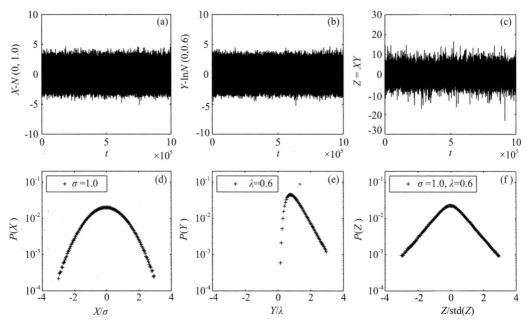

图 5 - 10　随机信号及其概率密度分布图

（a）服从正态分布的随机信号；（b）服从对数正态分布的随机信号；（c）合成信号；

（d）正态分布的概率密度；（e）对数正态分布的概率密度；（f）合成信号的概率密度

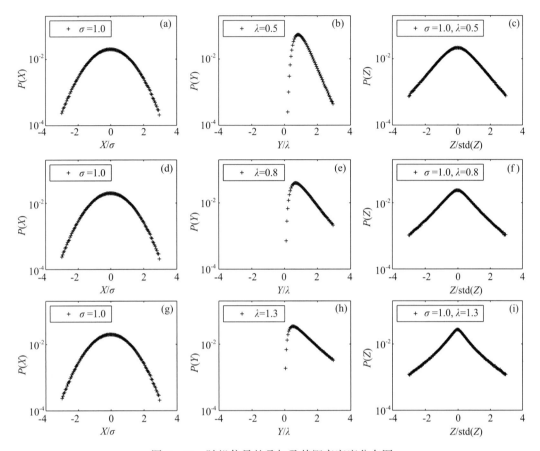

图 5 - 11 随机信号的叠加及其概率密度分布图

因此，在理想状态下观测资料中含有的高频信息其概率密度分布应符合正态分布 $N(0,$ $\sigma)$，高频信息的标准差 σ 相对稳定，干扰信息的 λ 值接近于零。如果存在干扰因素，如地震孕育期间构造应力状态的变化，σ 值就会有发生变化，那么观测资料中含有的高频信息其概率密度分布就会偏离正态分布，干扰信息的 λ 值就会大于零。对于一组类似于图 5 - 9 中所提取的高频信号 $Z(t)$，由式（5 - 21）可知，Castaing 等人将其概率密度分布的数学表达式表示为

$$P(Z) = \int F\left(\frac{Z}{\sigma}\right) \frac{1}{\sigma} G(\ln\sigma) \, \mathrm{d}\ln\sigma \qquad (5-22)$$

式中，Z 表示观测数据；P 为该数据的概率密度分布；F 为符合正态分布的随机信号，其标准差为 σ；而 G 为未知的干扰信号，其标准差为 λ。F 和 G 的数学表达式分别为

$$F\left(\frac{Z}{\sigma}\right) = \frac{1}{\sqrt{2\pi}\,\sigma} \exp\left(-\frac{\left(\frac{Z}{\sigma}\right)^2}{2\sigma^2}\right) \qquad (5-23)$$

$$G(\ln\sigma) = \frac{1}{\sqrt{2\pi}\,\lambda} \exp\left(-\frac{\ln^2\sigma}{2\lambda^2}\right) \qquad (5-24)$$

实际应用时,可先统计得出原始数据的概率密度分布,然后依式(5-22)求得干扰 G 的标准差 λ,一般用最大似然法或最小二乘法拟合求得。为得到最佳拟合值,用以下表达式:

$$\chi^2(\lambda) = \int \mathrm{d}z \left(\frac{[P(z) - P_{\text{Castaing}}(z,\lambda)]^2}{[\sigma^2(z) + \sigma^2_{\text{Castaing}}(z,\lambda)]}\right) \qquad (5-25)$$

式中,$P(z)$ 表示观测数据的概率密度分布,其标准差为 σ;P_{Castaing} 为利用式(5-22)计算得到的概率密度分布;σ_{Castaing} 为其相应的标准差。

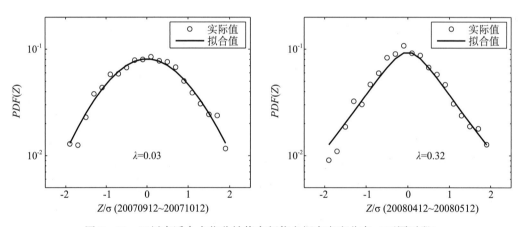

图 5-12　四川南溪台水位分钟值高频信息概率密度分布(不同时段)

原始数据的概率密度分布和式(5-22)计算得到的概率密度分布,依据式(5-25)可求得二者之间的相似程度,当式(5-25)中的 χ^2 为最小时,表示二者相似程度最高,进而可得到干扰项 G 的标准差 λ。图 5-12 为利用上述方法统计并计算的四川南溪台水位分钟值不同时段的高频信息概率密度分布,可以看出水位高频信息的概率密度分布值,在几乎不存在干扰信号的时段(2007.09.12~2007.10.12)能很好地吻全正态分布(即 λ 值接近于0,$\lambda = 0.03$),而在临近地震发生时段(2008.04.12~2008.05.12),明显偏离正态分布(即 $\lambda = 0.32$),说明此时段存在某种干扰信号,这种干扰有可能与周边构造活动或地震孕育有关。

图 5-13 为利用以上方法处理的 2007 年 9 月 12 日至 2008 年 5 月 11 日四川南溪台水位

分钟值高频信息干扰信号强度时序值曲线（30 天窗长、2 日滑动，短横线表示拟合误差），处理结果显示在 2008 年 1 月上旬前，该台水位受干扰强度很小（λ 值接近于 0），而在 2008 年 1 月上旬后干扰强度逐渐增强，直到 2008 年 5 月 12 日汶川 $M_S8.0$ 发生，截至地震发生前 λ^2 值超过 0.6。这种干扰信号的增强，预示着观测点周边构造活动或应力积累水平的增加。由此可见，流体观测资料高频信息中隐含着与构造活动相关的前兆信息，利用概率密度分析方法在一定程度上可以识别出这种前兆信息。

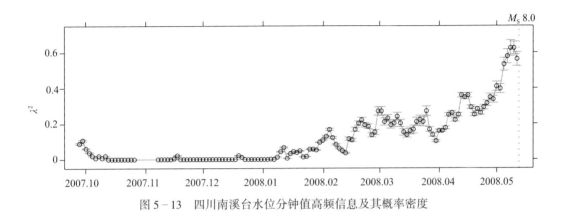

图 5 - 13　四川南溪台水位分钟值高频信息及其概率密度

当观测资料中包含的地震异常比较显著时，可从原始观测曲线中直接识别（何案华等，2012），但也有一些异常是隐含在观测资料中的，需要用一些数学处理方法来识别（邱泽华等，2010，2012；刘琦等，2011；晏锐等，2011）。概率密度分布法识别地震异常前，需先进行观测数据的高频信息提取，提取方法也有多种，如三阶多项式拟合去趋势法、小波分析法等、经验模态法等，提取效果均可满足实际工作需要。图 5 - 14 为分别利用三阶多项式和

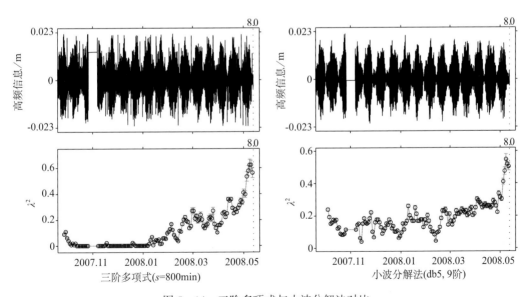

图 5 - 14　三阶多项式与小波分解法对比

小波分析方法提取的四川南溪台水位分钟值观测数据中的高频信息及其概率密度分布曲线，从图可以看出，尽管两种方法的处理结果稍有不同，但利用其处理出的高频信息均可有效地识别出地震前的异常信号，即地震前概率密度分布曲线的 λ^2 值出现了明显的高值变化。

5.2.12　小波分解法

为了能够剔除掉水位观测资料中的高频干扰信号、提取出能够反映水位多年动态的趋势变化信息，可采用小波分析法来提取水位趋势变化。小波分析法的主要原理是基于特定的小波基函数，对于任意离散时间序列信号 $f(t)$，通过 Mallat 算法进行分解和重构（Mallat，1989），将信号 $f(t)$ 分解成 n 个细节分量 $R_i f (i = 1, 2, 3, \cdots, n)$ 和 1 个近似信号 $P_n f$

$$f(t) = \sum_{i}^{n} R_i f(t) + P_n f(t) \tag{5-26}$$

在对观测资料进行小波分析处理中，可选取不用的小波基。图 5-15 为选取 "db5" 小波基对北京丰台井水位数据进行了 7 级分解（$n = 7$）来提取出各井水位的趋势变化曲线。从图中可以看出，趋势变化曲线基本上反映了该井水位的多年动态变化趋势，而将水位原始观测曲线中周期小于一年尺度的一些高频干扰信息进行了有效过滤，如年周期变化、短期波动等信息。

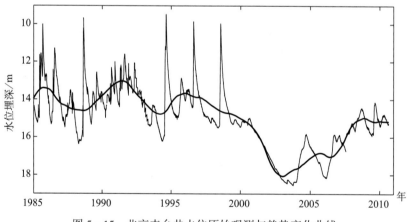

图 5-15　北京丰台井水位原始观测与趋势变化曲线

参考文献

车用太、鱼金子、王基华等，2006，地震地下流体学，北京：气象出版社

何案华、赵刚、刘成龙等，2012，青海玉树与德令哈地热观测井在汶川与玉树地震前的异常特征，地球物理学报，55（4）：1261~1268

贾化周、张炜、董守玉等，1995，地震地下水手册，北京：地震出版社

林纪曾，1981，观测数据的数学处理，北京：地震出版社

刘冬英、孙小龙、邵志刚，2016，大华北地区地下流体资料趋势性转折时空演化特征分析，华北地震科学，34（2）：1~6

刘琦、张晶，2011，S 变换在汶川地震前后应变变化分析中的应用，大地测量与地球动力学，31（4）：6~9

陆远忠、李胜乐、邓志辉等，2002，基于 GIS 地震分析预报系统，地图出版社

邱泽化、唐磊、张宝红等，2012，用小波—超限率分析提取宁陕台汶川地震体应变异常，地球物理学报，55（2）：538~546

邱泽化、张宝红、池顺良等，2010，汶川地震前姑咱台观测的异常应变变化，中国科学：地球科学，40（8）：1031~1039

司学芸、孙小龙、邵志刚、李瑞莎，2013，南北地震带流体资料趋势性转折与强震的关系，中国地震，29（1）：148~156

孙小龙、刘耀炜、晏锐，2011，经验模态分解法在地下水资料处理中的应用，大地测量与地球动力学，31（2）：80~83

孙小龙、王广才、晏锐，2016，利用概率密度分布提取流体观测资料中的高频异常信息——以 2008 年汶川 8.0 级地震为例，地球物理学报，59（5）：1673~1684

武安绪、李平安、鲁亚军等，2006，基于经验模态分解的形变信号滤波处理与异常提取，东北地震研究，22（3）：1~6

晏锐、蒋长胜、张浪平，2011，汶川 8.0 级地震前水氡浓度的临界慢化现象研究，地球物理学报，54（7）：1817~1826

张少泉、蒋骏、黄辅琼等，1999，数据处理方法，内部资料

郑香媛、刘澜波，1990，深井水位固体潮的调和分析结果，地球物理学报，33（5）：556~565

周克昌、张昱、刘天海等，1997，地震分析预报应用软件，北京：地震出版社

Daubechies I, 1988, Orthonormal bases of compactly supported wavelets, Communication on Pure and Applied Math, 41（7）：990-996

Huang NE, Shen Z, Long S R et al., 1998, The empirical mode decomposition and the Hilbert spectrum for non-linear and non-stationary time series analysis, Proc R Soc Land A, 454：903-995

Mallat S G, 1989, Multiresolution Approximation and Wavelet Orthogonal Bases of L2（R）, Transactions of the A-merican Mathematical Society, 315（1）：69-87

Manshour P, Fatemeh Ghasemi, Matsumoto T et al., 2010, Anomalous fluctuations of vertical of Earth and their possible implications for earthquakes, Physical Review E, 82（3），036105（2010）：1-9

Manshour P, Saberi S, Muhammad Sahimi et al., 2009, Turbulencelike Behavior of Seismic Time Series, Physical Review Letters, 102（1），014101（2009）：1-4

Venedikov A P, Arnoso J, Vieira R, 2003, VAV: a program for tidal data processing, Comp. Geosci., 29（4）：487-502

第6章 地下流体动态类型与特征*

地下流体动态，指在特定的井（泉）中观测到的地下流体物理化学特性随时间的变化。地下流体的最根本特性是流动性。它在地壳的各个部位不断地流动着，流动结果不仅影响流体所在处与流体接触部位固体介质的状态和特性，而且也改变着流体自身的特性。因此，地下流体的物理化学特性也是随时随地在变化着的。对地壳中某一点、某一深度上的某一种流体而言，其物理化学特性肯定是随时间变化着的，但变化的速率千差万别，快时可瞬息万变，慢时可万年不觉有变。然而，我们所说的地下流体动态，显然不包括只在地质历史尺度上才感觉到的变化，而是现今人类可感觉到的变化，特别是在瞬时到几年的时间尺度上可感觉到的变化。

地下流体动态是通过专门的观测而获取的。无疑，地下流体动态观测，必须在有地下流体出露的部位上才可实现。这些部位大多有揭露出含水层的井孔和天然的地下水露头——泉等，还有一些有常不被常人所能感觉到的地下喷气孔或地下喷气带等。然而，并不是上述有地下流体出露的部位都可观测，只有满足一定条件的部位才可观测。有观测的井、泉、点叫做观测井、观测泉、观测点。目前，地下流体观测多在专用观测井上进行。常观测的地下流体介质以地下水为主，但也有油和气，而且对气体的观测正在得到重视。

可观测的地下流体物理化学特性很多。从理论上讲，地下流体的任何一种物理化学特性都可观测。但从地震前兆监测和预测的目的出发，从现有的技术水平和可行的条件出发，目前国内外较为广泛观测的项目有井水位、井水温度、水氡与气氡、水汞与气汞四大类6个测项。水氡，指井（泉）水中溶解的氡与游离的氡，是人工取样和脱气后测得的地下水中氡的浓度；气氡，指井（泉）水面上可自由逸出或经人为脱气—集气后可由井（泉）水中分离出的氡的浓度。水汞，指井（泉）水中以各种价态（0价、1价、2价等）存在的汞的化合物总量，是人工取样与高温脱气后得到的地下水中汞的浓度；气汞，指井（泉）水中以0价存在的自由汞，它们随温度、压力的变化很容易从井（泉）水中分离出来。

除了上述四大类测项之外，目前还有井（泉）水流量、气体流量、断层气 CO_2、逸出气 He 和 H_2 等观测项目正在得到有关专家的关注并进行试验观测。

地下流体的动态，常用以时间为横坐标和以观测量为纵坐标的曲线来表述。在这一条曲线上，观测量可以是分钟值、时值、日值、旬值、月值等多种观测值，也可以是按照震情分析预报的需求人为处理过的数值，如日均值、五日均值、旬均值、月均值等。因此，在动态类型划分中也可按曲线所反映的观测值的类别分为相关的动态，如时值动态、日值动态、日均值动态、旬均值动态、月均值动态等。

---

* 本章执笔：司学芸、官致君。

地下流体动态，还可按成因分为微动态和宏观动态。微动态，指含水层受力状态的变化引起的动态，其中包括正常微动态和异常微动态。宏观动态，指含水层中地下水储量的变化引起的动态等等。

6.1　地下流体的正常动态

本节主要介绍地下流体的正常动态，分为水位、水温、水氡与气氡、水汞与气汞四大类 6 个测项，分别介绍多年趋势动态、年动态、月动态、日动态的基本类型和基本特征。

6.1.1　水位的正常动态

1. 水位的多年趋势动态

井水位的多年趋势动态类型有趋势上升型、趋势下降型和趋势平稳型三种基本类型（汪成民等，1990）。

趋势下降型动态最为常见，多是人类长期过量开采地下水资源引起的，是地下水的开采量超过大气降雨的渗入补给量，导致含水层中地下水储量不断减少造成的。我国北方地区多数观测井的水位多年趋势动态属于此类，如图 6-1a 所示。另一类深井（井深不小于 1000m）也呈现出多年趋势下降的动态，其主要原因是地下水的长期自流，消耗了含水层的

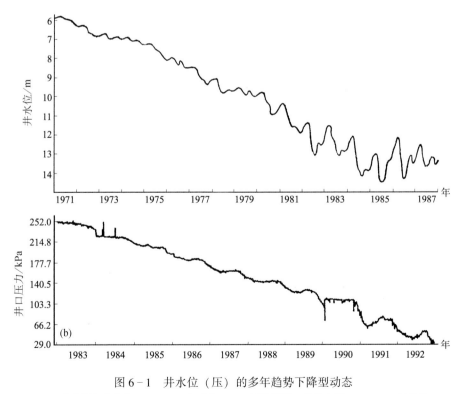

图 6-1　井水位（压）的多年趋势下降型动态

（a）北京顺义井水位 1971~1987 年动态；（b）天津张道口井井水压 1983~1992 年动态

弹性储水量引起的，如图 6 - 1b 所示。

趋势上升型动态不多见，只见于油气田外围地区，多是因油气田开发时大面积长期注水，导致含水层地层压力增强引起的，如图 6 - 2 所示。此外也有少量深层承压含水层中的井，观测初期由于含水层弹性储量的释放而引起一段时间井水位的趋势上升。

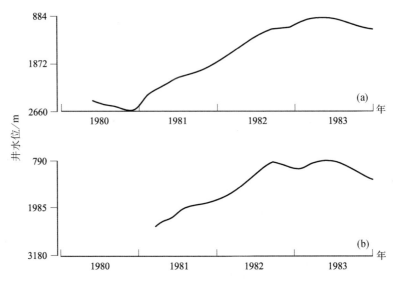

图 6 - 2　井水位的多年趋势上升型动态（据汪成民等（1990））

（a）河北容 1 井；（b）雄 101 井

趋势平稳型动态，是含水层中地下水的补给量与排泄量或开采量基本处于平衡状态的地区或平衡状态的时段可见的动态，也可以是含水层处于封闭状态，不受任何外界干扰时出现的动态，如图 6 - 3 所示。

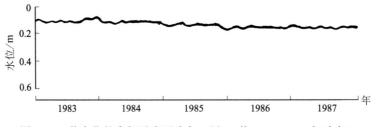

图 6 - 3　井水位的多年平稳型动态（川 08 井 1983~1987 年动态）

必须要指出的是，对于一口观测井而言，其水位的多年趋势动态类型是可以变化的，随着井孔所处的观测环境的变化可由下降型转为上升型，也可由上升型转为下降型，平稳型转为下降型等。

2. 水位的年动态

井水位的年动态类型较为复杂，但基本类型仍可分为上升型、下降型、平稳型和起伏型四种。具有多年趋势上升型动态的观测井水位的年动态类型基本上也应是上升型，具有多年趋势下降型动态的观测井水位的年动态类型基本上也应是下降型，具有多年平稳型动态的观测井水位的年动态类型基本上也应是平稳。然而，上述三种典型的年动态并不多见，绝大多数观测井的水位年动态是起伏型的，即使是具有多年趋势上升型或趋势下降型动态的观测井水位的年动态常常也表现出一定的起伏性。

年动态起伏型动态的成因也多种多样。从动态成因上看，多与大气降雨的季节性补给、大气压力在年尺度上的起伏、人类对地下水开采量的季节性变化等有关；对深井水位而言，其年变化主要与大气压力在年尺度上的起伏有关，但中深井（井深 100~1000m）与浅井（井深小于 100m）主要与大气降雨和人类对地下水开采的季节性变化有关。

图 6-4 所示为大气压力的年波动引起的深井水位的年变化的动态起伏实例。深县井，深 3364.0m，观测层为寒武—奥陶系灰岩岩溶承压水层，顶板埋深 2835.7m。井水位年动态不受大气降雨掺入补给和人类开采地下水的影响，多年动态属于趋势平稳型，但年变化起伏性仍较为明显，年起伏度为 0.2~0.3m。深入研究该井的水位年动态成因结果表明，该井水位的主要年变化与大气压力的年起伏有关。该区年气压变化表现为冬高夏低，年起伏度为 20~30hPa，每逢气压升高季节，井水位下降，气压下降季市，井水位上升，二者呈反向关系，两种动态的峰谷反向相对应。若对井水位进行排除气压影响的数据处理后，井水位变得较为平稳，年起伏度仅为 3~4cm。

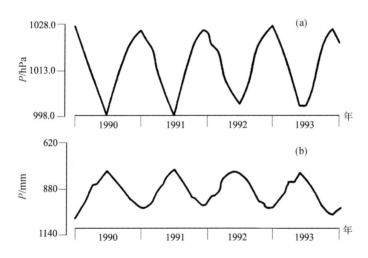

图 6-4　河北深县井水位（H）年变化与气压（P）年变化的关系
（a）气压动态；（b）水位动态

大气降雨和人类开采地下水是井水位具有年变化动态的最主要原因。大气降雨的渗入补给，常引起井水位的上升变化。但由于各观测井井区的地质-水文地质条件的不同和降雨的时间、强度、面积等的不同，降雨影响下的井水位年动态也变得复杂多样。对于我国井网中降雨影响的研究结果（车用太等 1993），降雨影响下的井水位年动态可分为六种基本类型（图 6‑5）。第一种动态为多峰多谷型（n‑n 型），其动态特征是井水位随降雨过程的变化而起伏；第二种动态为双峰双谷型（2‑2 型），其动态特征是井水位有两次升—降过程，第一次升—降多在春季，第二次升—降在夏季或秋季；第三种动态是单峰单谷型（1‑1 型），其动态特征是降—升—降（先谷后峰）或升—降—升（先峰后谷）；第四种动态是单峰无谷型（1‑0 型），第五种动态是无峰单谷型（0‑1 型），均为第三种动态的变异型动态，多是降雨季节分布的不正常引起的；第六种动态是无峰元谷型（0‑0 型），这类动态说明井水位不受降雨渗入补给的影响，也不受地下水开采的影响。

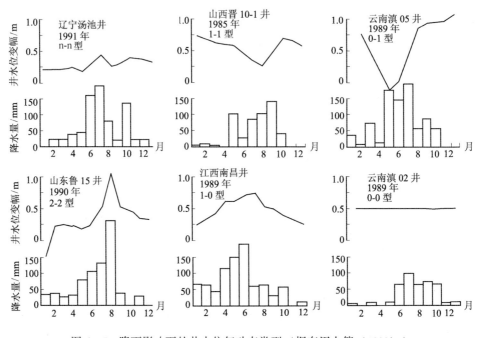

图 6‑5　降雨影响下的井水位年动态类型（据车用太等（1993））

大气降雨渗入补给引起的井水位年变化幅度差异很大，小者仅有几厘米，大者可达几米甚至十几米。大气降雨对井水位年动态的影响是随着观测井距大气降雨对观测含水层渗入补给区距离的增大和观测含水层顶板埋深的增大而逐渐减弱，井水位年动态类型也由 n‑n 型逐渐变为 0‑0 型，井水位年变幅由几米至十几米变为几厘米至十几厘米。这种影响，对于观测顶板埋深大于 1000m 的含水层中的观测井与观测井距补给区的距离大于几十千米时，一般表现非常微弱。

人类对地下水的开采无疑使井水位下降。因此，开采影响下的井水位年变化特征是开采时下降，停采时上升。图 6‑6 所示为典型的地下水开采引起的井水位的下降—上升型变化。昌平井位于北京北部藏山山脉的山前冲洪积平原上，井深 320.22m，观测含水层为上元古界蓟县系雾迷山组硅质白云岩岩榕含水层，顶板埋深 83m，但顶板以上无隔水层，观测层地下水与第四系砂砾石层孔隙水间有水力联系。距观测井 200~800m 范围内有 4 口地下水开采井

（图 6 - 6a），井深 60~200m，均为农田灌溉用水开采井，每年在农田春灌与秋灌两季开泵抽水。由图 6 - 6b 可见，两次农灌井开采期间昌平井水位都有一个明显的下降过程，下降的幅度 0.5~1.0m 不等，取决于开采量的大小，停泵之后井水位上升，年变化动态呈双峰双谷型。

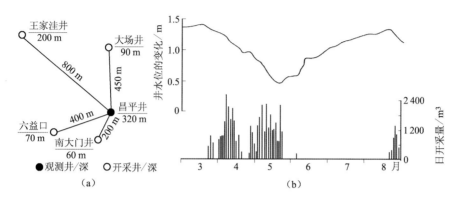

图 6 - 6　地下水开采影响下的昌平井水位年动态变化（据张凌空等（1996））

3. 水位的日、月动态

水位的正常日动态或月动态，除了某些井中表现出的降雨渗入补给、地下水开采等影响之外，主要是水位的固体潮效应、气压效应、地震波效应等多种微动态现象。

井水位的固体潮效应，指在日、月引力作用下，随着含水层体积的压缩和膨胀变形而引起的井水位有规律的变化（图 6 - 7）。当日、月引力变大时，含水层发生相对膨胀变形，孔隙度增大，使井水回流到含水层中去，使井水位下降；而当日、月引力变小时，含水层发生相对压缩变形，孔隙度减小，使含水层中的地下水压入到井中去，使井水位上升。由于日、月引力随时间变化，在朔日（农历初一）、望日（农历十五）引力变化大，且每日有两次高值与两次低值，因此井水位日潮差值也大，且呈双峰双谷型形态变化；在上弦（农历初七）与下弦（农历二十三）日引力变化小，且每日只有一次高值与一次低值，因此，井水位日潮差值也小且呈单峰单谷型变化。我国井网中，约有 75% 的观测井中可观测到井水位的潮沙效应，井水位的最大日潮差可达到 cm，由于井水位观测精度为 1mm，日、月引力引起的含水层体应变的最大值为 3.38×10^{-8}，因此这口井水位对潮沙作用下的含水层体应变的响应灵敏度可高达 1.1×10^{-10}（体应变）$/1mm$（水位）。

井水位的气压效应，指井水位随气压的波动而起伏的现象，当大气压力增大时井水位下降，大气压力变小时井水位上升。井水位的气压效应可表现在不同的时间尺度上，除在年尺度上的月均值动态上表现之外，在月尺度上的日均值动态与日尺度上的时值动态上也都可以表现出来。图 6 - 8a 所示为井水位月动态中的气压效应，图 6 - 8b 所示为井水位日动态中的气压效应。我国井网中，约有 55% 的观测井中记录到这种效应，气压作用引起的井水位变化幅度（气压效率）为 1~8mm/hPa。

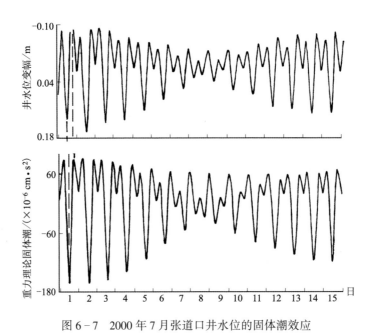

图 6-7　2000 年 7 月张道口井水位的固体潮效应

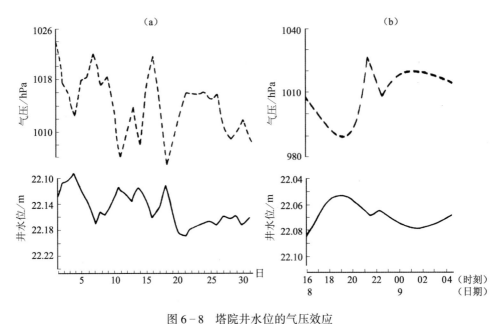

图 6-8　塔院井水位的气压效应

(a) 井水位月动态效应 (1986 年 3 月)；(b) 井水位日动态效应 (1986 年 7 月 8~9 日)

　　井水位的地震波效应，指地震波作用引起的井水位的振荡现象。其作用机理是地震波传播经过含水层时，含水层内交替地发生弹性压缩和拉张变形，使其中孔隙压力发生增大和减小的交替变化，导致井水位发生上升、下降相交替出现的振荡变化 (图 6-9a)。进一步拉开其波形（图 6 - 9b），发现其振荡周期多为 10~20s，属于瑞利波的范畴。因此，认为井水位的地震波效应是地震波中的瑞利波作用引起的水震波。我国井网中约有 70% 的观测井中可记录到水震波，其幅度为几厘米至几十厘米，最大可超过 2m；2004 年 12 月 26 日印度洋 M_S8.7 特大地震时，在我国 154 口井中引起井水位振荡，最大的水震波幅度竟达 50 多米。

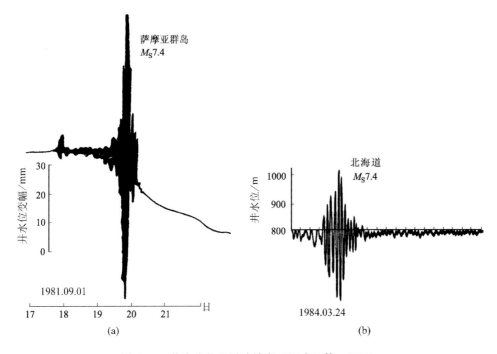

图 6 - 9　井水位的地震波效应（汪成民等，1990）

（a）豫 08 井水位对 1981 年 9 月 1 日萨摩亚群岛 M_S7.4 地震波的原始记录图；

（b）北京洼里井水位对 1984 年 3 月 24 日日本北海道 M_S7.4 地震波的展开记录图

在一些观测井水位中发现前驱波现象（图 6 - 10）。这些现象多出现在水震波记录前几小时至几十小时，其波动周期为几分钟至几十分钟，其幅度远小于水震波的振荡幅度，多为几毫米至几十毫米。对于这种现象，已有一些学者予以关注，认为是大地震发生前震源体内成"核"的信息，即震源体快速破裂前的一个蠕变的过程产生的，具有重要的地震预测意义。

井水位的日、月动态中，除了上述动态之外，在少数井中还可见到井水位的海潮荷载效应、江河水体荷载效应、降雨积水荷载效应、列车荷载效应、滑坡动力效应等。图 6 - 11a 所示为井水位的海潮荷载效应，井水位的变化随海潮的涨落而变化。图 6 - 11b 为井水位的江河水体荷载效应，井水位的变化随江河水位的变化而变化。图 6 - 11c 为井水位的降雨积水荷载效应，井水位的变化随降雨积水而变化。这些井水位的变化，不是地表水体的渗入补给或降雨的掺入补给引起的，因为一是多在深井中出现，不具备渗入补给的水文地质条件，二是因为井水位的动态响应很快，响应的滞后时间为几分钟至几十分钟，渗入补给的条件下不可能响应如此之快。

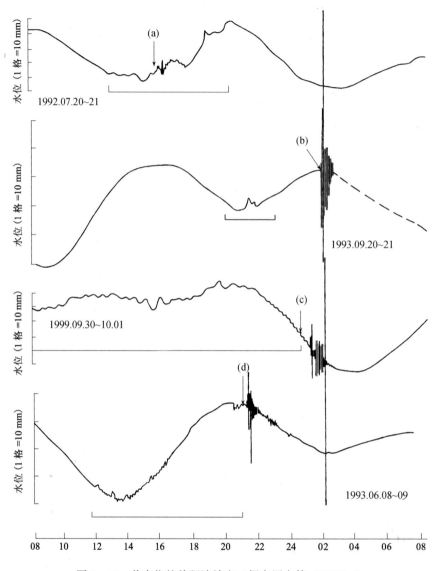

图 6 - 10　井水位的前驱波效应（据车用太等（2002））

（a）北冰洋斯瓦尔巴群岛 $M_S7.1$；（b）中国台湾南投 $M_S7.6$；

（c）墨西哥南部沿海 $M_S7.6$；（d）勘察加半岛南 $M_S7.5$

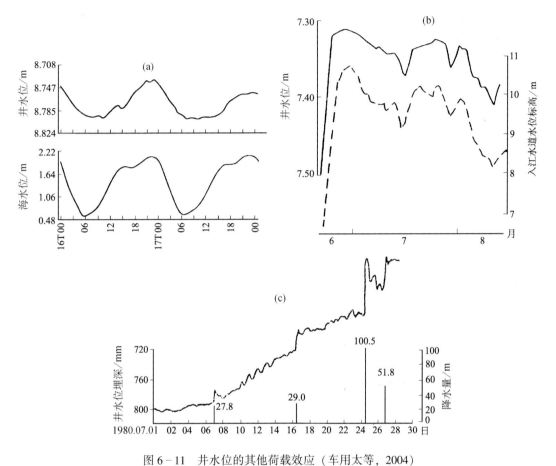

图 6 - 11　井水位的其他荷载效应（车用太等，2004）

（a）海口 ZK26 井（深 706m）水位的海潮荷载效应；（b）金湖井（深 1916m）水位的江河水体荷载效应；
（c）山东 B-2 井（深 659m）水位的降雨积水荷载效应

6.1.2　水温的正常动态

指区域范围内无破坏性地震活动与无新的干扰因素作用的情况下，井水温度随时间的有规律变化。一般分为长期动态与短期动态二大类。井（泉）水温度的背景值主要取决于观测井（泉）所处的地温梯度与传感器放置深度，但井（泉）水温度的变化受多种因素的影响，首先是井-含水层系统的水动力条件的影响，其次是降雨渗入补给与地下水开采等的影响，有些井水温度还受地球固体潮的影响等。水温正常动态的认识与研究是识别与判定水温前兆异常的前提。

1. 水温的多年趋势动态

井水温度的多年趋势动态，可分为四种基本类型：趋势平稳型、趋势上升型、趋势下降型和多年起伏型，如图 6 - 12 所示。

水温的多年平稳型动态，指在一个平稳的基值班围内有小幅度的起伏，起伏幅度小于

0.01℃，如图 6 - 12a 所示。

水温的多年趋势上升型动态，指井水温度多年持续上升的变化。多年上升的幅度多在 0.1℃以上，年平均升幅差异较大，升幅大的井可高出 0.1℃，小的井低于 0.01℃，如图 6 - 12b 所示。

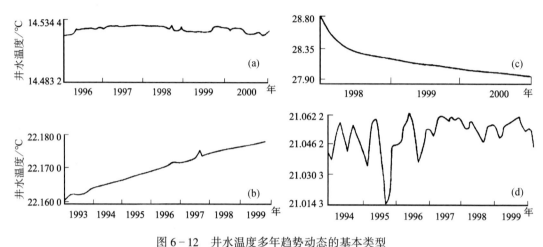

图 6 - 12　井水温度多年趋势动态的基本类型
（a）北京大宫门井；（b）北京塔院井；（c）天津张道口井；（d）天津宝坻井

水温的多年趋势下降型动态，指井水温度多年持续下降的变化，如图 6 - 12c 所示。这类变化多见于自流热水井断流之后，井水温度下降的幅度很大，初期年降幅可大于 1℃，后期逐渐变小，但也多在 0.1℃左右。

水温的多年起伏型动态，如图 6 - 12d 所示，多出现于浅井或井水来自多个含水层的混合水的井中。这类动态的生成可能与不同温度的水浸入有关，其中包括大气降雨的渗入补给。

2. 水温的年动态

井水温度的正常年动态类型主要可分为周期型和起伏型等，如图 6 - 13 所示。

周期型动态基本上按一定规律起伏，其周期有长有短。图 6 - 13a 所示为年周期型动态，每年春季一开始回升，冬季开始下降，基本与气温的季节性变化同步，这类动态多见于水温传感器放置较浅（一般<10m）的井中；部分井中，井水温度的季节性变化还与地下水的季节性开采、降雨的季节性渗入补给等因素有关；图 6 - 13b 所示为准周期型动态，每年有三、四次起伏变化，平均周期为约三个月，每一起伏过程是陡升—缓降，多为外界干扰所致。此类动态不多见，约占观测井总数的 5%左右。

无规律起伏型动态基本上无周期可言。图 6 - 13c 所示为阶变起伏型动态，动态过程中常见阶变型变化，而且阶变的幅度都较大，常常大于一般的年变幅；这种动态，多是井口装置工作不稳定引起的干扰动态。

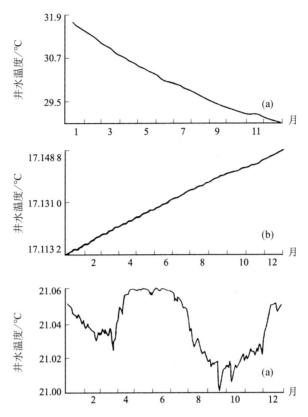

图 6 - 13　井水温度长期动态类型的典型曲线

（a）宁夏石嘴山井周期性年动态；（b）四川北川井周期性多月动态；

（c）辽宁山龙峪井无规律起伏动态

3. 水温的日、月动态

井水温度的正常日、月动态类型也可分为平稳型、上升型、下降型、起伏型等，如图 6 - 14 所示。各井的月升降变化幅度也不相同，大者可达 0.1℃，小者只有 0.01℃，甚至不足 0.01℃。

由图 6 - 14 可见，井水温度短期动态基本上都表现出高频振荡的特征。这种特征可能与观测仪器自身的噪声有关。这种振荡的日幅度大者可达 0.015℃，但大多在 0.003 ~ 0.005℃，个别只有 0.0002~0.0005℃。

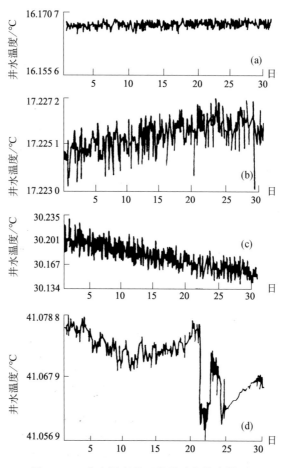

图 6 - 14　井水温度的正常月动态基本类型

（a）白家疃井；（b）房山井；（c）张道口井；（d）三马坊井

值得注意的现象是，随着井水温度观测精度的提高，部分井中记录到井水温度的潮沙效应。如图 6 - 15 所示，井水温度的日起伏与重力理论固体潮的起伏一致，而且与同井水位的固体潮也保持很好的一致性。在首都圈地区，已在张道口、太平庄、宝坻、五里营、塔院等井。观测到井水温度潮沙效应，其日潮差为 0.001~0.04 不等。

某些大震前还记录到井水温度的同震变化。据 2004 年 12 月 26 日印度尼西亚 $M_S8.7$ 地震时的统计，114 口井上记录到同震阶变现象，其 40% 为水温上升，60% 为水温下降。

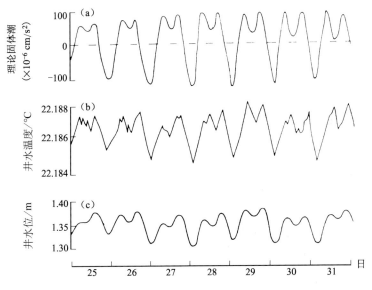

图 6-15　2002 年 1 月 25～31 日太平庄井水温度固体潮效应

6.1.3　水氡与气氡的正常动态

1. 水氡的多年趋势动态

水氡的多年趋势动态，可分为平稳型、下降型、起伏型三种基本形态。

水氡的多年平稳型动态，多见于流量较为稳定的自流热水井中，其特征是水氡的测值稳定在某一个基值上下，上下测值差异不超过 2～3Bq/L，如图 6.16a 所示。

水氡的多年下降型动态，多见于流量逐年变小的自流热水井中，其特征是测值逐年变小，如图 6-16b 所示。

水氡的多年起伏型动态，多见于抽水的冷水井中，其特征是起伏变化，起伏的幅度多在几贝克每升至几十贝克每升。多年起伏型动态，又可分为无规律起伏型（图 6-16c）和有规律起伏型（图 6-16d）。有规律起伏型动态，多是因为具有明显的年变化规律引起的。

2. 水氡的年动态

水氡的正常年动态，可分为平稳型、夏高冬低型、冬高夏低型、无规律起伏等四种基本动态。

平稳型年动态多见于流量稳定的自流热水井中，年变化幅度很小，如图 6-17a 所示。

夏高冬低型水每年动态较为多见，这种动态多见于地下水循环深度较浅的冷水井（泉）。夏高冬低型年动态的成因，主要有气温影响下的变化与降雨渗入补给影响下的变化两种。前一种年动态表现为气温升高时水氡浓度升高，气温下降时水氡浓度也下降，年动态表现为随气温的变化而起伏的上升—下降型，如图 6-17b 所示。后一种年动态表现为随着雨季的到来水氡浓度升高，随着雨季的结束水氡浓度变小，年动态同样表现为上升—下降型，如图 6-17c 所示，这种水氡的年动态与同井的水位、水温年动态类型基本一致。

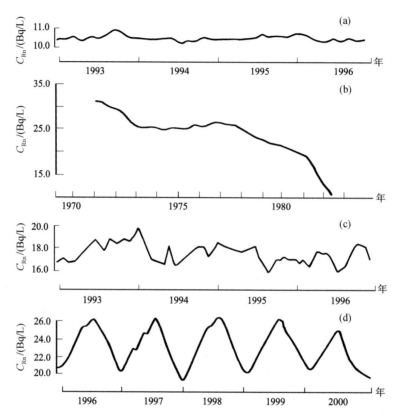

图 6 - 16　水氡的多年趋势动态类型（据车用太等（2004）、张炜等（1988））

（a）河北任丘井；（b）天津津 2 井；（c）河北文安井；（d）甘肃静宁东峡泉

夏低冬高型水氡年动态，多见于有冷水混入的中低温热水井中，其成因多与大气降雨的渗入补给有关。当含氡量较低的大气降雨渗入地下并与热水汩合时，使井（泉）水的水氡浓度变小，因此水氡年动态为夏季降雨季节下降，雨季结束后上升，表现为下降—上升型年动态，如图 6 - 17d 所示。

无规律起伏型动态，见于存在无规律的抽水干扰的井中或年中各月降雨量的分布不规律的地区，其特征是上升与下降的时间不固定，而且起伏较大，起伏幅度常达几贝克每升至几十贝克每升。

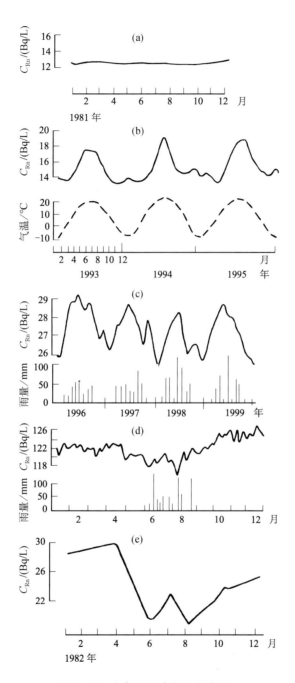

图 6 - 17　水氡的正常年动态类型
(a) 山东聊城井；(b) 河北矾山泉；(c) 山西定襄泉；
(d) 河北昌黎井；(e) 四川康定水井子井

3. 水氡的月动态

水氡的月动态一般是起伏型的，但起伏的幅度各井（泉）不同，多在几贝克每升。

4. 气氡的动态特征

数字化观测气氡的动态特征较为复杂。气氡的年动态类型有平稳-脉冲型、起伏型、起伏-脉冲型、高频脉冲型等多种多样。平稳-脉冲型动态中的脉冲、起伏-脉冲型中的脉冲与高频脉冲型动态中的脉冲，有正脉冲，也有负脉冲。如图 6-18 所示。

气氡动态的年变幅度差异很大，平稳型动态只有几贝克每升至十几个贝克每升，起伏型动态可达上百贝可每升，脉冲型动态的年变幅可高达上千贝克每升。

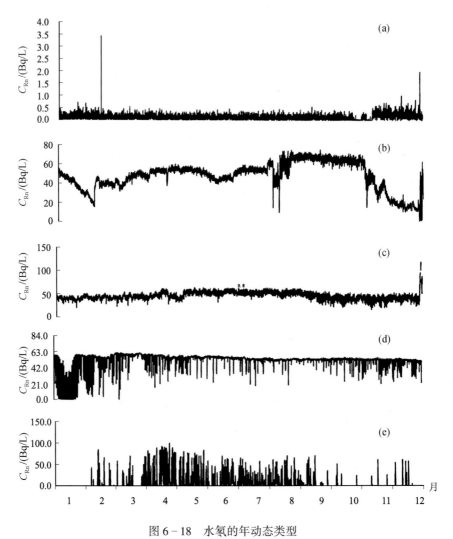

图 6-18　水氡的年动态类型

（a）平稳-脉冲型（汕头井）；（b）起伏型（平凉井）；（c）起伏-脉冲型（矾山泉）；
（d）高频负脉冲型（泉州永春井）；（e）高频正脉冲型（武山井）

气氡的月动态类型及其特征，与年动态类型十分相似。

气氡的动态类型如此复杂多变的原因，尚在研究之中。目前初步认为原因是多方面的。一是气氡动态本身就是不稳定的，包括脉冲型变化；二是井口装置中的气路设计不合理，其中有冷凝水珠影响气流量变化；三是仪器本身工作不稳定；四是观测方法不当，如在小流量的自流井中同时观测水氡与气氡，水氡取样时把空气引入井筒中，导致测值表现为负脉冲等。

必须要指出的是，少数观测井中气氡的背景值很低，低到仪器的检出限（约 1Bq/L）之下，所观测到的动态是空气中气氡浓度的变化，测值多小于 1Bq/L。这样的动态观测是毫无意义的。

5. 水氡动态与气氡动态的关系

地下水中氡浓度的观测，有人工取样脱气和人工测试溶解气的"模拟"观测与通过专用装置自动脱气和自动测试逸出气的"数字化"观测之分，两种动态的关系和异同点是近年来地下流体学界颇为关心的问题。

关于同一个井（泉）水中溶解气和逸出气的背景度大小问题，部分学者认为热水井（泉）水中的逸出气浓度高于溶解气浓度（张炜、张新基，1994；邢玉安等，2000；武建华等，2002），如表 6-1 所示。

表 6-1　自流热水井中溶解氡和逸出氡浓度对比

	北京东三旗井	河北永清井	河北雄县井	河北怀来井	海南海口井	广东汕头井
水温/℃	25	75	67	88	48	102
溶解氡/（Bq/L）	14.7	22.2	7.8	16.3	14.3	28.6
逸出氡/（Bq/L）	58.7	111.0	55.5	205.4	152.0	1900.0

在部分观测井进行水氡与气氡的对比观测结果表明，在多年趋势动态与年动态等较长周期的变化方面表现出一定的一致性，但在月动态的稳定性方面差异较大。

图 6-19a 所示为河北省昌黎井水氡与气氡的 2002～2003 年动态对比。由图可见，气氡以日均值为基础编绘的多年变化趋势与年变化的变化趋势同水氡以日测值为基础编绘的多年变化趋势与年变化趋势基本一致。然而，在河北矾山泉中这种关系表现较为复杂，在 2002年 1～5 月的变化与 2003 年 1～12 月的变化，水氡与气氡是一致的，但 2002 年 6～12 月间则表现出两者变化方向正好相反，水氡上升时气氡下降，水氡下降时气氡上升，如图 10-19b 所示。

水氡动态与气氡动态的主要差异表现在月动态曲线上，水氡动态较为平稳，但气氡动态较为不稳，而且起伏度较大。一般说来，水氡月动态中的起伏度只在几贝可每升的范围内，但气氡月动态中的起伏度多在几十贝克每升乃至上百贝克每升的范围内。如图 6-20 所示，山东聊城井中，水氡的月起伏度在 2Bq/L，但气氡的起伏度可达 40Bq/L，相差近 20 倍。在聊城井随机选取 2000 年 2、8 月与 2001 年 2、8 月的气氡观测数据进行数据离散度的评价，较为定量地说明了气氡观测数据的不稳定性（表 6-2）。

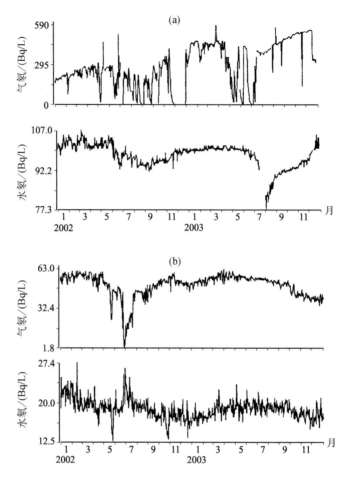

图 6-19　河北昌黎井（a）与矾山泉（b）中水氡与气氡
2002~2003 年日均值动态对比（据张子广等（2004））

　　数字化气氡观测的重要发现是气氡也有固体潮效应。如图 6-21 所示北京东三旗井的气氡日动态表现出有规律的起伏变化，其相位与理论固体潮汐的日变化一致（张炜、张新基，1994），因此被认为是气氡固体潮。同样的效应在辽宁沈家台井、河北永清井等井中也已观测到。

表 6-2　聊城井气氡数据的离散度评价

抽样时间	最大值	最小值	日均值	日变最大极差	日变最小极差	备注
2000.02	119.84	68.88	111.09	45.47	6.86	溅落式脱气装置
2000.08	90.47	22.00	77.38	65.33	6.24	溅落式脱气装置
2001.02	98.09	82.30	89.05	14.02	5.82	卧管式脱气装置
2001.08	72.19	56.39	64.69	13.82	6.00	卧管式脱气装置

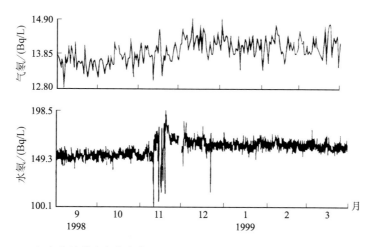

图 6 - 20　山东聊城井水氡与气氡 1998 年 9~12 月动态对比（据耿杰等（2000））

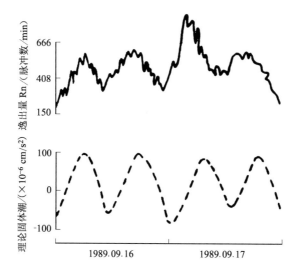

图 6 - 21　北京东三旗井气氡固体潮效应（据张炜、张新基（1994））

6.1.4　水汞与气汞的正常动态

水汞观测也是 20 世纪 90 年代发展起来的地下流体前兆的新测项。对其各类动态的系统而深入的研究工作，至今尚未开展。在此，仅据首都圈地区的研究结果，作简要介绍。

1. 水汞的多年趋势动态

水汞的多年趋势动态类型可分为趋势下降型和起伏型两种基本类型。趋势下降型动态见于流量逐年减少的自流热水井，如图 6 - 22a 所示。起伏型动态多起伏无规律，起伏的幅度几十纳克每升不等，如图 6 - 22b 所示。

2. 水汞的年动态

水汞的年动态类型多为夏高冬低型，但也有起伏型。水汞的夏高冬低型动态的特征，包

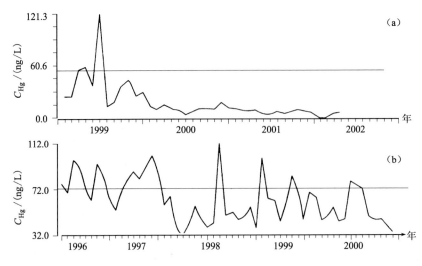

图 6 - 22　水汞的多年趋势动态类型（据车用太等（2004））

(a) 河北怀来井；(b) 天津王 3 井

括峰、谷出现的时间、过程、年变幅等特征不仅因井而异，而且同一井在不同年份也有差异，如图 6 - 23 所示。水汞的起伏型动态也较多见，起伏无规律，起伏的次数与时间、起伏的幅度等特征也因井而异，因年而变，如图 6 - 23b 所示。

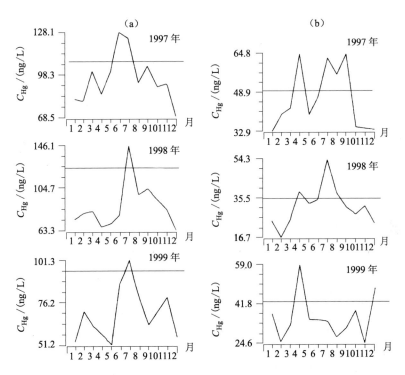

图 6 - 23　水汞的年动态类型（据车用太等（2004））

(a) 天津王 4 井；(b) 北京松山泉

3. 水汞的月动态

水汞的月动态，多为起伏不稳定型，测值的起伏度多为几十纳克每升，甚至到上百纳克每升。

4. 气汞的动态特征

数字化观测气汞的动态特征也较为复杂。气汞的年动态类型可分为平稳型、平稳-脉冲型、起伏-阶变型、起伏-脉冲型等。如图 6-24 所示。

气汞的背景值较低，多在几纳克每升以下，部分井的背景值低于仪器的检出限（0.1ng/L）。气汞的起伏度，相对较大，多在 0~10ng/L，低时可以在检出限下，高时可超过正常背景值几十至几百倍。

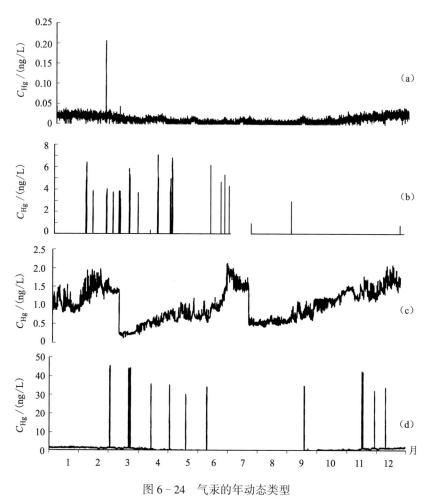

图 6-24　气汞的年动态类型

（a）平稳型（腾冲井）；（b）平稳-脉冲型（昌黎井）；（c）起伏-阶变型（聊城井）；
（d）起伏-脉冲型（崇明井）

5. 水汞与气汞动态的关系

由于尚未开展相关的研究，两种汞动态的关系尚不清楚。据有限的观测资料，气汞的测值普通低于水汞的测值，但气汞的相对起伏度较水汞的大，如图 6 - 25 所示。

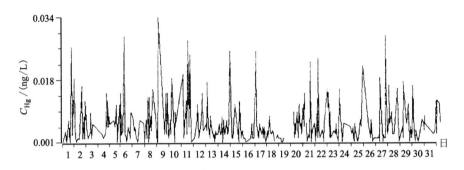

图 6 - 25　山东东营井 1999 年 3 月 1~31 日气汞动态曲线（据山东省地震局 2001）

综上所述，地下流体各测项的正常动态本身就复杂多样，不仅不同井的动态类型不同，即使同一口井中不同测项及其不同时段的动态类型也不同，至于动态特征更是千差万别。因此，对每一口井、每一个测项、每个时段的正常动态是必须要研究的问题，不清楚正常动态的情况下进行的数据处理、异常识别、震情分析等都是不科学的、不可靠的。

6.1.5　其他测项的正常动态

1. 离子正常动态

指在区域范围内无破坏性地震活动的时段地下水中离子浓度随时间的变化。我国地震水文地球化学监测很早就开展了地下水离子动态观测，观测历史最长，但因观测技术等多方面的原因逐年被衰弱，目前仅在江苏、山东、天津、辽宁、吉林、河南、四川、福建、新疆、甘肃等地的个别井（泉）中还在坚持观测。据现有的资料，在多年与年时间尺度上，离子动态表现出如下特征：

（1）基本类型可分为平稳起伏型、夏高冬低型、夏低冬高型、趋势上升型与趋势下降型等，但也有少数复合型动态，如趋势上升+夏高冬低型动态等。

（2）在不同井（泉）水的平稳背景、起伏度、上升与下降的速率等特征参数不同。

（3）各井（泉）的动态类型相对稳定，但随着观测环境与观测条件的改变有时也可发生变化。各类典型动态，如图 6 - 26 至图 6 - 29 等所列。

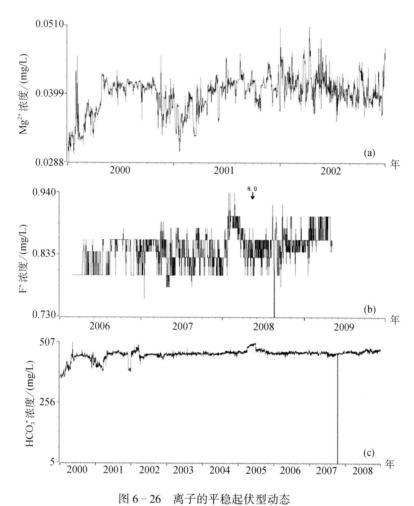

图 6 - 26　离子的平稳起伏型动态

（a）河南濮阳井 Mg²⁺多年动态；（b）四川太和井 F⁻多年动态；（c）河南濮阳井 HCO₃⁻多年动态

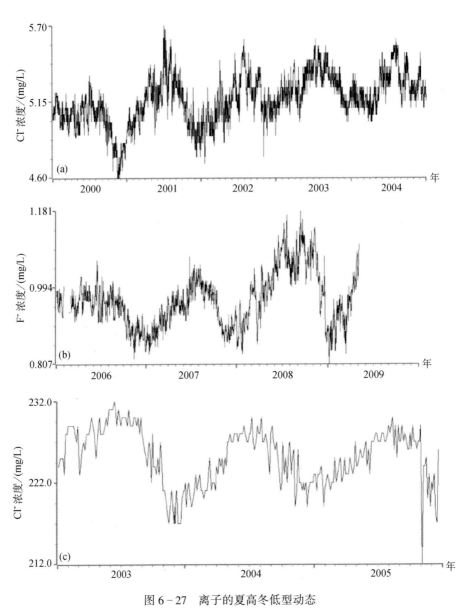

图 6 - 27　离子的夏高冬低型动态

（a）江苏惠农井 Cl⁻ 多年动态；（b）福建福州井 F⁻ 多年动态；（c）四川姑咱井 Cl⁻ 多年动态

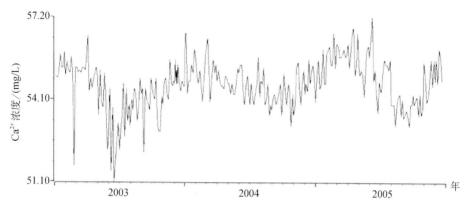

图 6 - 28　四川姑咱井 Ca^{2+} 离子的夏低冬高型年动态

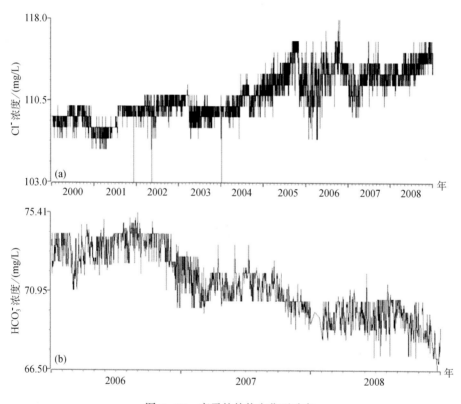

图 6 - 29　离子的趋势变化型动态

（a）天津王 4 井 Cl^- 离子多年趋势上升型动态；（b）广东汕头井 HCO_3^- 离子多年趋势下降型动态

2. 气体正常动态

指除气氡、气汞外的溶解气（N_2、O_2、CO_2、H_2、He、Ar、CH_4 等）与土壤气（CO_2、Rn、Hg 等）测值，在区域范围内无破坏性地震活动与在井区无明显环境干扰的情况下，表现出来的随时间变化的规律。目前，由于溶解气与土壤气观测的测点少，对多数气体正常变化规律的认识还不够全面与深入。气体正常动态的研究是我国地震地下流体学科有待加强的薄弱环节。

1) 溶解气正常动态

指区域范围内无破坏性地震活动与井区范围内无新干扰因素作用的背景下，地下水溶解气中各组分浓度随时间的变化。我国目前溶解气体观测点相对少，对溶解气的正常动态缺乏系统的研究。据北京、天津等地区若干热水井观测资料的分析，溶解气的正常动态多相对平稳，是在平稳背景下略有起伏，但起伏度不大。由图可见，各类组分的的年起伏度如下：He 为 0.04%，H_2 为百分之几十，O_2 为百分之几，N_2 为小于 10%，CH_4 小于 0.1%，CO_2 为百分之几，气体总量为小于 10mL/L；而同期水氡的起伏度为 100~140Bq/L（图 6-30）。溶解气动态的这种稳定性，在越是深井中表现得越明显，溶解气正常动态的这种特征有利于识别地震前兆异常。

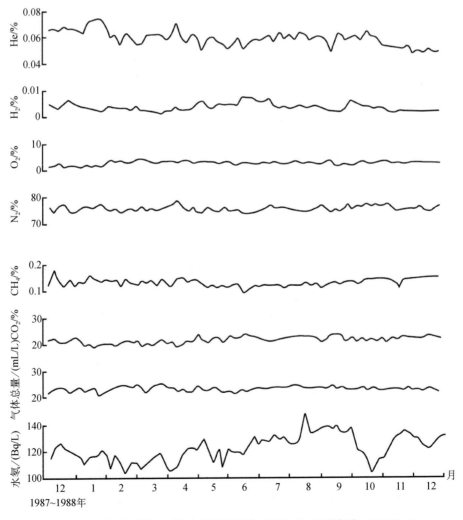

图 6-30　北京石棉二厂热水井溶解气的正常动态（据范树全（1995））

2）土壤气正常动态

指区域范围内无破坏性地震活动与井区范围内无明显干扰的情况下，土壤气各组分浓度或含量随时间的变化。我国目前观测的最多的土壤气是 CO_2，在个别台站还观测土壤气氡（土氡）、土壤气氦等。一般说来，土壤气 CO_2、Rn、He 等动态的正常年变化规律较明显。

（1）土壤气 CO_2 正常动态。主要指 CO_2 测定管测得的土壤气中 CO_2 日释放量随时间的变化。CO_2 的正常年变化的规律，多较清晰，即夏高冬低（图 6-31a）。这种变化是土壤层中夏季微生物活动较强，生物成因的 CO_2 增多的结果。但也有一些观测点上 CO_2 年变规律不很清楚，基本上是在一定背景下上下起伏，一般说来起伏度多在几个 mg/d。

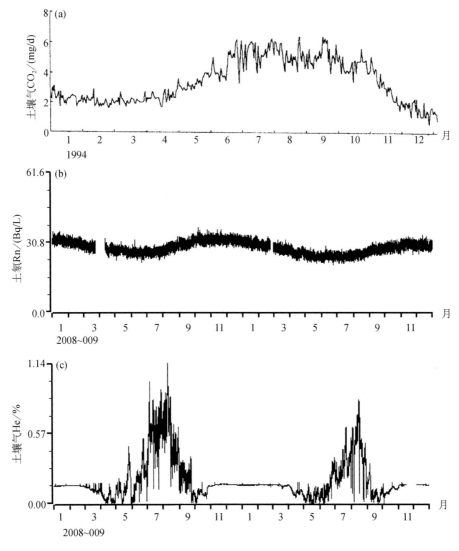

图 6-31　华北地区土壤气正常动态

（a）河北怀来台土壤气 CO_2 年动态；（b）北京夏垫土壤气 Rn 年动态；（c）北京夏垫土壤气 He 年动态

（2）土壤气 Rn 的正常动态。主要指利用数字化测氡仪直接观测到的由土壤层观测孔中自然逸出的气体中 Rn 浓度的变化。如图 6-31b 所示，其年动态规律较明显，呈现冬高夏低型动态；短期动态特征是上、下起伏，但起伏度幅度较为稳定，一般小于 5Bq/L。土壤气氡的这样有规律的正常动态特征，为地震前兆异常的识别提供了很好的基础。

（3）土壤气 He 的正常动态。主要指利用数字化测氦仪直接观测土壤层观测孔中自然逸出气体中 He 含量的变化。如图 6-31c 所示，其年变动态特征也较明显，一般呈夏高冬低型，每年的 10 月下旬至次年的 3 月中旬的冬季测值低且稳定；3 月下旬至 10 月中旬测值起伏，其中 3 月下旬至 6 月中旬和 9 月上旬至 10 月中旬在低值上小幅度起伏，且低于冬季平稳的测值，6 月下旬至 8 月下旬在高值上大幅度起伏，最高可达冬季平稳测值的几倍。

除了上述专门的观测技术获取的土壤气动态之外，多数情况下还是通过用气相色谱仪对土壤层取样孔中采集的气体进行测试获取的动态。其动态特征，就同一个测项而言，理论上应是基本一致。图 6-32 所示为北京地区白浮台通过气相色谱仪测得的 4 项土壤气动态。由

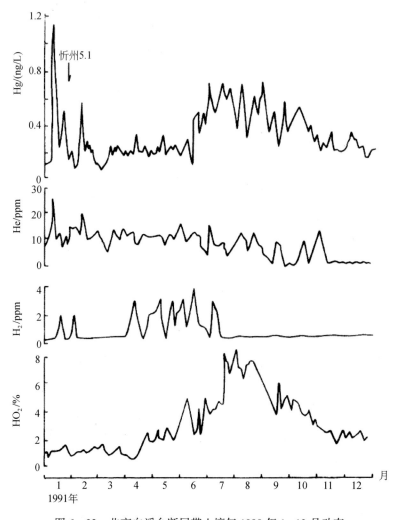

图 6-32　北京白浮台断层带土壤气 1990 年 1~12 月动态

图可见，CO_2 具有明显的夏高冬低型年变规律，He 的年动态规律不明显，H_2 与 Hg 有一定年变规律。

6.2　地下流体的前兆异常动态

6.2.1　地下流体前兆异常的概念

如前所述，地下流体异常是相对于正常动态而言的。当观测到的动态与已有的各项动态正常规律有很大的不同时，把其称为异常动态。这些异常变化有时是地震活动引起的，但也有观测环境等的改变引起的，甚至还可能是观测技术系统的故障与观测人员操作不当引起的。然而，我们特别关心的是同地震的孕育与发生过程有关的异常，即地震前兆异常，又称震兆异常。

地下流体前兆异常的分类有多种。按其测项可分为水位异常、水温异常、水（气）氡异常、水（气）汞异常及其他测项的异常，如断层气 CO_2 异常、溶解气 H_2 与 He 异常、CL^- 异常等等。按其在地震预测中的作用可分为背景异常、中期异常、短期异常、临震异常等，有时还有震后异常。按其成因可分为源兆异常、场兆异常和远兆异常，源兆异常指可能由震源过程直接引发的异常，场兆异常指可能与震源过程相关的区域构造活动引起的异常，远兆异常指远（井震距 $\Delta > 1000km$）大（$M_S \geqslant 7.0$ 级）震活动引起的异常。还可按异常形态分为上升型异常、下降型异常、起伏型异常、振荡型异常、脉冲型异常等。按异常幅度分为巨变型异常，按异常速率阶变型异常等等。

下面就按其在地震预测阶段中的作用和测项，介绍我国典兆型的地下流体前兆异常。必须要说明的是，所介绍的异常主要从异常和地震的对应关系角度进行判别，且多数都进行了一定程度异常调查与落实，排除了作为干扰异常的可能性，因此可视为地震前兆异常。

6.2.2　背景异常

1. 水位的背景异常

内蒙古兴和井水位在 1993～1998 年间的多年月均值动态曲线显示（图 6–33），1995 年中期之后表现出趋势异常。

兴和井在地质构造上位于构造盆地的边缘，第四纪活动的韭菜庄—前天子断裂与口泉断裂相交汇部位。井区主要发育有新生界碎屑沉积岩与第三纪玄武岩层。井深 149.37m，观测层为顶板埋深 82m 的古近系砂岩孔隙承压含水层。

兴和井自 1983 年开始观测水位动态，用 SW–40 型水位仪。多年观测结果表明，该井水位多年正常动态为平稳起伏型，水位埋深在 5.0m 左右，年起伏度小于 0.3m；但 1995 年 7 月开始，井水位缓慢起伏上升，到 1996 年 5 月 3 日包头西 $M_S6.4$ 地震前共上升 1.2m，为正常起伏度的 4 倍。震后井水位继续上升，到 1997 年 5 月上升到峰值，然后高值上起伏，到 1998 年 1 月 10 日张北又发生 $M_S6.2$ 地震。多年异常十分显著。该井距包头西和张北地震的震中分别为 400 和 60km。

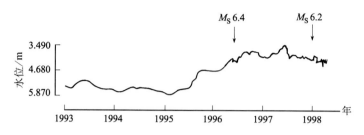

图 6-33　兴和井水位 1993~1998 年日均值动态曲线（车用太等，1998）

2. 水温的背景异常

井水温度的背景异常尚无报道，多是短期与临震异常，中期异常在我国西南地区有所发现。特别是高精度水温动态观测以来，绝大多水温异常属于短期和临震异常。

3. 水氡的背景异常

图 6-34 所示为山西定襄泉和河北怀 4 井水氡在 1989 年 10 月 19 日大同 M_S6.1 地震前的背景异常。定襄泉和怀 4 井分别距震中 180 和 170km。

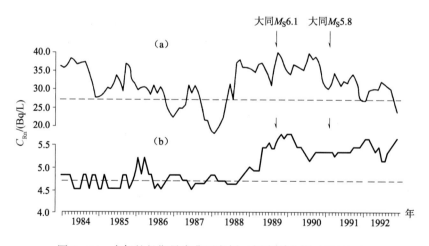

图 6-34　水氡的长期异常典型实例（据车用太等（2004））

（a）定襄泉水氡 1985~1992 年月均值动态曲线；（b）怀 4 井水氡 1984~1992 年月均值动态曲线

定襄泉位于著名的系舟山山前断裂带上，出露于奥陶系灰岩与第四系碎屑岩的接触带。泉水为下降泉，水温 10℃，流量较大，为 260m³/d；水化学类型为 HCO_3-Ca 型，矿化度小于 1g/L。自 1979 年 10 月开始用 FD-105 型测氡仪观测水氡动态。多年观测结果表明，正常情况下平均值 27~28Bq/L；水氡具有典型的夏高冬低型年动态，年变幅为 10Bq/L 左右；1988 年 7 月之后水氡值上升，到冬季后该降未降，升幅为 10Bq/L 以上，之后在 35~40Bq/L 的高值上起伏，直到 10 月 19 日发生地震。震后，仍在高值上起伏，直到 1991 年 1 月再次在大同发生 M_S5.8 地震后才回落到正常背景上，如图 6-34a 所示。

怀4井位于河北省怀来县后郝窑地热异常区内，井点处在黑山寺—狼山第四纪活动断裂带上。井深 500.3m，观测层为顶板埋深 294m 的太古界片麻岩裂隙承压含水层，井水自流，流量为 65m³/d，井水温度为 86℃，水化学类型为 SO_4-Na 型，矿化度为 0.962g/L。自 1972 年开始用 FD-125 型氡钍分析器观测水氡动态。正常情况下，水氡背景值较为平稳，多年在 4.8Bq/L 上下起伏，年起伏度一般为 1Bq/L 左右。1988 年底开始水氡值逐日升高，到 1989 年 9 月发震前上升到 6.0Bq/L，异常幅度超过正常起伏度几倍；震后，经一段上升过程后转为下降，但仍在高值上，如图 6-34b 所示。

类似的异常在 1998 年 1 月 10 日张北 M_S6.2 地震前华北地区的多口井和在 1995~1999 年云南地区一系列 M_S5.8~7.0 地震前云南地区的多口井也有发现。

6.2.3 中期异常

1. 水位的中期异常

图 6-35 所示为河省北唐山井水位 1996~1998 年日均值动态对比曲线。由图可见，比较这三年的水位年动态特征，不难发现 1997 年年动态表现出明显的异常，年动态类型发生了变化。

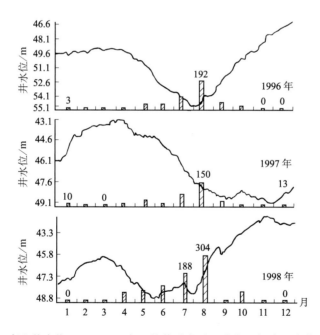

图 6-35　唐山井水位 1996~1998 年日均值动态对比曲线（据车用太等（2001））

唐山井位于唐山菱形构造块体的中央，处于著名的 1976 年 7 月唐山 M_S7.8 地震的发震断裂带上。观测井区地表发育有厚约 150m 的第四系碎屑岩层，其下为奥陶系灰岩层。观测井深 286.7m，观测层为顶板埋深 154m 的灰岩岩溶承压水层。

在该井自 1981 年 1 月开始用 SW-40 型水位仪观测井水位动态。由于区域地下水开采的影响，井水位多年动态里下降趋势。但因受大气降雨的季节性渗入补给，井水位年动态的规律性较强，年动态形态呈 "N" 字形，即一般 1~3 月上升，4~6 月下降，7~12 月上升；年变化幅度为 5.0m 左右。然而，1997 年井水位年变化特征，与上述正常特征明显不同，特别是下半年，雨季之后井水位该上升时一直没有上升，呈起伏下降，下降幅度达 6m，直到 12 月份才开始回升，回升幅度也很小，从年变化形态到年变化幅度都表现出明显的异常。该异常结束之后，1998 年 1 月 10 日河北省张北发生 $M_S6.2$ 地震，井震距为 360km。

对该异常的性质和信度，在地震前进行了相关的调查研究。其结果表明，1997 年的井水位年变化异常是在降雨量适中和地下水开采量有所减少的情况下出现的，不能视为降雨和开采的干扰异常，因此作为地震的中期前兆异常。

2. 水温的中期异常

水温的中期异常，多在四川省的川 51（毛娅）、川（53 玉科）、川 54（龙普沟）和热乌温泉以及云南省的帮拉掌温泉等地出现，这类异常多是用水银温度汁每日定时点测的动态中发现的。

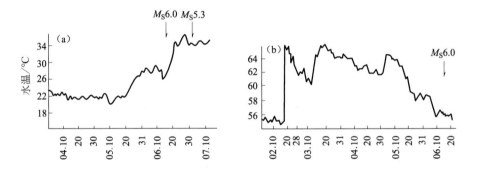

图 6-36　水温的中期异常典型实例（据万迪堃等（1993））
(a) 热乌温泉 1982 年 4~7 月日值动态曲线；(b) 川 51 温泉 1982 年 2~6 月日值动态曲线

图 6-36 所示为热乌温泉和川 51 温泉在 1982 年 6 月 16 日四川甘孜 $M_S6.0$ 地震前的中期异常。热乌温泉位于乡城县克麦村，距震中 310km。自 1979 年 9 月开始用水银温度计观测水温动态，每日一测。在正常情况下，水温在 20~22℃ 之间平稳起伏，但 5 月 20 日之后水温逐日升高，到 6 月初上升到 30℃，升幅为 8℃，然后经有所下降的过程后再次回升，6 月 16 日发生地震。震后继续上升，到 6 月底升到 38℃，再次有所下降后变平稳，再次发生 $M_S5.3$ 地震，如图 6-36a 所示。

川 51 温泉位于理塘县毛垭村。泉水出露于北西向的理塘—德巫活动断裂带上，距震中 180km。自 1973 年开始用水银温度计观测水温动态，每日一测。在正常情况下，水温在 56~60℃ 之间起伏变化，但 1982 年 4 月 19 日水温由 54℃ 上升到 66℃，升幅 12℃，然后下降，表现出陡升—缓降的异常；这样的异常，在 3 月中旬、5 月初反复出现两次，到 6 月水温恢复到正常背景值，6 月 16 日发震，如图 6-36b 所示。

高精度水温观测以来，在云南省澜沧—耿马 1988 年 11 月 6 日 21：03 时和 21：15 时发

生 $M_S7.6$、$M_S7.2$ 地震之前在云南省大姚井和江川井记录到中期的下降与上升型异常，如图 6–37 所示。

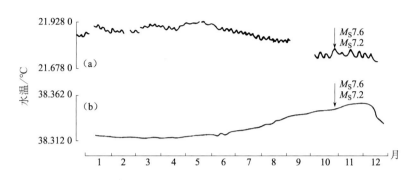

图 6–37　高精度水温动态观测到的中期异常实例（据傅子忠等（1992））

大姚井位于滇西北结晶岩区的一中生代盆地的隐伏断裂带上。井深 123.0m. 观测层为埋深较浅的白垩系泥灰岩裂隙承压含水层，井水温度 22℃，水温传感器置于井底。井点距震中 350km。自 1986 年 5 月开始用 SZW-1 型高精度石英温度计观测水温动态以来，井水温度在较平稳的背景下有两个周期性变化，一是 6d 的短周期变化，另一是 50~150d 的长周期变化；然而，1988 年 5~6 月间短周期变化和长周期变化先后消失，并出现趋势下降型变化，直到 11 月发生地震后转平，水温降幅达 0.25℃（图 6–31a）。

江川井位于著名的南—北向小江断裂带上。井深 115.2m，观测层为震旦系细砂岩孔隙裂隙承压含水层，井水自流，水温 38℃ 左右。井点距震中 370km。自 1986 年 9 月开始用 SZW-1 型高精度石英温度计观测水温动态以来，井水温度一直较为平稳，但 1988 年 6 月下旬开始经短期波动后呈趋势上升，到 11 月 6 日发震前共升 0.04℃；震后继续上升到 12 月中旬之后趋势下降，到 12 月下旬恢复正常（图 6–31b）。

3. 水氡的中期异常

图 6–38a 所示为甘肃武威县扎子沟井水氡在 1986 年 8 月 26 日青海门源 $M_S6.4$ 地震前的中期上升型异常。井震距为 120km。

扎子沟井位于腾格里沙漠西缘。井深 450m，观测层为花岗岩裂隙承压含水层，井水自流，流量稳定，井水温度 38℃，水化学类型为 $SO_4·Cl·HCO_3-Na$ 型。自 1984 年 11 月开始先后用 FD-105K 型测氡仪和 FD-125 型氡钍分析器观测水氡动态。正常情况下，水氡动态较为平稳，年正常起伏度为几贝可每升，但 1984 年 12 月开始水氡测值在 138Bq/L 的几倍；然后，2 月开始测值逐日回落，到 5 月恢复正常，8 月 26 日发生地震。震前 18d，水氡有一个突跳，测值为 167Bq/L，较背景值高约 20Bq/L。

图 6–38b 所示为内蒙古清水河泉水氡在 1996 年 5 月 3 日包头西 $M_S6.4$ 地震前的中期下降型异常。泉震距为 180km。

清水河泉出露于发育在太古界（Ar）片麻岩区内的北东向延伸的挤压破碎带附近，泉水温度为 9℃。自 1976 年开始用 FD-105K 型测氡仪进行水氡动态观测，但较长时段内观测

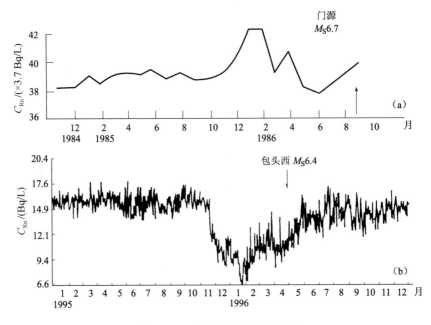

图 6 - 38　水氡的中期异常实例

（a）扎子沟井水氡 1984 年 2 月至 1986 年 10 月月均值动态曲线（据张炜等（1988））；

（b）清水河泉水氡 1995 年 1 月至 1996 年 12 月日均值动态曲线（据车用太等（2004））

工作不正常，直到 1991 年之后工作正常，数据可靠。多年观测结果表明，水氡动态较为平稳，背景值为 15Bq/L 左右，年起伏度为 3Bq/L 左右，但 1995 年 11 月 23 日开始测值逐日下降，其间曾发生真空泵漏气的故障，但检修之后测值仍然下降，1 月 27 日下降到最低，测值为 6.6Bq/L，降幅为 9Bq/L 左右，为正常起伏度的 3 倍；之后水氡逐日回升，上升过程持续了 120 多天，共升 5.5Bq/L，然后 5 月 3 日发生包头西 M_S6.4 地震。震后，水氡又经一段上升过程，到 7 月份完全恢复正常。

4. 水汞的中长期异常

水汞的中长期异常并不多见。典型的实例是新疆 10 号泉水汞在 1995 年 3 月 19 日和硕 M_S5.0 和 5 月 2 日乌苏 M_S5.8 地震前的异常。泉震距分别为 270 和 250km。

新疆 10 号泉位于乌鲁木齐市红雁池，处在柳树沟—红雁池断裂的西端，出露于二叠系碎屑岩层中。泉水沿断裂呈线状分布，总流量为 700m³/d，水温为 11.2℃，水化学类型为 $HCO_3 \cdot SO_4 \cdot CI-Na$ 型，矿化度为 1.043g/d，水中富含 H_2S。

自 1992 年 8 月开始用 XG-4 型测汞仪观测水汞动态。正常情况下，水汞动态较为平稳，背景值为 100~300ng/L，但 1994 年 5 月 3 日起测值突升，5 月 10 日升到 2382ng/L，高出背景值 10 倍，而后又快速下降，表现出明显的不稳定。由此开始一直在高值上剧烈起伏，1994 年 7 月 19 日和 1995 年 1 月 25 日又两次出现峰值，最高升到 4108ng/L。高出背景值 20 多倍。1995 年 1 月 26 日，测值急速回降后转为缓慢起伏下降，3 月 19 日发生 M_S5.0 地震，相隔 50d 再发生 M_S5.8 地震。震后，背景值降到 500ng/L 左右。但动态恢复平稳，如图 6 -

39 所示。

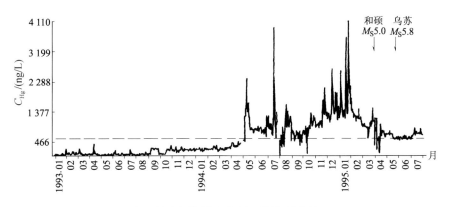

图 6-39 水汞的中长期异常实例（据车用太等（2004））

6.2.4 短期异常

1. 水位的短期异常

水位的地震短期异常较多，其表现形式也多种多样，有短期的上升型和下降型异常，有阶变型异常、脉冲型异常等。

1）上升型短期异常

图 6-40a 所示为四川省西昌川 03 井水位在 1986 年 8 月 12 日盐源 M_S5.4 地震前的短期异常。井震距为 80km。该井水位在无震的时段，一般是在稳定的背景下有小的起伏，水位平均值为 0.55m 左右，起伏度为 5cm 左右，但 1986 年 6 月初开始水位持续上升，到 6 月末共上升 13.5cm，是正常起伏度的 2.7 倍，然后在高值上起伏，异常十分显著。异常持续 69 天后发生地震，震后 20 天异常结束。

川 03 井位于著名的安宁河断裂带中，距主干断裂仅几千米。井深 765.50m。观测层为顶板埋深 202.19m 的上古生代辉长岩裂隙承压水层，水头高出地面 2~3m，含水层渗透系数为 0.3m/d，井水温度为 20℃。自 1981 年 4 月开始用 SW40-1 型水位仪连续观测井水位动态，多年动态和年动态均较平稳，水位固体潮日潮差可达 20cm，气压效应显著，多次地震前有过明显的前兆异常。

2）下降型短期异常

图 6-40b 所示为新疆阜康县新 05 井水位在 1983 年 6 月 1 日阜康 M_S5.3 地震前的短期上升型异常。井震距为 60km。

新 05 井位于北天山山前断裂带上，井点位于断陷盆地内的基岩背斜轴部。井深 2260.0m，观测层为埋深 1320.0~1340m 间的中侏罗统（J2）砂岩裂隙承压水层，井水温度为 17.4℃。

自 1977 年 4 月开始用 SW40 型水位仪连续观测水位动态。水位动态表现出一定的潮汐效应，日潮差约 4cm，多次地震前有较为明显的异常反应。

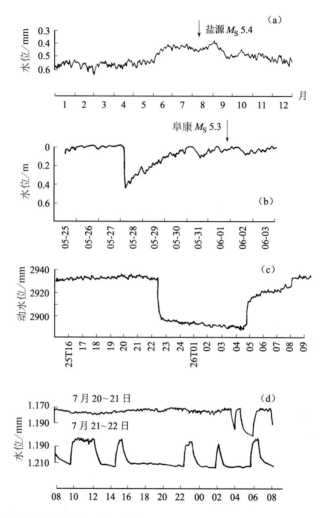

图 6-40　井水位短期异常的典型曲线（据汪成民等（1990）、万迪堃等（1993））

（a）川 03 井水位 1986 年日均值动态曲线；（b）新 05 井水位 1983 年 5 月 25 日至 6 月 3 日时值
动态曲线；（c）马 17 井水位 1983 年 10 月 25~26 日分钟值动态曲线；（d）滇 14 井水位 1986 年
7 月 21~22 日分钟值动态曲线

　　该井水位正常时段日起伏度小于 10cm，有时井水外溢，但流量很小。1983 年 5 月 28 日
08 时井水位突然下降，降幅为 44.5cm，为正常起伏度的近 5 倍，然后井水位缓慢上升，到
5 月 31 日 04 时恢复正常，异常持续约 3d。6 月 1 日 19：17 时发生地震。震后水位保持正常
的变化。

　　3）阶变型短期异常

　　图 6-40c 所示为河北马 17 井水位在 1983 年 11 月 7 日山东荷泽 M_S5.9 地震前的短期阶
变型异常。井震距为 360km。

　　马 17 井位于河北省河间县南冬乡，位于牛驼镇凸起的边缘，井点处于南马庄断裂带。井区为华北平原区。新生界十分发育，厚 2500 多米。井深 2694.3m，观测层为顶板埋深 2571.3m 的上元古界蓟县系（Z_{jx}）白云岩岩溶承压水层。井水自流，流量为 180m³/d，井水温度 88℃，水化学类型为 CL·SO₄-Na 型，矿化度为 6.45g/L，井水富含气体。

　　自 1981 年 5 月开始用 SW40-1 型水位仪连续观测动水位动态。多年观测结果表明，水位和流量动态多年呈下降趋势，但短期（日、月尺度上）背景稳定，仅有微小起伏，水位日伏度仅为几毫米；但 1983 年 10 月 25 日 22：22 时，井水位突然下降 4.0cm，为正常起伏度的 10 倍左右，然后在低值上起伏，到 26 日 04：50 时井水位又突然上升，升幅为 3.0cm，之后变为缓慢上升，异常十分显著。异常结束之后，11 月 7 日 05：09 时在山东省荷泽县发生 M_S5.9 地震。

　　类似的异常在河北平原带多次中强以上地震前，曾多次出现，因此该异常具有较高的度。

　　4）脉冲型短期异常

　　图 6-40d 所示为云南省保山市滇 14 井水位在 1986 年 8 月 12 日四川盐源 M_S5.4 地震前的短期脉冲型异常之一例。井震距为 340km。

　　滇 14 井位于滇西沉积岩褶断构造区，井点位于胡家山—施甸南—北向活动断裂带上。井深 148.0m，观测层为顶板埋深 79.20m 的上第二系粉细砂岩孔隙裂隙承压水层，井水温度为 22.6℃。

　　自 1983 年 3 月开始用 SW40-1 型水位仪连续观测水位动态。正常情况下，井水位动态特征是平稳背景下有微小起伏，日起伏度小于 1cm。然而，1986 年 7 月 5 日开始水位动态曲线上出现小的脉冲；7 月 18 日开始出现较大的脉冲，形态有负脉冲，也有正脉冲，但 7 月 20 日之后全部变为正脉冲，脉冲的幅度 3~8cm 不等，脉冲的持续时间 1~5h；7 月 21~22 日脉冲的频次最多，2~6h 1 次；之后脉冲频次逐日变小，但脉冲持续的时间逐日变长，脉冲的幅度逐日变大，直到 7 月 25 日异常消失之后 18d 发生地震。这类异常自观测以来很少见。

2. 水温的短期异常

　　井水温度异常多为短期异常，可举两个最为典型的实例。

　　图 6-41a 所示为河北省阳原县三马坊井水温于 1989 年 10 月 19 日大同 M_S6.1 地震前的短期异常，井震距为 60km。三马坊井，位于桑干河断陷盆地中，井点处在六棱山山前断裂带附近。井深 200.0m，观测层为上第三系（N）砂砾岩孔隙裂隙承压含水层，井水自流，井水温度 40℃左右。自 1985 年开始用 SZW-1 型高精度石英温度计观测水温动态，水温传感器置于水面以下 20m 处。井水温度的多年动态特征和年动态特征为缓慢上升型，但在短期内相对平稳。在 1989 年 9 月 22 日开始表现出加速上升型异常，到 10 月 10 日共升 0.028℃，是同期正常起伏度的 25 倍；10 月 11~18 日间井水温度相对平稳，但到 10 月 18 日 09~20 时（发震前 14~3h）又一次急剧上升。11h 共升 0 012℃；然后 18 日 22：57 时发生第一个 M_S5.6 地震，19 日 01 时发生 M_S6.1 主震；震后，水温上升速率变缓，约 20d 后恢复正常。

图 6-41b 所示为北京市塔院井水温于 1998 年 1 月 10 日河北省张北 M_S6.2 地震前的短期异常，井震距为 205km。塔院井位于著名的黄庄—高丽营第四纪活动断裂带上。井深 361.6m，观洲层为顶板埋深 257.4m 的中侏罗统凝灰岩孔隙裂隙承压含水层，其透水性弱，富水性差，井水温度为 21.5℃。自 1992 年 1 月开始用 SZW-1 型高精度石英温度计观测水温动态，水温传感器置深 272m。在正常情况下，多年与年动态类型为缓慢上升型，但月动态较为平稳，日动态十分平稳，日变幅为 0.0001~0.0002℃。在十分平稳的动态背景下，1997 年 12 月 27 日 02 时水温开始突升，到 13 时共升 0.0013℃，超出正常日变幅近 10 倍；之后，水温逐日下降，到 1998 年 1 月 3 日恢复正常，1 月 10 日发生地震。

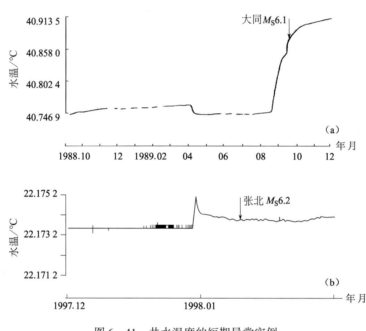

图 6-41 井水温度的短期异常实例

（a）马坊井 1988 年 10 月至 1989 年 12 月日均值动态曲线（陈沅俊等，1994）；

（b）塔院井 1997 年 12 月至 1998 年 1 月时值动态曲线（据车用太等（1998））

3. 水（气）氡的短期异常

水氡的短期异常较为多见。

图 6-42a 所示为北京市洼里井水氡在 1969 年 7 月 18 日渤海 M_S7.4 地震前的短期异常。井震距为 335km。洼里井位于黄庄—高丽营断裂与孙河—南口断裂的交会部位。井深 657.7m，观测层为顶板埋深 92.5m 的中侏罗系角砾岩裂隙承压含水层，井水温度 19.5℃，含水层渗透性较强。自 1968 年开始利用 FD-105 型测氡仪观测水氡动态，水氡动态较为平稳，背景值为 11Bq/L 左右，年起伏度小于 3Bq/L，但 1969 年 6 月 28 日开始水氡测值逐日升高，29 日达到 30Bq/L 以上，然后经历下降—上升过程. 7 月 5 日第二次达到 48Bq/L，为正常起伏度的 16 倍，异常十分显著；之后又有下降。7 月 10 日恢复到正常，7 月 18 日发生地震。

图 6-42b 所示为河北省兴济井水氡在 1995 年 10 月 6 日滦县 $M_S4.9$（又称唐山 $M_S5.0$）地震前的短期异常。井震距为 210km。兴济井位于沧东断裂带上。井深 1735m，观测层为顶板埋深 1108m 的中奥陶统灰岩岩溶承压含水层，井水自流（现今已断流），井水温度 46℃，水化学类型为 Cl-Na 型。自 1975 年开始用 FD-105K 型测氡仪观测水氡动态以来，动态较为平稳，背景值为 20Bq/L 左右，年起伏度为 1Bq/L 左右，但 1995 年 8 月 23 日开始水氡测值逐日升高，25 日升到 23Bq/L，然后在高值上起伏，一直到 10 月 6 日发生地震之后转折下降，到 10 月 10 日恢复到正常。

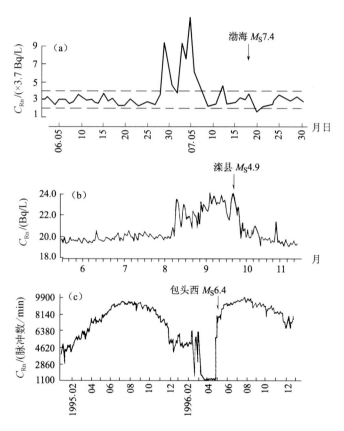

图 6-42　水（气）氡的短期异常实例（据车用太等（2004））

（a）洼里井水氡 1969 年 6~7 月日值动态曲线（据张炜等（1988））；

（b）兴济井水氡 1995 年 6~11 月日值动态曲线（据车用太等（2004））；

（c）八一井气氡 1995 年 1 月至 1996 年 12 月日均值动态曲线

图 6-42c 所示为内蒙古临河市八一井气氡在 1996 年 5 月 3 日包头西 $M_S6.4$ 地震前的短期—临震异常。井震距为 200km。八一井位于色尔腾山山前断裂与乌拉山北侧断裂间的新生代断陷盆地内，其内发育有近万米厚的新生界沉积层。井深 5269m. 观测层为顶板埋深 2450m 的第三系砂岩孔隙裂隙承压含水层，井水自流，流最为 43m³/d，井水温度为 8℃，水化学类型为 Cl-Na 型，矿化度为 53.1Bq/L。自 1988 年 1 月开始利用 SD-1 型自动测氡仪观

测气氡动态，其年变规律较清楚，为夏高冬低型。但 1995 年 12 月 20 日之后，正常的年变化规律遭到破坏，该降时不降，该升时不升；到 1996 年 2~3 月烈起伏。3 月 20 日至 4 月 29 日在低值上稳定；4 月 29 日开始测值急剧上升，上升过程中 5 月 3 日发生地震。震后，经过 13 天的相对平稳后，恢复正常动态。

4. 水汞的短期异常

水汞的短期异常较为多见。

图 6-43 所示为北京五里营井水汞在 1989 年 10 月 19 日山西大同 $M_S6.1$ 地震前的短临异常。井震距为 220km。

自 1986 年开始用 GX-4 型测汞仪观测水汞动态。正常情况下，测值在 10~200ng/L 之间起伏，平均值为 170ng/L，但 10 月上旬开始测值逐日升高，中旬升到 1000ng/L，为背景值的 6 倍，18 日有所下降，19 日发生地震。震后，进一步上升，到 11 月中旬升到 1600ng/L，然后起伏下降，1 月发生一次 $M_S5.1$ 强余震后，继续起伏下降，直到 4 月基本恢复正常。

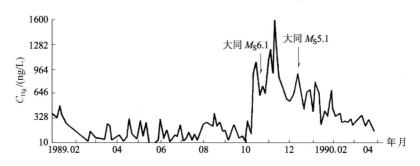

图 6-43　北京五里营井水汞 1989 年 1 月至 1990 年 4 月日值动态曲线（据魏家珍等（1994））

6.2.5 临震异常

1. 水位的临震异常

水位的临震异常表现大体上与短期异常类似，其形态、幅度等特征没有明显差异，只是异常出现的时间更靠近发震时间。现举两个典型实例。

1）晨光 3 井水位临震异常

图 6-44a 所示为四川省晨光 3 井水位在 1985 年 3 月 29 日自贡 $M_S5.0$ 地震前的临震异常。井震距为 24km。

晨光 3 号井位于富顺县邓关背斜轴部。井深 100.82m，观测含水层为顶板埋深 35.53m 的下侏罗统砂岩孔隙裂隙承压含水层，其透水性弱，富水性差。

自 1985 年 5 月开始用 SW40-1 型水位仪连续观测水位动态。井水位年动态因受降雨渗入补给的影响，呈"N"字形年动态，正常年份 1~4 月水位下降，4~9 月水位上升，10~12 月水位下降。但 1986 年 3 月 14 日开始水位反向上升，上升幅度达 14cm，表现出明显的短期异常；在此基础上，3 月 29 日 17：58 时（距发震时间 77min）开始出现高频振荡，原始记录纸上出现密集的毛刺，其幅度为正常起伏度的 3~4 倍，且在震前 7min 水位突升，升幅

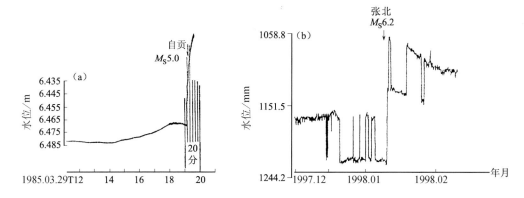

图 6-44　井水位的临震异常曲线（据万迪堃等（1993）、孙振璈等（1998））

(a) 四川自贡晨光 3 井 1985 年 3 月 29 日 12~20 时分钟值动态曲线；

(b) 北京五里营井 1997 年 12 月至 1998 年 2 月均值动态曲线

达 1cm；发震时井水位继续上升。震后 4 月 1 日水位恢复正常的下降动态。

2）五里营井水位临震异常

图 6-44b 所示为北京市延庆县五里营井水位在 1998 年 1 月 10 日张北 M_S6.2 地震前的临震异常。井震距为 150km。

五里营井位于著名的延庆北缘深大断裂上。井深 533.0m，观测层为顶板埋深 501.0m 的上元古界蓟县系白云质灰岩岩溶含水层，井水自流，流量 216m³/d，水头高度 3.7m。井水温度 34℃。

自 1984 年 1 月开始用 SW40-1 型水位仪连续观测动水位动态。井水位动态受干扰少，多年动态呈上升趋势，年动态较为平稳，日动态中仅有几毫米的起伏变化。然而 1997 年 12 月 29 日开始井水位动态出现脉冲与方波型异常，共 9 次，升降幅度 7~8cm；震时水位大幅度上升，震后还出现几次类似异常，到 2 月份异常消失。

2. 水温的临震异常

图 6-45a 所示为云南省景谷井水温在 1988 年 11 月 6 日云南澜沧—耿马 M_S7.6、M_S7.2 地震前的临震异常，井震距为 120km。景谷井，位于新生代盆地边缘，其中发育有以无量山断裂为代表的一组北北西向活动断裂。井深 325.0m，观测层为第三系砂岩夹粉砂岩孔隙裂隙承压含水层，井水温度为 36℃。水温传感器置于井底。自 1986 年 5 月用 SZW-1 型高精度石英温度计观测水温动态以来，井水温度动态一直较为平稳，最大起伏度不超过 0.001℃。然而，1988 年 11 月 4 日 22 时出现大幅度阶降，降幅竟达 0.133℃，为正常起伏度的百倍以上；之后，井水温度剧烈起伏，并缓慢下降，一直到 11 月 6 日 21 时发生地震，最大降幅达 0.233℃；到 1989 年 1 月之后水温趋于平稳，2 月恢复正常。

图 6-45b 所示为云南省昆明市小哨井水温在 1988 年 11 月 6 日澜沧—耿马 M_S7.6、M_S7.2 地震前的临震异常，井震距为 430km。小哨井位于著名的小江断裂带上。井深 2156.0m，观测层为顶板埋深 1296m 的下寒武统—上震旦统的石英砂岩孔隙承压水层与白云岩岩溶承压水层，井水自流，水温 34℃。自 1986 年 10 月开始用 ZSW-1 型高精度石英温度

计观测水温以来，总体上呈下降趋势，但有时因泄流口堵塞井水流量减少，引起井水位上升和井水温度下降。但是 1986 年 10 月 31 日在泄流口未被堵塞的情况下，井水温度突升，升幅达 0.077℃，异常也较为显著；然后，略经下降—回升后 11 月 6 日发震；震后继续上升，到 12 月中旬才转平。

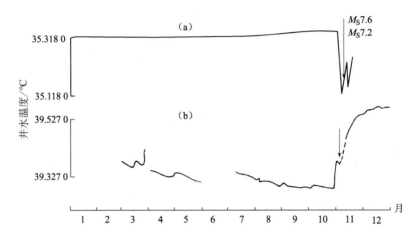

图 6-45 澜沧—耿马地震前二口井水温的临震异常实例（据傅子忠等（1992））

3. 水氡的临震异常

水氡的临震异常并不多见。最为典型的是辽宁汤河井水氡在 1975 年 2 月 4 日海城 $M_S 7.3$ 地震前的异常。井震距为 60km。

汤河井位于辽宁辽阳市一地热异常区内。井深 8m，但水温高达 68℃。该井为抽水井，自 1973 年开始用 FD-105 型测氡仪观测水氡动态。正常情况下，动态较为平稳，背景值为 220Bq/L 上下，年起伏度小于 10Bq/L，但 1975 年 1 月 29 日开始水氡测值不稳，2 月 4 日发震前测值突升，升到 480Bq/L，升幅为 260Bq/L，为正常起伏度的 20~30 倍；水氡在高值上剧烈起伏时发生地震。震后，继续大幅度起伏，到 2 月 8 日后恢复正常，如图 6-46 所示。

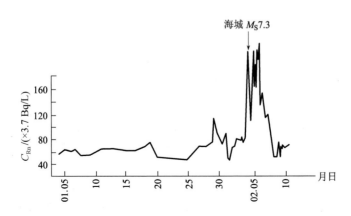

图 6-46 水氡的临震异常实例（据张炜等（1998））

4. 水汞的临震异常

水汞的临震异常较为多见。图 6-47 所示为天津王 4 井水汞在 1995 年 10 月 6 日唐山 $M_S5.0$ 地震前的短期异常。井震距为 120km。王 4 井位于王草庄断裂带上。井深 2072.4m，观测层为顶板埋深 1989.2m 的寒武系白云岩岩溶承压水含水层，井水自流，水温 96℃，水化学类型为 $HCO_3 \cdot SO_4 - Na \cdot Ca$ 型。自 1989 年开始用 XG-4 型测汞仪观测水汞动态。正常情况下，水汞动态较为平稳，背景值为 50ng/L 左右，正常起伏度也是 50ng/L 左右，但 1995 年 9 月 8 日开始水汞测值升高，9 月 12 日升到 306ng/L，较正常背景值高 6 倍，之后又在高值上起伏 8d，9 月 20 日后恢复正常，16d 后发生地震。

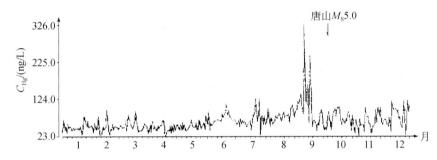

图 6-47　天津王 4 井水汞 1995 年 1~12 月日值动态曲线（据车用太等（2004））

6.2.6　其他测项的震兆异常

1. 井水流量的典型异常

典型的井水流量异常，可举甘肃清水县李沟井流量在 2003 年 10 月 25 日甘肃民乐—山丹 $M_S6.1$ 级地震前的异常。

李沟井位于成县—清水隐伏断裂带上。井深 162.5m，观测层为顶板埋深 37.0m 的上第三系砂岩孔隙裂隙承压含水层。井水自流，流量很小，水温 12℃。含水层透水性弱，富水性差，水化学类型为 $HCO_3 - Ca \cdot Na \cdot Mg$ 型，矿化度为 0.54g/L。

自 1981 年 6 月开始用容积法每日定时观测流量。在正常情况下，多年趋势与年趋势呈下降型，但 2003 年 8 月转为上升，其时流量为 0.0022L/s；9 月加速上升，10 月上旬到顶，上升到 0.0039L/s，升幅为 0.0017L/s；10 月中旬后流量动态转折下降，下降过程中 10 月 26 日民乐发生 $M_S6.1$ 地震（井震距 640km），接着 11 月 13 日发生岷县 $M_S5.2$ 地震（井震距 190km），如图 6-48 所示。

2. 溶解气的典型异常

溶解气异常的个例为数不多。这主要与我国对溶解气动态的观测力度不够有关。国内外有些学者认为，H_2、He、CO_2 等气体应是映震最灵敏的气体。

溶解气的典型异常可举北京小汤山井水溶解气 H_2 在 1989 年 10 月 19 日大同 $M_S6.1$ 地震前的异常。井震距为 230km。

小汤山井位于地热异常区内，处在阿苏卫—小汤山断裂带上。井深 76.50m，观测层为

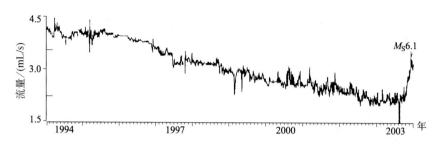

图 6-48　李沟井流量 2000 年 1 月至 2003 年 11 月日值动态曲线

顶板埋深 61.7m 的上元古界蓟县系雾迷山组白云岩岩溶承压含水层。该井为抽水井，水温 53.8℃，水化学类型为 $HCO_3 \cdot SO_4$-Na·Ca 型。

自 1987 年开始采用现场取样后送实验室 SP-2304 型气相色谱仪测试的方法观测溶解气 He、H_2、Ar、N_2、CH_4、CO_2、O_2 等动态。在正常情况下，H_2 的体积分数很低，一般为 0.0001%~0.0002%，但 1989 年 9 月之后井水中 H_2 体积分数明显升高，到 9 月中旬上升到 0.007%，较正常背景值高几十倍；然后在高值上起伏，10 月 19 日发生地震，震后有更大起伏，12 月中旬后异常结束（图 6-49）。

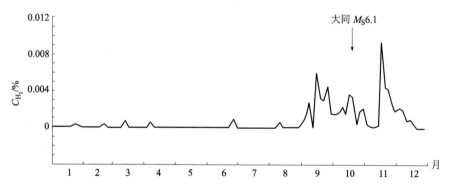

图 6-49　北京小汤山井溶解气 H_2 的 1989 年 1~12 月日值动态曲线（据陈建民（1990））

3. 土壤气的典型异常

断层带土壤气观测技术是最近十年来发展起来的新的地下流体前兆观测，虽技术简单，成本很低，但映震效果很好，已在全国获得几十例典型异常。

图 6-50 所示为河北怀来断层带土壤气 CO_2 在 1996 年 5 月 3 日包头西 $M_S6.4$ 地震前的短临异常。井震距为 480km。该测点位于黑山寺—狼山断裂带的次级构造上，处在北西向和北东向两条小断裂的交会部位。观测孔深 2.5m，观测层为第四系粉砂土包气带。自 1991 年开始用快速 CO_2 测定管观测每日由断层带释放出的 CO_2 的总量；正常情况下背景值为 1~5mg/d，年变化规律十分清晰，呈夏高冬低型。1996 年 4 月中旬，CO_2 测值突然升高，到 4 月末升到 11mg/d，为正常背景值的几倍，正常起伏度的十几倍，异常十分显著。然后，测

值起伏下降，下降过程中 5 月 3 日发生地震。到 5 月中旬，测值恢复正常。

该测点在华北北部多次 $M_S \geqslant 5.0$ 级地震前记录到形态相似的前兆异常。

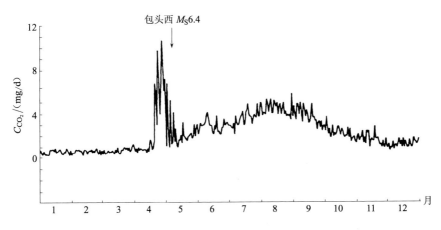

图 6 - 50　怀来土壤气 CO_2 1996 年 1~12 月日值动态曲线（据林元武等（1997））

4. 离子的典型异常

我国已积累的离子前兆异常为数不多，主要也与我国对离子动态观测重视不够有关。虽然我国目前观测离子的台站不多，但在多次地震前仍记录到 F^-、Cl^-、HCO_3^- 等离子浓度的异常。

作为典型实例，可举江苏省无锡市惠山农药厂 Cl^- 浓度在 1984 年 5 月 21 日南黄海 $M_S 6.2$ 地震前的短临异常。井震距为 190km。

该井为抽水井，每日定时取样送化验室分析 Cl^- 浓度。在正常情况下，离子浓度较为稳定，背景值为 5mg/L 左右，起伏度为 0.5mg/L。但 1984 年 4 月 20 日开始测值起伏升高，到 5 月 21 日达到峰值，为 8mg/L，是正常背景值的 60%，正常起伏度的 16 倍，然后 5 月 21 日发震。震后立即恢复正常。如图 6 - 51 所示。

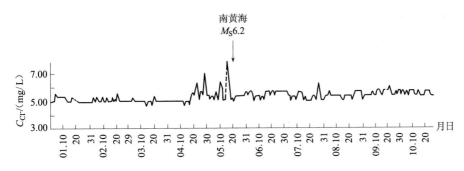

图 6 - 51　惠山农药厂井水 Cl^- 浓度 1984 年 1~10 月日值动态曲线（据张炜等（1988））

上述地下流体的前兆异常，是我国已积累的上千个异常资料中的少数典型的实例。这些实例都是以实际观测到的原始数据为基础绘制的曲线，其信度较高，与地震的对应关系较为明显。然而，实际积累的前兆异常，无疑较上述的异常丰富得多，复杂得多，与地震的对应关系也多种多样。如何识别这类异常，确认其震兆异常的性质，是地下流体异常研究中的重要任务。

6.3　地下流体的干扰异常动态

6.3.1　地下流体的干扰异常概述

地下流体干扰异常的含义较广。首先，指非地震活动期间出现的，但又和正常动态特征有明显差异的动态，因此它既不属于正常动态，也不属于前兆异常，也不是同震异常和震后异常。其次，它是相对于地震异常而言的，所谓"干扰"，是指对地震异常信息的干扰，特别是指对地震前兆异常信息的干扰，因此，在某种意义上，在正常动态中也包含有一定的干扰异常，但是这种干扰是有规律的，习惯于看成是正常动态，而干扰动态是明显违背正常动态规律的。再次，有些正常动态首次出现的时候，常常也容易被视为干扰异常，因为它与以往所认识的正常动态不同；但经过一段时间的认识，可以排除是干扰异常，是正常动态规律发生变化引起的，是对正常动态的认识不足引起的"误解"。

多年的地下流体动态观测实践表明，有可能引起干扰异常的因素较多。干扰因素如表6-3所列。

表 6-3　地下流体动态中可能存在的干扰（据车用太（2004））

干扰类型		有可能产生干扰的因素或情况
观测技术系统干扰	仪器设备	传感器（浮标等）与采集器（记录装置）发生故障
		线路及其接口（传动装置）发生故障
		时间服务系统发生故障
	仪器运行环境	电源电压不稳
		交/直流电源切换不正常
		通信线路故障
		雷击
	仪器操作管理	日常操作管理违规
		校测或标定出差错

干扰类型		有可能产生干扰的因素或情况
观测条件改变的干扰	观测井	井孔坍塌与井管变形
		井管腐蚀、开裂、漏水
		自流井泄流口堵塞或被扩大
	其他	自流井老化或断流
		观测井井口改造
		观测仪器更换、维修
		观测试验研究
观测环境变化的干扰	井区自然环境	降雨量与降雨方式的剧变而引起渗入补给量大变
		暴雨积水荷载作用
		气压的突变
		地表水（江、河、湖、水渠）水位的剧变或渗漏量的剧变
		新的地表水体（水渠、水库）的出现
		相邻含水层富水量的剧变
	井区人类活动	地下水开采量的剧变
		新井开采或新水源地投产
		矿井疏干排水或被淹没关井停抽
		火车振动
	地质动力活动	滑坡与泥石流活动
		矿震活动
		洪水入侵

　　水（气）氡与水（气）汞动态中的干扰因素，除了上述的之外，还有其他特殊的干扰因素。在水氡和水汞动态中，还会出现采集、运送、处理样品等不当引起的干扰及人工测试过程的不规范引起的干扰。在气氡和气汞动态中，常会出现与井口装置设计和制作不合理引起的干扰异常，如气路堵塞、破漏等引起的低值甚至负异常等等。

　　上述众多的干扰中，最为常见的是观测环境的剧变引起的干扰。

6.3.2　台站观测环境变化引起的干扰异常

　　据我国地震地下流体台网的调查（谷元珠等，2001），多数台站存在着程度不同的环境干扰，主要干扰是地下水开采干扰（占38%）和大气降雨的渗入补给干扰（占37%），其次是地表水的渗入补给干扰（占15%）和采矿活动的干扰（占4%），此外还有地下注水、列车荷载、滑坡、泥石流等（占6%）。现据有关研究资料（杜玮等，2004）分别介绍各类干扰异常。

1. 地表水体引起的干扰异常

地表水体指江、河、湖、水渠、水库、海洋等。地表水体对地震地下流体动态的干扰较为常见。按照干扰作用的机制，地表水体的干扰可分为两大类。一种是地表水体的渗入补给引起的干扰，另一种是地表水体的荷载作用引起的干扰。

1）地表水体渗入补给引起的干扰异常

地表水体渗入补给干扰的基本本条件是，地表水体与观测井水之间存在水力联系，地表水体处在观测含水层的补给区范围内。因此，这种干扰多见于山前地带。

最为典型的实例是北京十三陵水库引水渠渗漏引起的昌平北大 200 号井水位的异常。井区位于北京北部山前丘陵地带，山前发育有洪积一冲积的砂砾石堆积层，颗粒粗，透水性强，隔水性差。如图 6 - 52 所示，北大 200 号井位于井区西南部，井深 3202.2m，观测层为上元古界蓟县系雾迷山组硅质白云岩岩溶含水层，顶板埋深 83m，顶板以上为砂砾石层，无隔水性能良好的稳定隔水层发育。十三陵水库位于井区东部，20 世纪 80 年代，由于多年干旱，库水干枯，1986 年开始由位于井区北部的德胜口水库调水引入十三陵水库，引水渠位于井区东北部。井区地下水流向由北东向南西，恰好由引水渠流向观测井区。

北大 200 号井上，自 1986 年开始水位动态观测。水位年动态类型为 M 型（图 6 - 53），1~2 月上升，3~5 月下降，7~9 月上升，10~12 月下降，水位的两次下降过程都与区域地下水开采有关，7~9 月上升是降雨渗入补给引起的，1~2 月上升是山区地下径流侧向补给引起的，年变幅为 2~3m。井水位的潮汐效应与气压效应也较明显。

1988 年 10 月之后，该井水位本该下降，但它非但不降，而且变为持续上升，上升过程一直持续到 1989 年 3 月，上升幅度高达 6m，表现出非常显著的异常动态（图 6 - 53）。该异常于 1989 年 6~7 月基本结束，之后 10 月在山西大同发生 $M_S6.1$ 地震，因此曾误认为该异常是强震的中期前兆异常。

然而，后来的深入研究结果认为，该异常不是地震前兆异常，而是典型的地表水体渗入补给引起的干扰异常。调查结果表明，正好于 1988 年 10 月十三陵水库通过引水渠由德胜口水库调水 5.92Mm³，但在调水过程中在引水渠漏失了 2.74Mm³，流入十三陵水库中的实际水量只有 3.18Mm³。漏失的水则渗入地下，由东北向西南流动，正好补给了北大 200 号井的观测含水层，使该井水位发生大幅度上升。这一分析结果还可由研究区内大宫门井水位的同期上升型异常所证实。大宫门井位于引水渠与昌平北大 200 号仅 100m，观测层也为 Z_{jw} 岩溶含水层，其水位在同期上升约 8m，异常更显著显然同该井距引水渠的距离更近有关。

2）地表水体荷载作用引起的干扰异常

地表水体荷载效应，指地表水体与观测层地下水间无水力联系的情况下，地表水体水位的大幅度变化引起的深层承压含水层中观测井地下水动态的异常变化。这种干扰多见于平原地区。

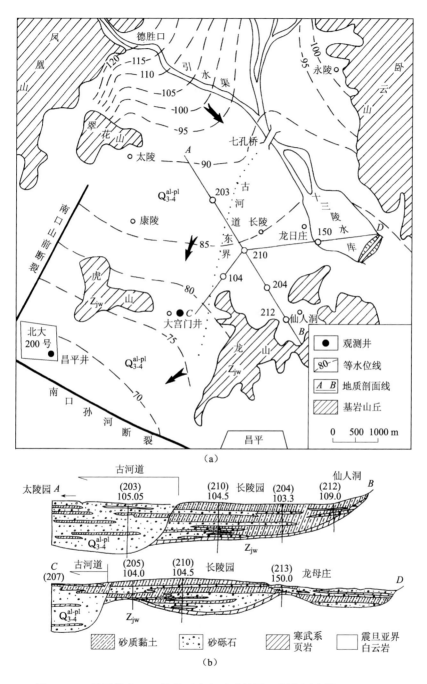

图 6 - 52　昌平北大 200 号井区水文地质简图（据车用太等（2004））

（a）平面图；（b）剖面图

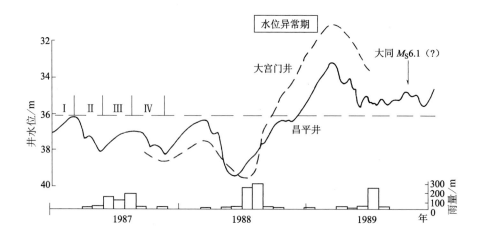

图 6-53　昌平北大 200 号井水位年变曲线

　　最为典型的实例是江苏省高邮湖及其与淮河间的人江水道水位变化引起的金湖井水位异常变化。井区位于长江下游冲积平原区，地势平坦，河渠发育。金湖井深 1916.94m，观测层为埋深 1557.2~1583.0m 间的下第三系粉砂、细砂岩与玄武岩孔隙裂隙承压水。该井以南和以东均为高邮湖，井湖距 4~5km，如图 6-54 所示。

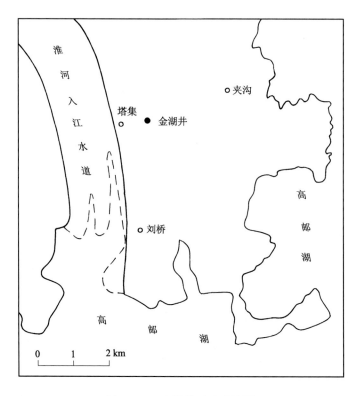

图 6-54　金湖井区地理简图

在金湖井自 1980 年 1 月开始观测水位动态。井水位年变动态类型为上升—下降型，1~6 月为缓升期，6~8 （9） 月为陡升期，10~12 月为下降期，一般年变幅为 0.5m 左右。井水位的潮汐效应和气压效应十分明显。

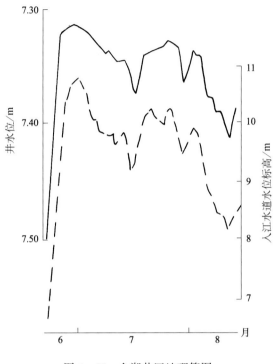

图 6 - 55　金湖井区地理简图

对该井水位的年变化动态中，每年 6~8 （9） 月间出现的井水位陡升现象，经多方面研究被确认是地表水体荷载的干扰异常。如图 6 - 55 所示，金湖井水位陡升及其后的起伏变化，完全与淮河入江水道的水位陡升及其后的起伏变化同步，二者的相关关系很好，相关系数达 0.95 以上。

2. 地下水开采引起的干扰异常

人类的生存与发展，离不开水资源。地球上可利用的淡水资源总量为 38Pm^3，其中 78% 为分布在地球两极和高山上的冰盖与冰川中；目前可直接利用的不过 8.5Pm^3，其中地下水占 98%。由此可见，人类社会的发展将主要依赖于地下水资源的开采和利用。

我国地下水资源总量为 2808.4Gm^3/a，地下水开采在国民经济发展中占有非常重要的地位。我国有 310 个城市在开采利用地下水，其中 54 个城市以地下水为主要供水水源；全国城市需水量的 1/3 依赖于地下水开采，开采井总数大约有 14 万口。全国超过 46Mhm^2 的可灌溉农田中约有 1/3 的农田也靠地下水灌溉，机井总数已有约 400 多万口。我国的地下水开采量逐年递增，20 世纪 70 年代末的开采量为 76.7Gm^3/a，到 80 年代末达 87.5Gm^3/a，增加了 10.8Gm^3/a，到 90 年代末已达 180Gm^3/a，又增加了 92.5Gm^3/a。我国地下水开采量呈逐年增长趋势。

地热作为清洁廉价的新能源，其开发和利用也越来越受到我国各地的重视。我国地热的开发和利用方式，主要是打井取热水。随着国民经济的发展，特别是随着环境保护事业的发展，我国各地都在加速开发地热资源。以天津市为例，地下热水的开采量在 20 世纪 80 年代初为 63000m³/a，到 90 年代初增加到 880000m³/a，到 21 世纪初已超过 30Mm³/a。

地下水开采井数量的增多，开采井深度的加大，开采量的增加，开采方式和开采设备的变化等，给我国地震地下流体动态的正常观测带来很大的威胁，已有部分观测井被迫停测或改测，还有相当数量的观测井正在受到地下水开采的严重干扰，观测资料的质量显著下降，甚至严重到了失去利用价值的程度。

地下水开采对地下流体动态的干扰可举北京市通州区新水源地建设引起的通州井水位的干扰异常为例（据车用太等（2004））。通州井位于通州城西南，井深 400m，观测层为寒武系灰岩岩溶含水层；自 1989 年开始观测水位动态，多年趋势下降，年动态为"N"字形，年变幅为 1.5m 左右，水位的潮汐效应和气压效应较明显；有一定的映震实例。该井水位 1996 年 1 月开始，多次表现短期（几天至十几天）下降—上升型异常动态，其中 4 月下旬至 5 月初之间的异常正好对应 1996 年 5 月 3 日发生在包头西的 $M_S6.4$ 地震，因此曾认为是很好的地震前兆异常，然而震后还不断出现类似的异常动态，异常幅度更大，异常更加显著，如图 6 - 56 所示。

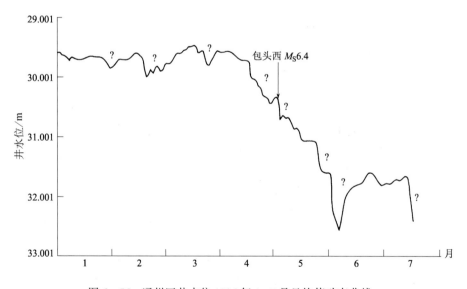

图 6 - 56　通州区井水位 1996 年 1~7 月日均值动态曲线

后经一个多月艰苦的调查，终于查明上述的异常动态不是包头西地震的前兆异常，而是地下水开采引起的干扰异常。原来在通州城东新建了东关水源地，共建 9 口井，井深 600~700m，开采层为石灰岩岩溶含水层；不仅新水源地开采层与通州井观测层均为同一个含水层，而且同处于一个水文地质单元（图 6 - 57）。因此，新水源地每井竣工后进行抽水试验时，都引起了通州井水位的下降变化；停止抽水试验时，通州井水位转为上升（图 6 - 58）。

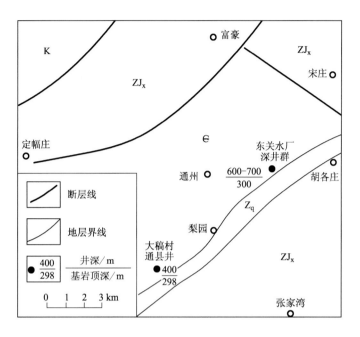

图 6 - 57　通州区水文地质略图

ZJ$_x$. 蓟县系；Zq. 青白口系；∈. 寒武系；K. 白垩系

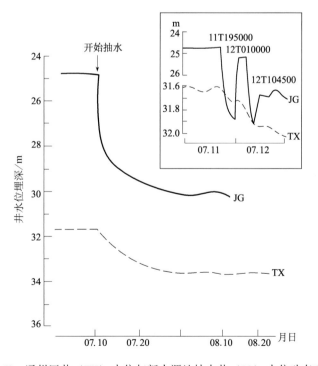

图 6 - 58　通州区井（TX）水位与新水源地抽水井（JG）水位动态对比图

由于新水源地投产之后，各井的地下水开采量根据需水量不断调整，对通州井水位产生了无规律的干扰，使该井水位的正常年动态、月动态和日动态均遭到严重破坏，失去地震监测的意义，被迫于1996年10月停测。

类似的例子很多。地下水开采不仅对井水位动态，而且对井水温度、水氡、水汞等动态的干扰也都较为普遍存在，而且这种干扰近年来表现得越来越普遍，越来越严重。

3. 抽水状态改变引起的干扰异常

一些在抽水取样测试水氡、水汞等化学量动态的观测井中，抽水井抽水状态（如抽水量、抽水时间、抽水设备等）的改变，对水氡和水汞动态也会带来干扰。

图6-59所示为河北邯钢井水氡的动态曲线。邯6井位于邯郸钢铁总公司家属院内，为一组抽水井之一，一般24h连续抽水。1975年4月开始观测水氡动态，水氡测值多年来在38~42Bq/L变化，但自2000年3月6日开始，测值升高，起伏度增大，异常较为显著。

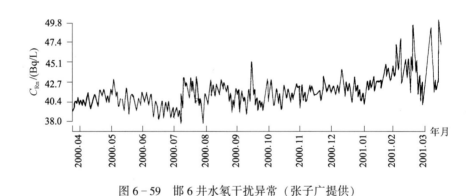

图6-59　邯6井水氡干扰异常（张子广提供）

到现场调查后发现，该异常为抽水状态改变引起的干扰异常。异常是在邯钢6井停泵检修引起的。如图6-60a所示，正常情况下邯6井与其他井抽水后共同输入供水网管中，平时取样是在邯钢6井输往供水网的管路上采的，采到的水样为邯6井的井水。但邯钢6井停泵检修时，取样口上采得的水样是由其他井抽水反向流入邯6井输往供水网管路中的水（图6-60b），不是邯6井水样，因此水氡测值发生异常变化。

4. 地下注水引起的干扰异常

地下注水，一般指利用钻孔向含水层加压注水，多用于人工补给地下水，控制地下水开采引起的地面沉降等；在油田地区，为了保持油井自溢或为了提高油井的产油量，也常在储油构造的外围打井注水，增加外围地下水对储油层的压力；另为某些科学或工程目的，在一些地区也向钻孔注入高压水等。这些活动，均可称为地下注水。它们的共同特点是向含水层加压注水，其结果必然引起观测井地下流体动态的异常变化。

最为典型的地下注水干扰实例是福建汤坑水压致裂试验过程中地下流体动态的变化（车用太、朱清钟，1986）。试验观测区地质与井孔分布如图6-61所示，试验区内主要地层岩性为燕山期花岗闪长岩，地质构造上呈断块构造；注水压裂井为ZK10井，观测井有ZK12（距注水井6m）、ZK2（距注水井155m）等。在ZK10井共进行三次高压注水，分别

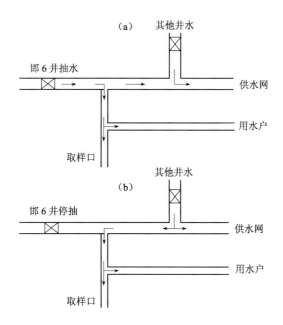

图 6 - 60　邯 6 井抽水状态变化示意图

（a）正常情况；（b）井停泵检修情况

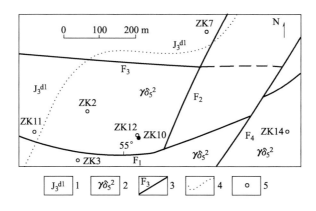

图 6 - 61　汤坑水压致裂试验区地质简图

1. 侏罗系砂岩；2. 燕山期花岗闪长岩；3. 断层；4. 岩性界线；5. 观测井

在 ZK2、ZK12 井等观测水位变化和氡浓度变化等，观测结果分别示于图 6 - 62 和 6 - 63 中。由图 6 - 62 可见，ZK10 井中压裂操作过程（井孔开口、下管、加压、提管、封口）在 ZK2 井水位中反映十分清晰，即产生的干扰十分显著。由图 6 - 63 中还可见，ZK10 井二次注水压裂过程对 ZK12 井的水氡、气氡与土氡动态也均有明显的干扰，同步表现出高值突跳型干扰异常。本次试验中，在其他井也观测了水位、水氡、水汞等动态，得到了类似的结果，说明地下注水对地下流体动态存在干扰。

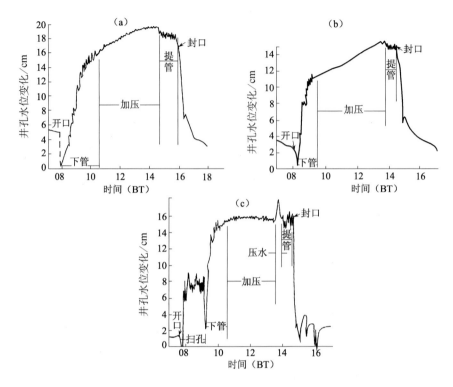

图 6 - 62　ZK10 井三次注水压裂引起的 ZK2 井水位的异常变化（据车用太、朱清钟（1986））

5. 矿山采矿活动引起的干扰异常

矿山采矿活动对地震地下流体动态的干扰有三种：其一是矿山爆破，其二是矿震活动，其三是矿井疏干排水。

1）矿山爆破的干扰

一般固体矿产的开采，离不开爆破。这类爆破的 TNT 炸药量一般几千克至几百吨。个别情况下达到几千吨甚至上万吨。小型爆破的威力不大，波及范围小，但中等（上百吨）以上的爆破威力较大，常对邻区地震地下流体动态产生干扰。

最为典型的实例是四川渡口矿山爆破引起的干扰。这次爆破前后在距爆破中心 1.2km 的双龙、4.2km 的攀枝花和 11.2km 的荷花池等三个泉点观测了水氡变化，结果在双龙和攀枝花两个泉点爆后 1d 观测到十分明显的干扰异常（图 6 - 64）。

2）矿震活动的干扰

一些矿区由于地应力背景值较高，采矿活动引发矿震。矿震，又称岩爆、冲击地压等，是指采矿巷道外围岩体中应力积累到超过岩体强度时突然发生破裂，伴随着巨响和剧烈震动，大量的岩石碎片飞入巷道内，毁坏井巷和死伤矿工的现象。这种矿震活动，可引起矿山周围地震地下流体动态的异常变化。

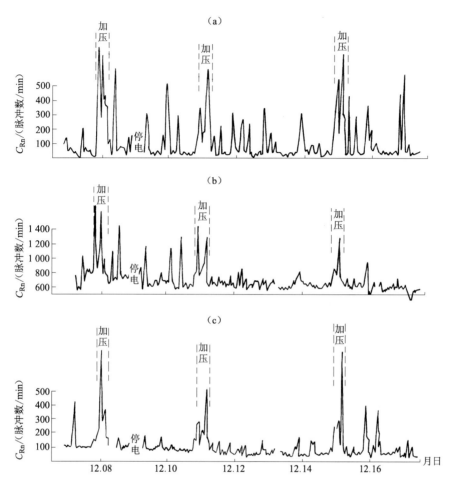

图 6-63　ZK10 井三次注水压裂引起的 ZK12 井水氡（a）、气氡（b）
和土氡（c）的异常变化（据张炜等（1992））

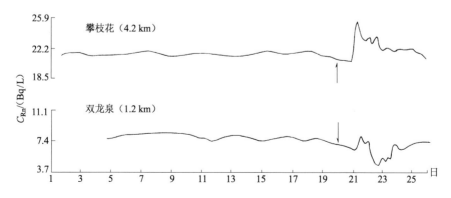

图 6-64　渡口爆破引起的两个泉水动态的干扰异常（1971 年 5 月）（据张炜等（1988））

典型实例是山东陶庄煤矿的矿震活动引起的鲁 15 井水位的异常变化（车用太等，1997）。矿区位于著名的郯城—庐江深大断裂带之西，区内主要发育有石炭—二叠系（C—P）地层，地层较为平缓，但发育有多条高角正断层。区内主要采掘 C—P 中的第 2 层和第 14 层煤，其顶板埋深为 400~500m。该矿区自 1960 年以来频繁发生矿震，其中 $M_L \geqslant 1.2$ 级矿震有 1700 余次。

鲁 15 井位于矿区的北部，距采煤区的水平距离为 500~2000m；井深 501.61m，观测层为埋深 239.63~421.0m 的二叠系石盒子组砂岩孔隙裂隙承压水层。自 1980 年开始观测水位动态。正常动态为多年呈下降趋势，年动态呈"N"字型，年变幅 1.0~1.5m，日动态中潮汐效应和气压效应十分显著，日变幅 10~20cm。在该井水位日动态中已记录到 100 多次奇异动态（图 6‐65），其形态多样，变幅大小不等，但变化都具有阶变性。后查明，这些奇异变化——对应矿震活动，是矿震活动引起的干扰异常。

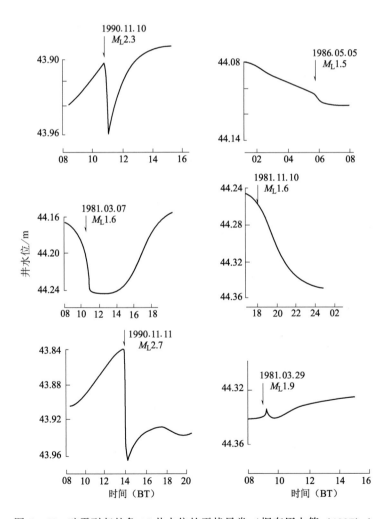

图 6‐65　矿震引起的鲁 15 井水位的干扰异常（据车用太等（1997））

3）*矿井疏干排水干扰异常*

在地下采矿，当地下水位（潜水面或承压面）高出采矿巷道面时必须要进行疏干排水作业，把巷道以上的地下水位降到巷道地面以下，以便在无水条件下进行采矿活动。这种矿井疏干排水活动，在一般地下采矿中十分常见。

矿井的疏干排水，对矿区外围地震地下流体动态的干扰十分严重，有时甚至逼迫停止观测。最为典型的实例是河北万全泥炭矿的矿井疏干排水引起的万全井水位动态的异常变化（据车用太等（2004））。矿区位于河北省万全县城西，区内主要发育有白垩系碎屑岩夹煤及侏罗系火山岩，地层平缓，呈背斜构造。泥炭矿始建于 1996 年，采掘白垩系青石粒组煤层，其埋深约 100~150m；区内共建有两个矿井，自 1998 年 7 月开始投产采煤。

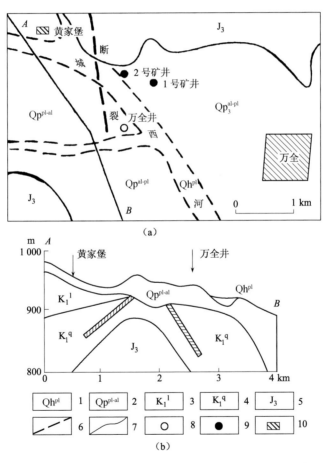

图 6 - 66　万全井区地质图（a）与地质剖面图（b）示意

1. 全新统洪积层；2. 上更新统冲—洪积层；3. 下白垩统；4. 下白垩统青石粒组；

5. 上侏罗统火山岩；6. 断层；7. 地层界线；8. 观测井；9. 矿井；10. 城镇

万全井位于矿区之南，相距两个矿井各 750m（图 6 - 66），井深 217.3m，观洲层为埋深 171.4~211.2m 的白垩系青石粒组底砾岩（位于采煤层之下）和侏罗系火山岩断层破碎带中高压承压水，井水自流。自 1980 年观测动水位动态，多年呈下降趋蛰，具有一定年变化和潮汐效应，表现出很强的映震能力，在首都圈地区地震预报中发挥着重要作用。然而，1998 年以来多次出现大幅度下降，甚至出现井水断流等巨变型异常（图 6 - 67），该井水化多年呈平稳下降趋势，1998 年 1 月初（张北 $M_S6.2$ 地震前）井水位有较大幅度的上升型前兆异常，震后井水位正常下降，逐步恢复平稳，但到 1998 年 7 月开始异常下降，到 1999 年 1 月之后有更大幅度的下降，到 12 月导致井水断流，观测被迫停止；到 2000 年 1 月井水位动态义出现突然上升型异常。两年来井水位动态经历了两次大的下降与一次大的上升型异常，如图 6 - 67 所示。

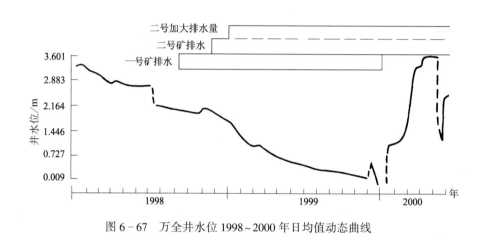

图 6 - 67　万全井水位 1998~2000 年日均值动态曲线

深入调查与研究结果表明，井水位的两次大幅度的下降分别是一号矿井和二号矿井疏干排水引起的，一次大幅度上升是矿井被淹没后停止疏干排水引起的。

6. 其他环境干扰异常

其他干扰，主要指列车荷载、滑坡及泥石流活动等引起的干扰异常。

1）列车荷载作用引起的干扰

列车荷载作用的干扰，只见于铁路两侧深度不大的观测井中，一般表现为井水位的微小脉冲状变化。最为典型的实例是内蒙古丰镇井观测到的水位动态（车用太等，2003a）。丰镇井位于内蒙古丰镇县头号村。井深 98.88m，观测层为埋深 47.90~64.58m 的下第三系泥岩中的砂砾石夹层孔隙承压水，井水自流。自 1987 年开始观测井水位动态。一般井水日动态背景较为平稳，但在其上常叠加有小的脉冲状异常（图 6 - 68）。经现场调查后被证明是由于井北约 200m 处京包铁路上的列车驶过时施加荷载作用引起的。

2）滑坡活动引起的干扰异常

滑坡指自然斜坡上的岩土体滑动现象，在山区十分常见，规模大时滑动体体积可达上亿立方米，一般几万立方米至几十万立方米不等。滑坡活动对滑坡体内和邻区的地震地下流体动态引起大幅度的干扰异常。典型实例是甘肃武山小汤沟滑坡引起的泉水氡浓度的异常变化。滑坡体规模大者不过 100m×10m，小者只有 30m×30m。滑坡体内外，共有 4 个温泉水氡观测点（图 6－69a）。其中 24 号泉在小滑坡体上；26 号泉在大滑坡体上；27 号泉和 28 号泉在大滑坡体外。

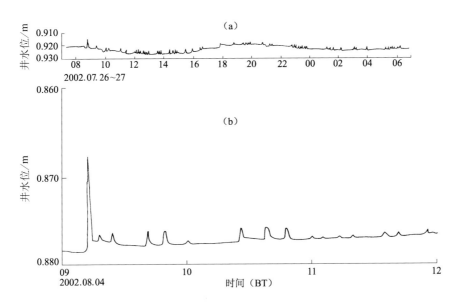

图 6－68 　丰镇井水位日动态曲线

（a）2002 年 7 月 26~27 日动态；（b）2002 年 8 月 4 日 09~11 时动态

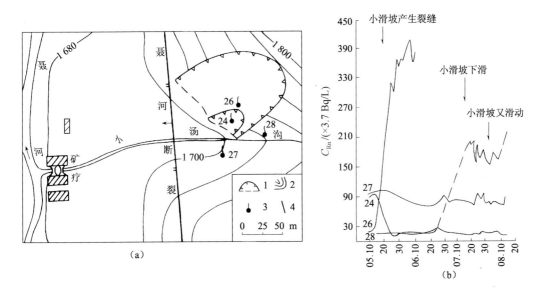

图 6－69 　小汤沟滑坡（a）活动引起的温泉水氡的干扰异常（b）（据徐玉华（1980））

1. 滑坡体边界；2. 等高线；3. 温泉；4. 断层线

1979 年 5~7 月间的滑坡活动，引起位于滑坡体内的 24 号泉和 26 号泉水氡动态有大幅度异常变化，异常幅度可达正常背景值的 10 倍以上，异常十分显著（图 6-69b）。

　　3）泥石流活动引起的干扰异常

泥石流，指山区雨后在沟谷中出现的富含巨砾、砂、泥等碎屑物质的洪水流，具有较大的破坏力，常把沟谷中的民居、农田毁于一旦。泥石流对地震地下流体动态观测的影响，表现在两个方面。一是洪水对观测设施的破坏，二是泥石流荷载对井水位动态的干扰。

最为典型的实例是四川小金县农机厂镇泥石流对川 07 井水位观测及其动态的干扰。泥石流沟位于海拔 2000~4000m 的高山峡谷区，峡谷两岸地形陡峻，岩体破碎，谷底第四系松散堆积物发育。川 07 井位于泥石流沟之西 40~50m 处。1995 年 5 月 27 日泥石流沟内发生特大的泥石流，沟中河水暴涨，漫出河床，横扫河谷两岸，波及到川 07 井。泥石流冲破井房大门，冲入井房内，房内积水深 1.5m，被迫停止观测 2d。泥石流消退后，井房内堆积砂砾石和泥土，其厚竟达 0.8m，对观测含水层施荷载作用，使井水位上升 0.813m，干扰异常十分显著，如图 6-70 所示。

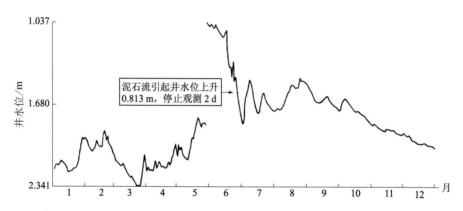

图 6-70　泥石流活动引起的川 07 井水位的干扰异常（1995 年）（据李介成提供）

6.3.3　观测条件改变引起的干扰异常

观测条件改变引起的干扰异常，较为多见的是观测井老化开裂、水井坍塌、集、脱气装置改变、泄流口状态改变、更换和污染试剂的干扰异常等。

1. 观测井老化开裂引起的干扰异常

观测井老化开裂引起的干扰异常，以天津市双桥井水位的蠕变异常为典型。如图 6-71 所示，该井水位于 1976 年 7 月 28 口唐山 M_S7.8 地震时同震上升十几米并井喷之后，时而出现一种陡升—缓降型异常动态。部分学者（王雅灵等，1990）认为是断层蠕动引起的前兆异常，对唐山老震区的地震活动有非常灵敏的反应。

由于近十年来，双桥井水位蠕变异常次数越来越多，而唐山老震区的地震活动越来越弱，异常对应地震的关系越来越差，对此类异常的震兆性质产生怀疑，为此进行了较为系统的分析研究（车用太等，1998）。

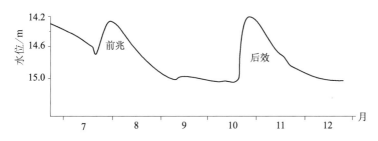

图 6 - 71　双桥井水位的蠕变异常（1982 年；据王雅灵等（1990））

双桥井，1970 年 5 月施工，深 63.83m，观测层为第四系全新统海相淤泥质细砂层，地下水的矿化度高于 10g/L。近几年调查结果发现，该井观测条件与状态发生如下显著变化：

（1）井深由 63.83m 变为 48.0m，井底淤积了近 16m 厚的泥砂。

（2）井水的矿化度在逐年升高，由十几克每升上升到 35.02g/L。

此外，相距该井 15.5m 处同样施工深 61.59m 的水位动态对比观测井（双桥 2 井），观测含水层基本一致，但多年对比观测结果表明，两口井的水位动态特征完全不同图（图 6 - 72）。

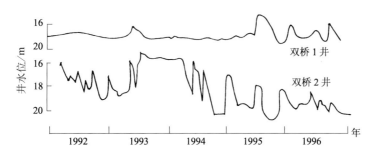

图 6 - 72　双桥 1 井和双桥 2 井水位动态对比曲线（车用太等，2004）

根据以上分析和研究结果，判定双桥井蠕变水位可能是井管老化、腐蚀、渗漏引起的干扰动态。井管长期在高矿化度的咸水中浸泡，特别是经过 M_S7.8 地震的强烈冲击（井震距 60km）之后被开裂，富含泥粒的地表养虾池的盐水（矿化度高达 57g/L）渗入井中，一方面使井深变浅和使井水矿化度升高，另一方面引起了井水位的陡升。随着开裂的井管被水中泥粒"愈合"，被抬升的水逐渐渗入含水层中，使井水位又缓慢下降。

2. 井口装置改变引起的干扰异常

无论是水位观测与水温观测，还是气氡与气汞观测，井口装置的结构和尺寸等是影响地下流体动态的重要因素，一旦有改动就会引起异常变化。

图 6 - 73 为河北马 17 井水位在井口装置变更前后的水位动态对比图。马 17 井井深 2694.25m，观测层为蓟县系雾迷山组（Zjw）硅质白云岩岩溶含水层，井水自流，水温 80℃，富含气体。自 1981 年 5 月开始观测动水位，原主井顶端有脱气包，副井 1 的顶段井

径被放大，以便二次脱气，副井 2 中观测水位动态（图 6‑74a）。2000 年 11 月为实现数字化改造，拆除了主井和副井中的脱气装置（图 6‑74b），仍然在副井 2 中观测水位动态，结果水位动态特征发生根本的变化。原井口装置下水位日动态较为平稳（图 6‑73a），改动井口装置后水位日动态起伏不稳，几乎每 2h 出现一次较大起伏（图 6‑73b）。

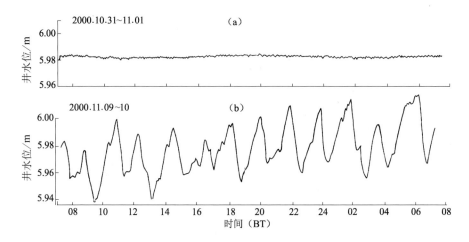

图 6‑73　马 17 井井口改动前（a）、后（b）的水位日动态对比曲线（于书泉提供）

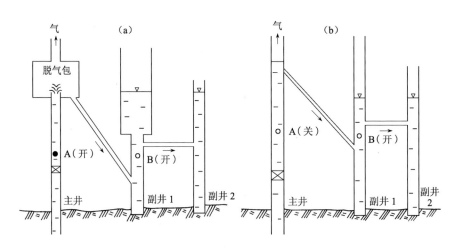

图 6‑74　马 17 井改动前（a）、后（b）井口装置示意图（于书泉提供）

3. 泄流口堵塞引起的干扰异常

在自流井的动水位观测井中，经常遇到泄流口堵塞引起的干扰异常。一般说来，动水位井的观测层埋深较大，井水矿化度较高，原处在还原环境中的地下水流出地表后遇空气中的氧气时，地下水中部分组分被氧化并沉淀在泄流管内，影响井水的自流量，从而常使井水位渐升，表现出异常。有些动水位观测井的地下水富含微小颗粒的悬浮物，它们也常沉淀在泄流管内，也会引起井水位的突升等干扰异常。

这样的例子可举河北万全井水位的干扰异常。该井深 217.3m，观测层为断层带高压自流水，井水流量不大，但井水中悬浮有较多杂质，如微小黏土颗粒、观测井套管内壁生锈后剥落下来的细小锈片等，当它们随泄流外排时，有时堵塞泄流口并使井水位突升，当用细小钢丝捅开泄流口时井水位立即大幅度下降，且流量也明显增大，如图 6-75 所示。

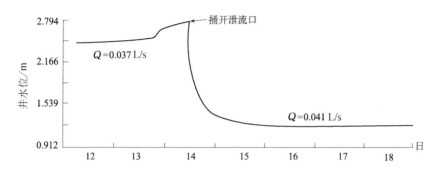

图 6-75　万全井水位因泄流口堵塞引起的干扰异常（2000 年 6 月；据车用太等（2004））

4. 观测操作不当引起的干扰异常

地下流体动态观测，尤其是模拟观测，相当多的观测环节是人工操作的。为了确保最大限度地减少人工操作带来的观测误差，各个测项都制定了严格的观测技术规范。然而，由于种种原因，有时不能按规范操作，制造出人工"干扰"异常。

图 6-76 为北京延庆台水汞试剂污染引起的干扰异常。观测井深 533m，观测层为蓟县系雾迷山组白云岩岩溶承压水层，井水自流，水温 33℃。自 1996 年 7 月开始观测水汞动态，一般情况下日测值变化在 30~80ng/L，但 2000 年 11 月 18~20 日间出现高值异常，测值最高可达 201ng/L，被认为是异常。

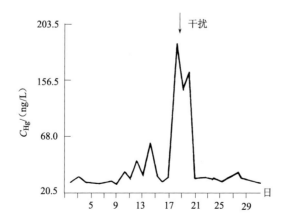

图 6-76　延庆台水汞因操作不当引起的干扰异常（2000 年 11 月；白春华提供）

发现异常之后，到现场进行检查与落实，发现 11 月 18~20 日间正好更换了转移草酸试剂用的注射器，怀疑是注射器污染了试剂。因此，重新配置试剂，然后用新的注射器分别对原试剂和新试剂进行比测，反复测试结果，用新试剂测得的数值为 37.7~44.2ng/L，而用原试剂测得的数值为 117~143ng/L。由此，判定 11 月 18~20 日间出现的异常为更换注射器引起的干扰异常。

5. 仪器老化引起的水温干扰异常

高精度数字化观测仪器老化之后，也可能引起莫名其妙的异常变化。北京塔院井自 1991 年开始观测高精度水温动态，水温动态较为平稳，多年来日变幅度为 0.0001~0.0002℃，但震前异常较为突出，往往突升到 0.001~0.002℃，高出一个量级。然而，2000 年 10 月 18 日开始水温动态出现异常变化，表现为趋势上升后动荡不稳，日变幅大时可达 0.01~0.02℃，如图 6-77 所示。

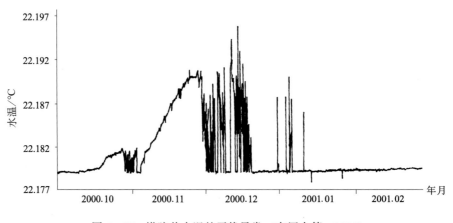

图 6-77　塔院井水温的干扰异常（车用太等，2004）

对于这一异常，进行了较长时间的跟踪研究。研究的内容包括环境干扰的调查、观测操作规范性的检查、水温与水位动态的对比分析等，最终再下设一台新的水温探头，进行深（272m）、浅（178m）水温的同井对比观测，最终确认原仪器已老化，工作不正常。其理由如下：

（1）观测环境无干扰，虽然相距 2km 处的马甸新钻热水井，但该井抽水与本井异常出现时间无关。

（2）观测操作一直很规范。

（3）水位动态正常。

（4）新、老水温动态观测结果不一致（图 6-78）。

（5）当通过水位探头提升与放置造成井水扰动时，浅处的新探头有响应（图 6-78b）而置深处的老探头无任何响应（图 6-78a）。

鉴于上述分析研究结果，判定上述异常为观测仪器老化引起的干扰异常。

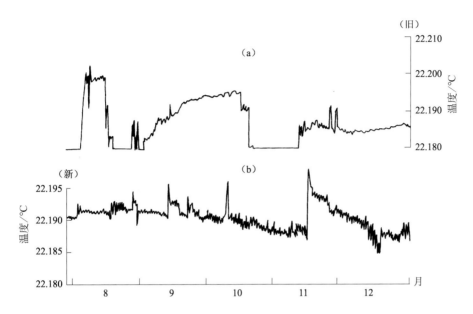

图 6-78　塔院井扰动水位探头时新（178m 深）、老（272m 深）水温探头产出的
动态对比（谷元珠提供）

（a）老探头动态；（b）新探头动态（图中曲线每个尖峰为提升与下放探头时的水温响应）

参考文献

车用太、曹新来、易立新等，2001，唐山地区井水位年度异常的调查与研究，中国地震局首都圈震情 2001 年 10 月动态（内部资料）

车用太、孔令昌、陈华静等，2002，地下流体数字观测技术，北京：地震出版社

车用太、王基华、林元武，1998，张北—尚义地震的地下流体异常及其跟踪预报，地震地质，20（2）：99~104

车用太、王吉易、李一兵等，2004，首都圈地下流体动态监测与地震预测，北京：气象出版社

车用太、鱼金子、马志峰等，1997，矿震及其深井水位的异常响应，地震，17（1）：61~66

车用太、鱼金子、张大维，1993，降雨对深井水位动态的影响，地震，（4）：8~16

车用太、鱼金子等，2006，地震地下流体学，北京：气象出版社

车用太、朱清钟，1986，汤坑水压致裂试验的井孔水位动态观测与研究，地震，（6）：9~17

陈建民，1990，大同—阳高 M_S6.1 地震水文地球化学前兆特征的初步分析，地震，（4）：58~63

陈沉俊、杨修信、赵京梅，1994，一个地震前兆敏感点，见：国家地震局科技监测司编，首都地震短临预报新方法观测与研究，北京：地震出版社，153~155

杜玮等，2004，《地震台站观测环境技术要求》（GB/T 19531—2004）宣贯教材，北京：地震出报社

范树全，1995，气体观测技术，见：车用太主编，地震地下流体观测技术，167~185，震出版社

傅子忠、刘永铭、高福兰等，1992，地热前兆方法原理实践，中国地震局，内部培训教材

耿杰、冯志军、吴春华，2000，聊城 1 井数字化氢与模拟水氢观测资料的对比评价，地震，22（4）：81~87

古元珠、刘春国、刘成龙等，2001，我国地震地下流体前兆台网现状的调查与分析，国际地震动态，

（11）：19~28

林元武、王基华、高松升，1997，断层气 CO_2 快速测定法及其在地震监测预报中的应用，见：国家地震局
　　地质研究所，地震监测预报的新思路与新方法，北京：地震出版社，69~74

山东省地震局，2001，地震前兆台网技术，北京：地震出版社

孙振璈、孙天林、简春林，1998，张北—尚义 $M_S6.2$ 地震北京地下水井网动态异常特征，地震，18（4）：
　　367~372

万迪堃、汪成民等，1993，地下水动态异常与地震短临预报，北京：地震出版社

汪成民、王铁城、车用太等，1990，中国地震地下水动态观测网，北京：地震出版社

王雅灵、黄振义、刘喜兰等，1990，天津双桥井水位动态映震效能与敏感原因分析，见：国家地震局科技
　　监测司，地震预报实用化攻关研究（水位水化专辑），北京：地震出版社，65~73

魏家珍、申春生、宋贯一等，1994，首都圈测汞网的建设及预报效能评价，见：国家地震局科技监测司编，
　　首都地震短临预报新方法观测与研究，北京：地震出版社，85~92

武建华、邢玉安、朱自强等，2002，数字化测逸出氡替代模拟测水氡的理论与实践，地震，22（4）：100
　　~106

邢玉安、张平、武建华等，2000，SD-3A 自动测氡仪山东网逸出氡资料分析与研究，华北地震科学，20
　　（2）：12~17

徐玉华，1980，滑坡活动与水氡变化，西北地震学报，（1）：85~88

张凌空、刘北顺、高福旺，1996，抽水对体应变的干扰及其消除方法，西北地震学报，18（2）：37~42

张炜、李宣瑚、鄂秀满等，1992，水文地球化学地震前兆观测与预报，北京：地震出版社

张炜、王吉易、鄂秀满等，1988，水文地球化学预报地震的原理与方法，北京：教育科学出版社

张炜、张新基，1994，地下水中逸出氡和溶解氡微动态特征的对比研究，中国地震，10（2）：123~128

张子广、张素欣、孙佩卿等，2004，水氡与气氡动态的对比分析，华北地震科学，22（3）：1~6

第7章 地下流体异常核实技术*

地震前兆异常核实工作的主要任务是，认识各个台站各个测项的正常动态，识别与排除同地震孕育与发生过程无关的异常，提取同地震孕育与发生过程有关的地震前兆异常，特别是提取同地震孕育与发生过程直接相关的源兆异常。因此，前兆异常核实工作是确定前兆异常可靠性与作用的重要工作环节，是紧密结合日常工作的科学研究，是地震分析预报工作的重要基础。研究的方法主要有观测数据的分析与理论模型的研究及室内外试验研究等。

异常核实工作的基本要求是要做到"四重"。即①重科学。异常核实工作是一项科学性很强的工作，要用科学的思维、科学的态度、科学的方法，获取科学的结论。②重事实。异常核实工作的基本要求是重事实，坚持实事求是的原则。要认真仔细地查阅有关资料；要带着"问题"深入现场作实际工作；要多调查多了解，防止"想当然"；必要时要动手，该试的一定要试，该测的一定要测。③重证据。无论是异常成因的判定，还是震兆性质的确认，力求要有六个依据，即资料依据、观测依据、调查依据、试验依据、震例依据、理论依据。④重综合分析。异常的落实不仅关注异常个体的认识，而且要注意异常群体特性的综合分析，注意场源关系，注意时空演化等，从系统性、整体性、相似性等方面去进行思考。

异常核实工作的基本程序是要做到以下几点：①根据异常的性质和显著性等采取必要的落实工作的决定。②异常落实工作的准备。③资料核定与室内落实工作。④现场调研与落实工作。⑤异常的震兆性质研究。⑥异常落实工作报告的编写等。

7.1 异常干扰因素及前兆异常判定

7.1.1 异常干扰因素

地震地下流体观测，指以捕捉地震异常为主要目的的地下流体观测量的动态观测。而地下流体观测不仅仅观测到我们想得到的地震异常信息，同时还观测到一些与地震无关的信息，通常称为干扰因素。所谓的干扰是相对于地震异常而言的，指与地震活动无关，与正常动态特征有明显差异的动态特征，既不属于正常观测动态，也不属于前兆异常，也不是同震异常或是震后异常，而是对地震异常信息的干扰，特别是对地震前兆异常信息的干扰，是违背地震异常动态规律的异常。

一般情况下，地下流体前兆观测干扰产生的因素有观测环境类、技术系统类（观测技术系统和仪器操作与管理系统等）以及其他因素等三个方面。对于观测环境变化产生的异

常而言，主要涉及井区自然环境（譬如，气象因素、地表或地下水体的变化）、井区人类活动（地下水开采与人工注水、采矿活动与人工注水和地面振动或冲击等）、观测井观测条件的改变（譬如，倾斜、老化、坍塌、掉物品等）以及井房被破坏（被盗）、井房潮湿和其他不明原因引起的异常。对于观测技术系统改变引起的干扰异常主要有，仪器设备（譬如传感器与数采故障、死机、仪器更换或维修、本底偏高等）、供电系统（交直流供电故障，电压不稳等）、避雷系统和仪器操作与管理系统（操作违规、仪器检查与标定、探头变更埋深位置后，没有及时修改输出参数等）几个方面。另外，滑坡与泥石流活动、洪水入侵与淹没、矿震活动和地震波冲击等偶然因素也可引起地下流体数字化观测的变化。

7.1.2　干扰识别原则

地下流体干扰识别原则要把握四个"相关性"，即成因上的相关性、空间上的相关性、时间上的相关性与强度上的相关性（车用太等，2011）。

（1）成因上的相关性，指出现的异常动态与其可能的影响因素之间存在成因上的关联。例如，同层开采井的干扰一定表现为观测井水位的下降，停止开采后井水位一定会回升。又如，大气降水的渗入补给，一定表现为观测井水位的上升，停止渗入补给后井水位一定会下降等，异常动态与干扰（影响）因素之间一定存在成因上的相关性。

（2）空间上的相关性，指干扰源与观测井之间的空间关系，一般是在一定范围内出现的干扰源才对观测井产生干扰。以地下水开采干扰为例，在第四系松散砂砾石孔隙含水层地区，粉砂孔隙水层中最大干扰距离为1km，细砂层中为1.5km，中砂层中为2.5km，粗砂层中为3km，砾石层中为6km；在基岩裂隙含水层或碳酸盐岩岩溶含水层，水文地质条件简单（构造为单斜或岩层平缓，岩性单一，裂隙或岩溶不发育）地区，最大干扰距离为1km，水文地质条件中等复杂（构造上为褶皱断裂区，岩性不单一，裂隙或岩溶较发育）地区为5km，水文地质条件复杂（大型断裂破碎带或地下暗河发育）地区为10km（中国国家标准化管理委员会，2004）。若是干扰源超过上述规定距离时，一般对观测井不会产生干扰。

（3）时间上的相关性，指干扰出现的时段与干扰源作用的时段的关系，一般是二者时间段一致或干扰出现时段略有滞后。关于干扰源作用时段与干扰出现时间之间滞后的时间长度，在不同水文地质条件下不同。以大气降雨干扰为例，在山前降雨渗入补给区二者间的滞后时间很小，往往是同步，随着观测井距降雨渗入补给区距离的增大，滞后时间越来越长；含水层的渗透性或导水性越强滞后时间越短等；滞后时间短时仅几小时至十几小时，滞后时间长时可达几天甚至几个月。

（3）强度上的相关性，指干扰源的作用强度与干扰的幅（强）度间的关系，一般干扰作用越强，干扰幅度越大，特别是干扰的幅度、干扰作用强度随时间的变化而变化。以地下水开采干扰为例，开采量大时水位下降幅度大，开采量变小时产生的水位下降幅度也小，往往二者间表现出较好的定量关系。

地下流体的异常变化，符合上述四个方面的相关性，可判定为干扰异常，即使是时间段上与后来发生的地震有非常好的对应关系也不宜视为地震前兆异常。

7.1.3　前兆异常的判定依据

地震发生之前，地下流体前兆异常的确认，是非常困难的。即使是在地震发生之后也往往很难给出科学的确认结果。然而，地震监测预测实践中，这又是一个必须要面对的问题。但可以从以下四个方面进行判定（车用太等，2011）。

（1）视为地震前兆的异常，必须是经过干扰的识别与排除，确认不是干扰的异常。近些年来，特别是引入计算机预测地震的各种方法之后，部分分析预测人员常把各种数学处理方法识别出的异常简单地视为是地震前兆异常。这种作法，影响着地震预测效能的提高。不管是定性的分析方法，还是多么好的定量分析方法，识别出的异常中，一定会有部分，甚至相当多的异常是非地震因素造成的，因此对识别出的任何异常必须要经过干扰异常的识别与排除，确确实实地认定不是非地震因素干扰的异常，才可视为地震前兆异常。这是确认地震前兆异常的必要条件。

（2）视为地震前兆的异常，要有国内外震例的普遍支持，特别是经过地震预测实践检验过的典型震例的支持。我国已积累了数以百计的震例（万迪堃等，1993；车用太，鱼金子，2006），但多数是震后总结出来的。由于地震发生之后，对地震前兆异常的识别变得相对容易，特别是从异常与地震的对应关系上确认的，其信度显得不够，因此只能参考。然而，其中有些异常是震前被确认为地震前兆异常的，而且跟踪其发展过程并用于震情判定上，这种异常作为地震前兆异常的信度较高，因此可作为较为可信的前兆异常。

（3）视为地震前兆的异常，最好有其它测项或其他学科的异常相匹配，甚至有中小地震活动性异常配套。这一点虽不是确认地下流体前兆异常的必要条件，但是重要的充分条件。我国现有的震例中，这方面的研究尚较薄弱。以观测区或观测层岩体变形与破坏为前兆异常生成机理的绝大多数前兆异常，理应各测项之间表现出密切的相关性、同步性与协调性，但事实往往并非完全如此。其中的原因是非常复杂的，或许我们目前所确认的前兆异常并非是客观的、真实的、可靠的，也许是各测项与各学科前兆观测的精度与频带等不同造成的。然而不管怎样，当多测项与多学科异常同步出现与协调发展时，这种异常视为前兆异常的可靠性增大。

（4）视为地震前兆的异常，最好有一定的前兆理论或模式的支持。目前较为流行的理论或模式可分为两大类：源兆理论与场兆理论。主要的源兆理论是扩容扩散（DD）模式与裂隙串通（IPE）模式（Mjachkin et al.，1975；Scholz 等，1990）。主要的场兆理论是多点应力集中模式、红肿理论、预位移理论、带动模式与块动模式及构造活动模式等（马宗晋，1980；傅承义，1976；郭增建、秦保燕，1979）。源兆理论偏重于描述地震孕育与发生过程中震中及其邻近地区地下流体异常发生与发展过程的特征。场兆理论主要是描述同地震孕育与发生过程中震中及外围广大范围内协调出现的异常井的空间展布与时空演化特征。如果某一口井地下水异常的演化过程符合某种源兆理论，或多口地下水异常井的空间展布及其演化特征符合某种场兆理论时，这类异常的科学性增强，可确认为前兆异常。

上述四种判据中，在目前的科学水平下，确认地下水前兆异常的第一条是必要条件，其余三条是充分条件。在预测实践中，满足上述四个判据中的第一及其他一条以上的判据，即可判定为地震前兆异常，并可用于地震三要素的预测。

7.2　地下水预报地震的前兆机理和模式

通过孕震模式研究地震形成的机理，解释观测到的前兆现象，是目前地震预报基础研究的主要技术途径之一，以下介绍几种典型的地下流体孕震机理和模式。

7.2.1　扩容—扩散模式

Nur（1972）和 Scholz et al.（1973）根据水饱和岩石物理实验结果，提出了扩容—扩散模式，该模式认为在板块运动或其他原因引起的构造应力作用于地壳的过程中，当应力积累超过一定限度时会产生大量的微裂隙，导致岩石产生膨胀。同时，流体开始从原有孔隙流入新出现的孔隙中，导致孔隙压力减小，形成膨胀硬化现象，阻止微裂隙的进一步产生。随着流体重新注入膨胀岩石，岩石再次达到饱和状态，孔隙压增加得不多，由于构造应力在继续增加而发生主破裂（地震）。

膨胀—扩散模式指出前兆时间与未来地震的震级（或震源区的长度）密切相关，即：前兆异常时间的对数与地震震级呈线性关系，前兆异常时间 τ 与断层长度 L 的平方呈正比例关系：$\tau \propto L^2$。该过程可以用扩散过程来描述，它服从于扩散方程（式 7-1）：

$$\frac{\partial P}{\partial t} = D \nabla^2 P \tag{7-1}$$

式中，P、t 和 D 分别为孔隙压力、时间和扩散系数。

基于膨胀—扩散模式，对膨胀区的尺度有两种观点，一种观点认为，膨胀区的尺度与震源区的尺度相当，而另一种观点认为，膨胀区的尺度要比震源区更大一些。

上述模式需要流体的参与，被称为湿模式。但茂木清夫认为无流体参与的膨胀模式也能用于解释各种前兆效应，被称为干模式。干模式认为，膨胀产生后，膨胀伴随的应力将集中在一个很有限的部位上，所以除了最终将出现破裂的有限部位外，其余部位的应力将都下降。

张永仙和石耀霖（1994）运用有限元法对孕震过程中孔隙压的变化进行了模拟，结果显示了孕震过程中孕震区的孔隙压大范围降低，从而得到了孕震区水位在震前以下降为主，是岩石扩容的结果。陆明勇等（2010）对华北地区 1976 年以来强震前地下流体的变化特征进行了分析，认为在地震孕育初期，震源区及其附近构造应力缓慢累积将产生膨胀扩容，当扩容产生的裂缝到达深部时，深部物质由于压力差的作用侵入扩容区，高温高压的深部物质使扩容区介质强度降低，孔隙压回升，加剧孕震过程的发展。这一研究结果为膨胀—扩散模式提供了一定的支持，林命遇等（1981）在该模式的基础上，以波速比前兆为例求出了孕震时间的计算公式，计算结果与经验值吻合较好。同时，对微裂隙传播特点的数值模拟结果也显示了微裂隙具有较强的流体储集能力，使岩石更易遭受破坏。

7.2.2　裂隙串通模式

裂隙串通模式又称雪崩模式，简称 IPE 模式。苏联地球物理学家米雅奇金

（В. И. Мячкин）于 1972 年提出。该模式认为地壳岩体中发育有一定裂隙，正常情况下分布是随机的，当震源体受到力的作用后将产生新的裂隙，这个初始阶段（Ⅰ）新裂隙分布是相对均匀的；当继续受力的作用时，新裂隙的数目增多，裂隙规模变大，裂隙加速发育，且逐渐变为分布不均匀（Ⅱ）；力的作用进一步增强时，裂隙的发育将沿着某一个软弱带集中发生并逐渐彼此串通，最终形成主破裂面并破裂产生地震（Ⅲ），如图 7 - 1 所示。在这个模式下，在地震孕育与发生的不同阶段，震中区水氡浓度将经历缓升或变化不明显（Ⅰ）→急升（Ⅱ）→转折回降（Ⅲ）的异常变化过程；水位将经历缓降（Ⅰ）→急降（Ⅱ）→转折回升（Ⅲ）的异常变化过程。汪成民等（1990）利用该模式较好地解释了 1976 年 7 月 28 日唐山 M_S7.8 地震前唐山地区井水位的长趋势下降（1972～1975 年）→临震急剧下降（1976 年 4～5 月）→短期阶段回升（1976 年 7 月 25～26 日）的异常特征。

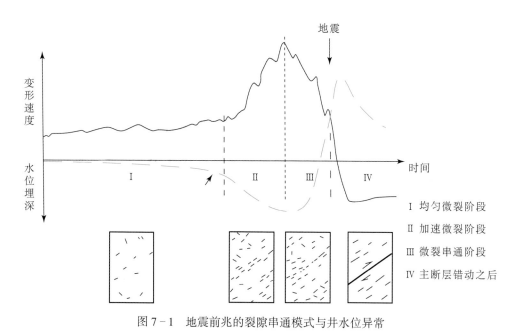

图 7 - 1 地震前兆的裂隙串通模式与井水位异常

7.2.3 微裂—预位移模式

由我国地球物理学者郭增建教授于 1979 年提出，是基与震源组合的地震成因模式建立的地震前兆场模式，认为地震的孕育与发生总是与发震断裂活动有关，而发震断裂通常由应力调整单元与应力积累单元二个部分组成（图 7 - 2a），应力调整单元一般指断裂带上已破裂的地段，应力集中单元一般指断裂带上尚未破裂的地段（常称闭锁段）；地震孕育过程是应力调整单元不断活动，把应力不断集中到应力集中单元，当应力集中单元上积累的应力达到其强度时就发生破裂并发生地震。这样的孕震与发震模式下，在孕震区域内产生应力场将四个象限展布，应力调整单元与应力集中单元相邻的二个地方，断裂二侧分别出现二个拉张区与二个挤压区；在拉张区内的观测井水位将下降，挤压区内的井水位将上升，水氡则拉张区内上升，挤压区内下降（图 7 - 2b）；当应力调整单元的活动导致应力集中单元进入破裂阶段（临震）时，应力场将发生转换，原来的拉张区变成挤压区，原来的挤压区变成拉张区，由此引起各地的井水位与水氡异常也发生转变，即上升区变为下降区，下降区变为上升区（图 7 - 2c）。按着这个前兆模式，地下流体前兆异常场的基本特征是地震孕育的中短期阶段上升区与下降区四象限对称展布，到临震阶段上升区（井）变为下降区（井），下降区（井）变为上升区（井），即对一口井和一个区而言，异常过程将发生转折。在我国地震地下流体震例中，尚未找到典型的此类前兆场，但郭安宁和郭增建（2009）认为 2008 年 5 月 12 日汶川 M_S8.0 地震前，2002~2006 年间甘肃东南地区大量地下流体异常与四川西昌安宁河断裂带出现的地下流体异常可能是应力调整单元活动的表现，其结果把应力都集中到龙门山山前断裂带（应力集中单元）上并孕育与引发了这个地震。

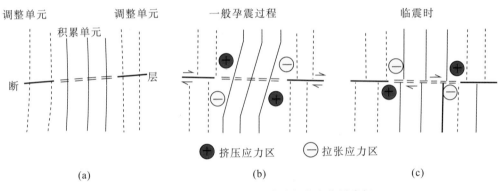

图 7 - 2　微裂—预位移前兆模式与井水位异常场

7.2.4　地震泵模式

Sibson（1974）对矿物与断裂带的关系进行研究后，提出了"地震泵"（Seismic pumping）模型。他指出地震断层像一个泵一样，将热液由较深部位置抽取出来，由断层面进入上方有较低正应力且易于进入的张裂隙中，这样的模型叫做"地震泵"。该模型在断裂发育区对流体的运移有重要的作用。华保钦（1995）从油气运移方面探讨了"地震泵"的机理，通过对断层发育区孔隙流体压力的分布和构造应力场特征出发，指出构造应力是油气运移的动力之一。当断层活动时，岩石孔隙增大，断裂带中的流体压力下降，围岩中的流体向断层中运移。

7.2.5　断层阀（Fault-valve）模式

与"地震泵"相对应的有"断层阀"模式（Cox，1995；Sibson，1992）。地壳中的流体主要活动在断裂带中，水岩作用导致断裂带的裂缝被充填。久而久之，渗透率逐渐变小直至形成低渗层，同时孔隙压逐渐变大。当有区域构造力作用时，由于剪应力的累积和孔隙压力升高引起的抗剪强度减小，由 Column-Mohr 破裂准则，断层失稳产生一次地震活动。地震破裂后，封闭的低渗层被打通，"断层阀"打开，将深部流体"抽"至地表，如图 7 - 3 所示，此时又开始新的流体活动、水岩作用、断裂封闭、剪应力与抗剪强度的变化从而导致另一次地震活动。

　　Hardebeck and Hauksson（1999）对圣安德烈斯断层的研究显示了低渗透层的存在，从侧面支持了"断层阀"模式。Giammanco et al.（2008）发现意大利东北部的浅源小震群中有幔源气体在地表溢出，认为震源下部具有一个超压的流体"源"，热液流体通过高渗透率的断裂带运移至上地壳，类似环境下流体运移的模拟结果显示，流体储层上方存在一个低渗层，流体"源"不断释放形成的孔隙压在低渗层的下端不断累积，造成了周期性的小型震群，这一结果与"断层阀"模式相一致。Nguyen et al.（1998）对澳大利亚西部金矿的研究也证明了"断层阀"模式，同时断裂带内剪应力与流体压力的波动能够影响断层的力学性质。

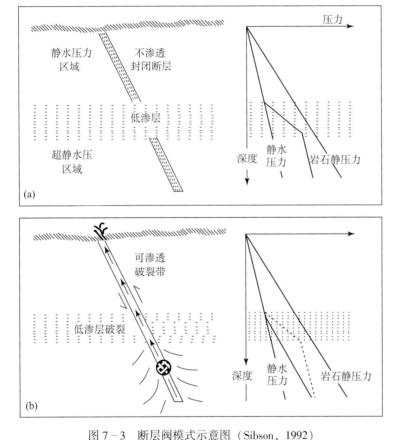

图 7-3　断层阀模式示意图（Sibson，1992）

（a）破裂前，由于低渗层的存在及断层的封闭，静水压力在低渗层下部显示
出异常增大；（b）破裂后，"断层阀"打开，流体由孔隙压高的地下深处向
地表补偿，静水压力降低

7.2.6　地壳硬夹层孕震与流体促震假设

　　车用太等（2000）认为在地壳中存在上下两大流体活动系统，其间发育有"无水"的

中地壳硬夹层，该层是地壳应力积累并孕育地震的层。当其中某些部位积累的应力达到屈服强度时，则进入微破裂—膨胀扩容阶段形成震源体。被扩容的震源体在真空吸泵的作用下，将下层流体吸至其中。由于剪切力的增强和抗剪强度的下降，最终震源体破裂发生地震。由此可见，地震的孕育是在硬夹层中发生的力学过程，地震的发生则是在流体作用下产生的更为复杂的物理化学过程。该假说充分考虑了深浅部流体在地震孕育与发生过程中的作用，特别是指出了流体对孕震区介质的弱化作用是地震发生的重要因素，称为地壳硬夹层孕震与流体促震假设。

7.3 异常核实中的调查与分析

在异常出现后，针对异常的形态特征和异常性质，结合观测数据的变化规律和可能的影响因素，按照一定的异常核实步骤，确定需要收集的相关资料和现场调查内容，对资料作定性和定量处理分析，最终对异常性质作出综合判定。

本节主要侧重于对异常调查、分析和判定等做主要论述：

7.3.1 异常调查

异常调查包括异常初步判定、观测系统检查和环境因素调查三部分内容。

1. 异常初步判定

（1）简述本次异常成因的几种预判定情况，对异常可信度进行初步分析。

（2）根据异常成因的预判定情况，简述需要获取的分析依据和采取的技术措施。

2. 观测系统检查

（1）描述井水位、井水流量和泉水流量、井水温度和泉水温度、地温等测项的观测系统检查情况，包括下列内容：

①观测仪器和数采设备的工作状态。

②供电设备和避雷设备的工作状态。

③井口装置、探头电缆固定装置、阀门开关、泄流口装置等的变化情况。

④水位观测值校测的情况，方法见 DB/T 48—2012 中的附录 C；给出观测值准确性情况。

⑤井（泉）水流量观测值校测的情况，方法见 DB/T 50—2012 中第 7 章；给出观测值准确性情况。

⑥观测井（泉）中有抽水泵时，描述水泵是否存在漏电情况，阐明分析结果。

⑦同类型仪器对比井（泉）水温一致性情况。

⑧观测系统受其他因素影响的情况。

（2）描述氡、汞、氢气、氦气、二氧化碳、气体量、离子浓度等测项的观测系统检查情况，包括下列内容：

①观测仪器工作和供电状态。

②使用标准物质或标准传递方式对仪器的校准情况。

③自动观测项目，描述避雷、数采设备、井口装置、水路、气路及脱气装置等状态与变化情况。

④人工观测项目，描述采样与测试是否规范、人员是否变动、计算结果是否正确等情况。

⑤观测方法中使用了辅助化学试剂，应描述试剂的有效期、有效性及是否污染等结果检查情况。

⑥影响观测资料变化的其他因素。

⑦采用另套观测仪器开展平行观测的情况。

3. 环境因素调查

描述与此次异常分析相关的环境因素，包括下列内容：

（1）与异常可能相关的气温、气压和降水等气象因素数据和图形。

（2）周边施工作业的区域和时间，抽水或注水的时间和水量数据，及其与异常观测点的空间位置图。

（3）周边河流、水库、水渠蓄放水的时间和水量数据，及其与异常观测点的空间关系图件。

（4）其他与观测异常有关的影响因素，如地质、水文地质条件、井区油井开采情况等。

7.3.2　异常分析

异常分析包括物理实验和化学实验过程、物理实验数据和化学实验数据分析过程、辅助分析过程。

（1）描述与此次异常分析相关的物理实验过程，包括下列内容：

①井下电视观察井孔结构的分析过程，如井壁有无裂隙、堵塞和坍塌等。

②与异常井相关的其他井抽水实验调查分析过程，如含水层基本参数变化、抽水影响半径、抽水对异常井的干扰程度等。

③同类型水位仪器的对比观测分析过程，给出水位异常测值变化是否真实的结论。

④同深度、同类型水温仪器的对比观测一致性分析过程与结果。

⑤井水温随深度变化的观测资料分析过程，给出水温异常热源的性质。对缺少井水温随深度变化资料的观测井，应按照 DB/T 49—2012 附录 A 技术要求补充相关资料。

⑥井口出现气体异常现象的分析过程，给出气体在井孔内的逸出位置。

⑦描述与异常相关的其他物理实验分析过程与结果。

（2）描述与此次异常分析相关的化学实验过程，包括下列内容：

①与异常井（泉）相关的水样和气样采样过程，给出采样数量、采样位置和采样时间。

②与异常井（泉）在一定范围内的地表水（江、河、湖、海、水库等）和地下水的水样和气样采样过程，给出采样数量、采样位置和采样时间。采样点的范围符合 GB/T 19531.4—2004 中第 5 章的要求。

③水温度、酸碱度和电导率的现场测试过程，给出测量数据。

④水样中主量元素和微量元素含量的测试过程，给出实验数据。

⑤气样中组分含量和组分特征的测试过程，给出实验数据。气体组分主要包括 Rn、

Hg、CO_2、H_2、O_2、CH_4、He 等。

⑥水样和气样中同位素测试过程，给出实验数据。水样中测试的同位素主要包括：^{18}O、^2H、^3H 等；气样中测试的同位素主要包括：^{13}C、$^3He/^4He$、$^4He/^{20}Ne$ 等。

⑦与异常观测点有关联的跨断层土壤气观测剖面测量过程，给出测量数据。土壤气组分主要包括 Rn、CO_2、Hg、H_2 等。

⑧与异常相关的其他化学实验分析过程与结果。

（3）描述与此次异常分析相关的物理实验数据分析过程，包括下列内容：

①井水位与降雨、温度、气压等气象因素的相关性分析过程，给出气象因素对井水位动态的影响程度结果，描述井水位正常动态特征。

②使用调和分析法提取井水位固体潮汐参数的分析过程，给出计算获得的含水层基本参数，描述含水层介质变化状态。

③基于区域水文地质条件和地震地质构造等基础资料，给出建立井孔含水层地下水动力学模型的过程，以及地下水位异常的地下水均衡成因机制或构造成因机制。

④根据井孔水温随深度变化曲线，结合地质构造和井孔条件，给出建立水—热动力学模型的过程，以及井水温异常的成因机制。

⑤与本次异常相关的其他物理过程数据分析过程与结果。

（4）描述与此次异常分析相关的化学实验数据分析过程，包括下列内容：

①地下水成因与补给类型等水文地球化学特征。主要内容包括：表征水质类型的 Piper 图，表征水岩反应程度的 Giggenbach 三角图，表征地下水补给来源以及混合作用的氢氧稳定同位素对比图；描述基于地下水年龄分析的地下水径流过程；描述基于水化学温标方法分析的地下水形成的热储深度和温度过程与结果。

②基于电导率、总溶解固体、离子成分、氢氧稳定同位素、地下水年龄等数据，描述分析地下水深浅部混合程度的过程与结果。

③基于跨断层土壤气体组分测量数据，描述观测点所在断层地下气体释放特征和断层活动状态的分析结果。

④与本次异常相关的其他化学实验数据分析过程与结果。

（5）可能与此次异常相关的其他地球物理观测资料的辅助分析过程与结果。

7.3.3　异常判定

异常判定结果包括构造活动异常、干扰异常和待确定的异常。

1. 构造活动异常

（1）描述判定为构造活动异常的分析过程，给出异常信度。

（2）基于以往同类异常和异常特征的对比分析结果，异常信度表征为 A 类异常、B 类异常或 C 类异常。

（3）在观测资料分析的时间段内，依据观测资料预报效能评估结果，观测曲线正常动态稳定且预测效能优良，异常信度为 A 类异常；观测曲线正常动态稳定且预测效能良好，异常信度为 B 类异常；观测曲线正常动态不稳定且预测效能量较差，异常信度为 C 类异常。

（4）预测地震时间的异常表达方式，可依据地震预测指标给出。预测时间在一年尺度以上的异常为背景异常；预测时间在 3 个月以内的异常为短期异常；预测时间在 10d 以内的异常为临震异常。

2. 干扰异常

描述历史上该测点类似干扰情况或其他测点类似干扰情况，表述判定为干扰异常的分析过程。

3. 待确定的异常

描述未能确定异常性质的原因，表述其他需要说明的内容。

7.4　典型干扰异常定量识别方法

地震地下流体观测的核心问题是捕捉有用的地震前兆异常信息。为提取有用的地震异常信息，往往需要将观测中的干扰因素加以消除，特别是在提取地震异常信息的过程中更为突出。但由于地震地下流体干扰因素较为复杂，要完全排除观测中的影响因素是很困难的，所以往往是具体问题具体分析。为消除已知源的干扰因素，通常可以结合当地水文地质条件采用预测方法给予定量和半定量的消除。如观测技术环节引起的干扰，可以在现场工作落实的基础上，给以定性的排除；抽水、注水、降雨补给地下水引起的干扰往往在收集资料后采用预测方法给以半定量的排除；而对于气压、固体潮、降雨荷载作用引起的干扰可以通过一定的数学处理方法给予定量的排除。对于仪器产生的干扰，一方面依赖于台站观测人员，另一方面还得从仪器的制造开始入手，根本的改变仪器存在的问题。

7.4.1　水位的气压效应

井水位对气压如何响应，其频谱特征是什么？以姚安井为例（图 7-4），从该井水位与

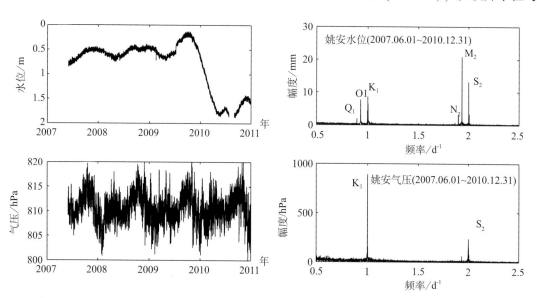

图 7-4　姚安井水位和气压频谱分析图

气压观测值的频谱分析结果可以看出，水位周期性变化的频段主要为 K_1、O_1 和 Q_1 日波和 S_2、M_2 和 N_2 半日波，而气压周期性变化的频段主要为 K_1 日波和 S_2 半日波。由此可见，气压影响水位的主要是 K_1 日波和 S_2 半日波。

气压对水位的影响一般用气压系数来表征，观测井水位的气压系数大小跟含水层的孔隙度、垂向压缩系数及含水层内水体的压缩系数密切相关（Jacob，1940），而这几个参数的不确定性较大，要精确计算水位的气压系数并不容易。

1. Clark 方法

Clark（1967）提出了采用回归分析法求取水位气压系数的方法，该方法数学表达为

$$\left.\begin{aligned} \Delta b_i &= b_i - b_{i-1} \\ \Delta h_i &= h_i - h_{i-1} \\ \beta_i &= \Delta b_i \cdot \Delta h_i \end{aligned}\right\} \tag{7-2}$$

$$\left.\begin{aligned} S_b^i &= S_b^{i-1} + |\Delta b_i| \\ S_h^i &= S_h^{i-1} - |\Delta h_i| \qquad (\beta_i > 0) \\ S_h^i &= S_h^{i-1} + |\Delta h_i| \qquad (\beta_i < 0) \\ S_h^i &= S_h^{i-1} \qquad\qquad\ \ (\beta_i = 0) \end{aligned}\right\} \tag{7-3}$$

式中，b 为气压；h 为水位；S 表示和。利用（7-2）式和（7-3）式求出 S_b^i 和 S_h^i 序列后，二者散点图的斜率即为气压系数 B_e。气压系数越高，表示水位受气压的影响就越大，反之就越小。利用所求出的气压系数，可以对实测水位进行气压校正，数学表达为

$$\left.\begin{aligned} \delta w_i &= -(B_e \cdot \Delta b_i) \\ \sum_{j=1}^{j=i} \delta w_j &= \sum_{j=1}^{j=i-1} \delta w_j + \delta w_j \\ h_i^c &= h_i + \sum_{j=1}^{j=i} \delta w_j \end{aligned}\right\} \tag{7-4}$$

式中，δw_i 为气压扰动引起的水位变化；h_i^c 为校正后的水位值。

利用 Clark 方法求得姚安井水位气压系数为 5.9146mm/hPa，用该值对实测水位进行气压校正，结果如图 7-5 所示，图 7-5a 为 2007～2010 年实测数据与校正数据对比图，图 7-5b 为 2010 年 12 月实测数据与校正数据对比图。

从图 7-5 可以看出，姚安井经过气压校正后的水位值要稍低于实测值。但是，水位气压校正后依然存在年动态变化，且 2009～2010 年间的大幅下降依然存在。由此可以推断，姚安井水位的年动态变化并非气压的年动态变化所致，且水位在 2009～2010 年间出现的大幅下降也不是气压变化引起的。也可以说影响姚安井水位动态变化的主要因素并非气压变化。

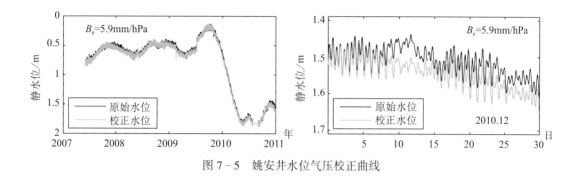

图 7 - 5　姚安井水位气压校正曲线

2. 卷积回归方法

Rasmussen and Crawford（1997）、Toll and Rasmussen（2007）提出了针对水位与气压间的非线性及考虑滞后的卷积回归法来进行气压校正和求取气压系数。即引入井水位对气压的阶跃响应函数，利用水位和气压数据来拟合出阶跃响应函数的最佳值，由该最佳阶跃响应函数来校正水位（图 7 - 6a）。如果考虑固体潮因素（一般由传感器测量或理论固体潮代替），该方法可同时校正观测井水位数据中的气压和固体潮组分（图 7 - 6b）。

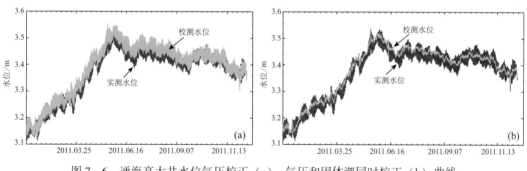

图 7 - 6　通海高大井水位气压校正（a）、气压和固体潮同时校正（b）曲线

井水位对气压的阶跃响应函数可表示为

$$A(i) = \sum_{j=1}^{i} \alpha(j) \qquad (7-5)$$

式中，$A(i)$ 为井水位对气压的阶跃响应函数，可由气压单位脉冲响应函数 $\alpha(j)$ 求和得到。

在不考虑其他因素（譬如，补给和排泄等），井水位的变化量可表示为

$$\Delta W(t) = \sum_{i=0}^{m} \alpha(i) \Delta B(t-i) + \sum_{i=0}^{m} \beta(i) \Delta ET(t-i) \qquad (7-6)$$

式中，i 为滞后时间；m 是选择的最大滞后时间；$\Delta W(t)$ 为 t 时刻的水位变化量；$\alpha(i)$ 为

滞后 i 时刻的气压单位脉冲响应函数；$\Delta B(t-i)$ 为 $t-i$ 时刻的气压变化量；$\beta(i)$ 为固体潮响应系数；$\Delta ET(t-i)$ 为 $t-i$ 时刻的固体潮变化量。

校正后的水位可表示为

$$
\begin{bmatrix} W_m^* \\ W_{m+1}^* \\ W_{m+2}^* \\ \vdots \\ W_n^* \end{bmatrix} = \begin{bmatrix} \Delta B_1 & \Delta B_2 & \Delta B_3 & \cdots & \Delta B_m \\ \Delta B_2 & \Delta B_3 & \Delta B_4 & \cdots & \Delta B_{m+1} \\ \Delta B_3 & \Delta B_4 & \Delta B_5 & \cdots & \Delta B_{m+2} \\ \vdots & \vdots & \vdots & \vdots & \vdots \\ \Delta B_{n-m+1} & \Delta B_{n-m+2} & \Delta B_{n-m+3} & \cdots & \Delta B_n \end{bmatrix} \begin{bmatrix} \alpha_1 \\ \alpha_2 \\ \alpha_3 \\ \cdots \\ \alpha_m \end{bmatrix} \qquad (7-7)
$$

式中，W_t^* 为 m 到 n 时间内每个水位观测值的校正量；m 为选择的最大滞后时间；n 为观测数据个数；α_m 为与最大滞后时间对应的气压单位脉冲响应函数。

在求取气压系数的过程中，假设将水位的影响因素分解为气压、潮汐、趋势成分和随机成分 4 个分项。首先，用卷积回归法剔除气压成分（气压校正）。接着，用原始水位减去气压校正后的水位，最后剩余水位只剩气压效应项。另外，趋势明显的气压数据也要事先进行线性去趋势。最终利用剩余水位（只剩气压效应项的水位）和校正后的气压采用 1 阶差分来获取气压系数 B_e（图 7-7）。

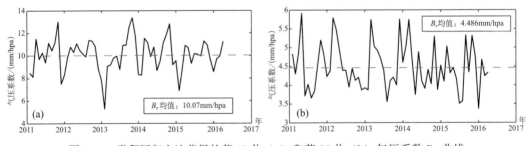

图 7-7　卷积回归方法获得的苏 02 井（a）和苏 06 井（b）气压系数 Be 曲线

3. ARX 模型方法

ARX 模型经常被应用于系统识别研究中，同时该模型对于处理具有时间滞后特性的线性系统能取得较好的效果（杨剑锋等，2008），尤其是分析高频数字化水位、气压、固体潮方面，能够更有效地将气压和固体潮效应准确地消除。

应用实例分析：结合 ARX 模型对黄骅井水位地震地下水位观测数据进行如下分解。

$$
Y_n = X_n + P_n + E_n + R_n + \varepsilon_n \qquad (7-8)
$$

$$
P_n = \sum_{i=0}^{l} a_i p_{n-i} \qquad (7-9)
$$

$$E_n = \sum_{i=0}^{m} b_i e_{n-i} \qquad (7-10)$$

$$R_n = \sum_{i=0}^{k} c_i r_{n-i} \qquad (7-11)$$

式中，X_n 为趋势项，可以利用分段线性拟合或其他方法提取；P_n 为气压对水位的影响，可以使用 l 阶褶积表示；E_n 为井水位对体应变固体潮的响应，可以使用 m 阶褶积表示；R_n 为降雨荷载作用对水位的影响，可以使用 k 阶褶积表示；ε_n 表示观测噪声。

井水位变化的趋势项可以用多种方法来提取，本文采用分段一元线性回归分析方法来处理。

模型阶数的确定：对于拟合阶数 l、m、k 的选择根据气压、水位、固体潮的自相和互相关函数随滞后时间的特征给出合适的范围，然后根据最小 AIC 信息标准加以判断（由程序自动实现最小 AIC 的选择）。

$$AIC = \lg V + \frac{2d}{N} \qquad (7-12)$$

式中，V 为损失函数（即估计参数的极大似然函数）；d 估计参数的长度；N 为估计资料的长度。

4. 小波分析方法

小波变换是一种信号的时间–频率分析方法，具有多分辨率分析信号的特点，而且在时域和频域内都具有表征信号局部特征的能力。它可以用长的时间间隔来获得更加精确的低频率信号信息，用短的时间间隔来获得高频率信号信息，因此，可以利用小波分析将观测信号在不同时频范围内局部细化（薛年喜，2008）。

以山西孝义地震地下水位 2004 年 11 月至 2005 年 4 月的观测资料为例，把观测资料分解为不同频率范围内的时间信号序列。然后利用最小二乘法对分解后的信号进行求解，通过求出不同频段的气压系数和潮汐系数来达到消除气压和固体潮对井水位影响的目的（图 7-8）。图中箭头分别为 2004 年 12 月 26 日和 2005 年 3 月 29 日苏门答腊 $M_S8.7$ 和 $M_S8.5$ 地震。从图中可以清楚地看出：利用小波分析方法消除气压和固体潮影响后，前一次苏门答腊 $M_S8.7$ 地震同震效应明显，后一次 $M_S8.5$ 地震同震效应不明显，这与苏门答腊 $M_S8.7$ 地震引起的地下流体同震效应相一致。

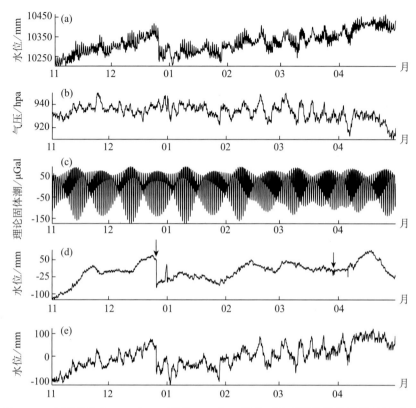

图 7 - 8　山西孝义台 2004 年 11 月至 2005 年 4 月地下水观测曲线及计算结果对比

（a）水位观测曲线；（b）气压观测曲线；（c）理论固体潮曲线；

（d）本文提供的方法计算结果；（e）一般线性回归分析方法计算结果

7.4.2　水位的固体潮效应

周期性的地球固体潮体膨胀是由日月引潮力引起的，它与地球和日月的质量及相对位置有密切关系。目前，天文观测可以对固体潮分量的频率特性了解得很清楚，一般考虑 M_2 波、O_1 波、K_1 波、S_2 波和 N_2 波五个主要分量，这五个分波已经占了全部起潮力的 95% 以上，表 7 - 1 给出了这些分量的主要特征。

表 7 - 1　主潮汐分量特性表

符号	周期 （小时）	频率 （1/天）	特征
M_2	12.421	1.932212	月亮主半日波
S_2	12.0	2.0	太阳主半日波
N_2	12.658	1.896034	由月、地距离的逐月变化造成的月亮半日波

符号	周期 （小时）	频率 （1/天）	特征
O_1	25.819	0.929548	月亮主日波
K_1	23.934	1.002758	太阳主日波

　　地球固体潮各谐波的理论值，可以在假定地球是完全刚性的条件下由潮汐静力学理论计算，显然，理论值和实际测量值是不完全符合的，二者的差异为研究地球的弹性、岩石的物理性质、含水层特征、探索地震前兆提供了途径。但是，由于大气压日波和半日波成分的存在，使得确定井孔对固体潮汐响应变得复杂化，因此在研究固体潮之前有必要了解大气压日波和半日波的特征。由于大气压往往受到温度的调制，因此与太阳有关的气压谱明显的呈现出 S_1、S_2、S_3 波成分，尤其是与热效应混合在一起的 K_1 波分量。固体潮具有丰富的潮汐分量，由于月球引起 O_1 波和 M_2 波受气压影响的程度较小，因此源于月球的 O_1 波和 M_2 波对于分析水位固体潮以及含水层特征是最为有效的潮汐波分量。

　　承压性较好的井-含水层系统其水位的 O_1 波和 M_2 波固体潮响应变化在一定程度上能反映出含水层固体介质物理参数（如储水系数、导水系数和孔隙度等）的变化。Hsieh et al.（1987）通过理想的承压性井-含水层系统受压力扰动模型，得出了水位固体潮响应的振幅响应比和相位差与井-含水层系统各物理参数之间的定量关系：

$$\left.\begin{array}{l} A = (E^2 + F^2)^{-1/2} \\ \eta = -\arctan(F/E) \end{array}\right\} \tag{7-13}$$

式中，A 为振幅响应比；η 为相位差；E、F 分别为

$$\left.\begin{array}{l} E \approx 1 - \dfrac{\omega r_c^2}{2T} \mathrm{Kei}(\alpha_w) \\[2mm] F \approx \dfrac{\omega r_c^2}{2T} \mathrm{Ker}(\alpha_w) \\[2mm] \alpha_w = \left(\dfrac{\omega S}{T}\right)^{1/2} r_w \end{array}\right\} \tag{7-14}$$

其中，r_c 为井孔套管半径；r_w 为裸孔半径；ω 为潮汐波分量波动频率（M_2 波为 0.5175/天）；T 为含水层导水系数；S 为储水系数；Kei 和 Ker 为零阶开尔文函数。

　　由式（7-13）、式（7-14）可知，水位的固体潮响应振幅比与相位差与含水层储水系数和导水系数密切相关。对于实测的水位观测资料，一般是通过调和分析方法来求得振幅和相位差（唐九安，1999）。图 7-9 是利用去除气压效应后的姚安井水位资料求得的 M_2 波潮汐响应振幅和相位差，从图中可以看出，姚安井水位的潮汐响应振幅和相位差在汶川 8.0 级

地震（2008 年 5 月 12 日）前后均出现了波动下降的现象，从观测数据来看，是水位的固体潮响应发生了畸变，但这种畸变反映的却是含水层系数固体介质的物理参数的变化，即含水层储水系数与导水系数发生了变化。

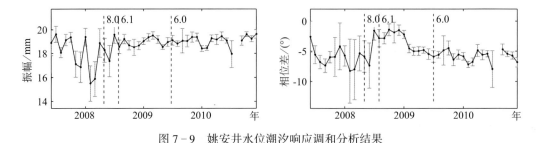

图 7 - 9 姚安井水位潮汐响应调和分析结果

储水系数与导水系数分别为单位储水率和渗透率与含水层厚度的乘积，而单位储水率和渗透率与含水层孔隙度直接相关。Jacob（1940）给出了孔隙度与单位储水率之间的定量关系：

$$n = \frac{B_e S_s}{\beta \rho} \qquad (7-15)$$

式中，n 为孔隙度；B_e 为气压系数；S_s 为单位储水率；β 为水的压缩系数（$4.75 \times 10^{-9} \text{m}^2/\text{kg}$）；$\rho$ 为水的密度（1000kg/m^3）。Bredehoeft（1967）给出了单位储水率 S_s、二阶引潮力位 W_2 与水头 h 之间的关系：

$$S_s = - \left[\left(\frac{1 - 2v}{1 - v} \right) \left(\frac{2\bar{h} - 6l}{ag} \right) \right] \frac{\mathrm{d}W_2}{\mathrm{d}h} \qquad (7-16)$$

式中，v 为含水层介质的泊松比；h 和 l 为地球表面的 Love 数；a 为地球平均半径；g 为重力加速度。Marine（1975）分析认为对于一般的含水层介质，其式（7-16）中方括号内的几个变量所计算的值基本为常数，约为 $7.88 \times 10^{-13} \text{s}^2/\text{cm}^2$（$v = 0.27$，$h = 0.6$，$l = 0.07$，$a = 6.371 \times 10^{-6} \text{m}$，$g = 9.8 \text{cm/s}^2$）。Munk and MacDonald（1960）给出了引潮力位的计算式：

$$W_2(\theta, \phi, t) = g K_m b f(\theta) \cos[\beta(\phi, t)] \qquad (7-17)$$

式中，K_m 为常数，与地球质量、月球质量、地月距离及地球半径有关，约等于 53.7cm；b 是与潮汐波分量周期有关和常数，对于 M_2 波，其值为 0.908；$f(\theta)$ 是经度函数，对于 M_2 波，$f(\theta) = 0.5\cos(\theta)$；$\beta(\phi, t)$ 是纬度与时间的函数。由式（7-16）和式（7-17）可知，二阶引潮力位波动的振幅是潮汐分量周期和经度函数，记为 $A_2(\tau, \theta)$，不同周期的潮汐分量引起水头 h 波动的振幅可通过调和分析法得出，记为 $Ah(\tau)$。则有：

$$
\left.\begin{aligned}
S_s &= 7.88 \times 10^{-13} (\mathrm{s^2/cm^2}) \frac{A_2(\tau, \theta)}{A_h(\tau)} \\
A_2(\tau, \theta) &= gK_m bf(\theta)
\end{aligned}\right\} \tag{7-18}
$$

通过调和分析法求得姚安井水位 M_2 波振幅的逐月变化值，依式（7-18）计算出 S_s 的逐月值，并运用 Clark（1967）的方法求得该井水位气压系数 B_e 的逐月值，依式（7-15）计算出了姚安井含水层介质孔隙度逐月变化值，结果见图 7-10。

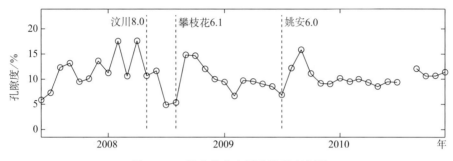

图 7-10　姚安井含水层孔隙度变化图

从图 7-10 可以看出，姚安井含水层介质孔隙度在汶川 8.0 级地震和攀枝花 6.1 级地震前出现了大幅波动的现象，在姚安 6.0 级地震后出现了上升—恢复的过程。而含水层孔隙度的变化与井-含水层介质的受力状况密切相关，图 7-10 结果表明姚安井含水层介质的受力状态在三次地震前后均有不同变化，也可以说该井的井-含水层系统对邻近区域的应力变化具有一定程度的响应能力。

7.4.3　水位与降水量的关系分析

引起含水层水量增减变化的主要因素为大气降水和地下水开采。实际工作中，受施工抽水、农田灌溉以及居民生活用水等因素的影响，要准确而全面地收集某区域的地下水开采量是非常困难的。但是，收集局部区域大气降水量资料却是切实可行的，所以学者们在进行水位宏观动态变化研究时，首先分析降水量对水位变化的影响，通过分析剔除了降水影响后的水位变化来进一步探讨其异常变化特征。大气降水渗入补给是影响井水位变化的常见和主要因素，多数观测井的水位都有雨季上升、旱季下降的年变规律。譬如，内蒙古通辽井水位和水温，在剔除趋势变化后（图 7-11），与降雨量的关系就十分明显。即每年受地区季节性抽水和雨季的影响，水位、水温呈同步变化（图 7-12）。降雨对水位观测的影响有两种最常见的形式，一种是直接补给，即雨季降水时，井水位同步升高；另一种是滞后补给，即井水位升高比大气降水滞后一段时间，云南姚安井即属于滞后补给型。王旭升等（2010）针对水位滞后降水变化型观测井，提出了降雨-水位动态的组合水箱模型，此模型可利用降水量变化来反演水位的动态变化，通过模拟值与实测值的对比分析剔除降水量对水位动态变化的影响。该模型利用基于 Gamma 分布密度函数 $\Gamma(\beta)$ 建立的单位脉冲响应函数 $\gamma(\tau)$ 来处理地下水补给的滞后延迟效果，其数学表达式如下：

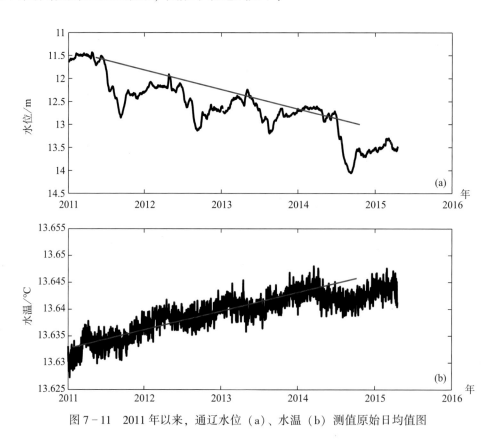

图 7-11　2011 年以来，通辽水位（a）、水温（b）测值原始日均值图

$$
\left.
\begin{aligned}
\gamma(\tau) &= \frac{\exp(-\tau/t_0)}{t_0 \Gamma(\beta)}\left(\frac{\tau}{t_0}\right)^{\beta-1} \\
\Gamma(\beta) &= \int_0^\infty t^{\beta-1}\mathrm{e}^{-t}\mathrm{d}t \qquad (t>0)
\end{aligned}
\right\}
\tag{7-19}
$$

式中，t_0 为一个时间因子；β 为一个无量纲常数；$\gamma(\tau)$ 表示单次降水在 τ 时刻形成的补给强度。连续或间断的降水补给，可用上述单位脉冲响应函数的叠加来表示：

$$
R = T_{jq}P_e(t) + T_{iq}\int_0^\infty P_e(t-\tau)\gamma(\tau)\mathrm{d}\tau
\tag{7-20}
$$

式中，$P_e(t)$ 是 t 时刻产生的能够形成补给强度的有效降水量；T_{jq} 反映井-含水层系统获得降水直接渗入补给的能力；T_{iq} 反映井-含水层系统获得侧向补给的能力。模型利用式（7-20）计算出某一时刻及之前降水所形成的累积补给强度 R 后，可预测下一时刻的水位值：

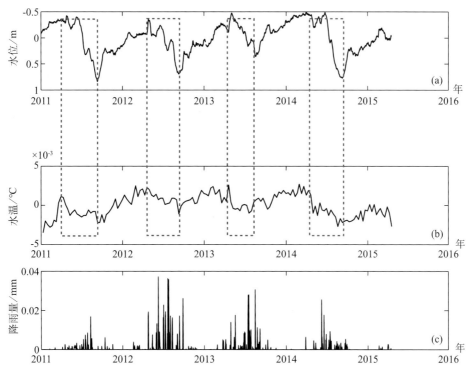

图 7 - 12　2011 年以来，通辽水位（a）、水温（b）测值去直线拟合和降雨量（c）对比图

$$H_{n+1} = z_0 + (H_n - z_0)\exp(-\Delta t/T_h) + R_n[1 - \exp(-\Delta t/T_h)] \qquad (7-21)$$

式中，H 为水位值；下标 n 表示当前时刻，$n+1$ 表示下一时刻；R_n 是 n 时刻及之前降水量产生的累积补给强度。参数 z_0 为排泄基准面的高度，T_h 反映井-含水层系统的贮水能力。

　　该模型在利用降水量资料预测水位变化时，首先要利用正常动态变化时期的降水与水位资料来拟合求取 z_0、β、t_0、T_h、T_{iq} 和 T_{jq} 等 6 个参数，各参数均具有一定的物理含义，模型详细的推导见王旭升等（2010）相关文献，本章节不再赘述。在实际应用时，如果降水量和水位资料均为日值，则式（7-19）至式（7-21）中的 τ、t 与 n 均以天为单位，如果为月值，则以月为单位。图 7-13 为基于降雨-水位动态的组合水箱模型，利用区域降水量来反演姚安井水位的动态变化，通过模拟值与实测值的对比分析剔除降水量对该井水位动态变化影响。

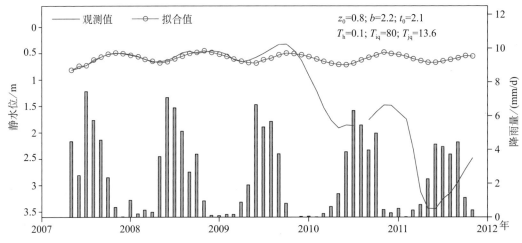

图 7－13　利用降雨-水位动态的组合水箱模型得到的姚安井水位模拟值和实测值对比

7.4.4　地下水开采影响分析

对于各向异性多孔介质，如把坐标轴的方向取得和各向异性介质的主方向一致，承压水非稳定运动的基本微分方程可表示为（薛禹群，1997）：

$$
\left.
\begin{aligned}
&\frac{\partial}{\partial x}\left(K\frac{\partial H}{\partial x}\right) + \frac{\partial}{\partial y}\left(K\frac{\partial H}{\partial y}\right) + \frac{\partial}{\partial z}\left(K\frac{\partial H}{\partial z}\right) + W = \mu_s\frac{\partial H}{\partial t} \\
&H(x,\ y,\ z,\ t)\ |_{t=0} = H_0(x,\ y,\ z) \\
&K\frac{\partial H}{\partial n}\ |_{\varGamma_2} = 0
\end{aligned}
\right\}
\tag{7-22}
$$

式中，H 为水头；H_0 为初始水头值；t 表示时间；K 表示含水层的渗透系数；μ_s 为含水层贮水率；W 为单位体积流量，用以表示从单位体积含水层中流入（为正）或流出（为负）的水量；$\varGamma_2$ 为第二类边界条件。上述模型从实用角度出发，假设含水层中的水流服从 Darcy 定律，渗透系数 K 贮水率 μ_s 不受含水层孔隙度变化（骨架变形）的影响。

式（7－22）加上相应的初始条件和边界条件，便可构成一个描述地下水流动体系的数学模型，该模型计算时需输入含水层渗透系数 K 和贮水率 μ_s 的值，二者均可通过抽水试验得知，但在实际应用中由于受客观条件的限制，无法进行抽水试验来获取含水层参数。为此，很多学者提出了利用观测水位的固体潮调和分析法来获取含水层的介质参数（Munk et al.，1960；Bredehoeft，1967；Marine，1975；Hsieh et al.，1987；唐九安，1999；张昭栋等，2002），即通过固体潮调和分析法可得知含水层的贮水率 μ_s 和导水系数 T，而导水系数 T 与渗透系数 K 之间存在定量关系，即 $T=KM$，M 为含水层等效厚度。

式（7－22）表示的微分方程，一般很难求得其解析解，因此，各种各样的数值法被用来求得该式的近似解（薛禹群，1997），本章节采用有限差分法（向后差分法）来求解。计算过程中，除了给定渗透系数 K 和贮水率 μ_s 外，还需要给定模型的边界条件和初始条件。

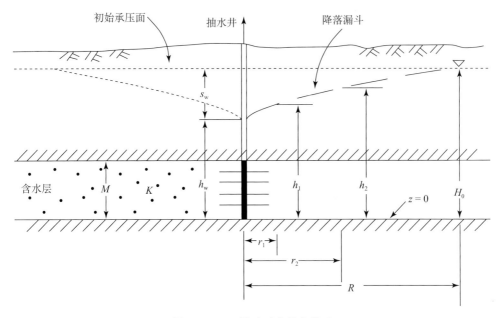

图 7 - 14　二维地下水抽水模型

为方便使用，实际工作中常将式（7 - 22）简化为二维各向同性介质，如图 7 - 14 所示，其表达式如下：

$$
\begin{cases}
\dfrac{\partial^2 s}{\partial r^2} + \dfrac{1}{r}\dfrac{\partial s}{\partial r} = \dfrac{S}{T}\dfrac{\partial s}{\partial t} & t < 0,\ 0 < r < \infty \\[2mm]
s(r,\ 0) = 0 & 0 < r < \infty \\[2mm]
s(\infty,\ t) = 0 \qquad \dfrac{\partial s}{\partial t}\Big|_{r \to \infty} = 0 & t > 0 \\[2mm]
\lim_{r \to 0} r\dfrac{\partial s}{\partial t} = -\dfrac{Q}{2\pi T} &
\end{cases}
\tag{7 - 23}
$$

对上式求解，得到其解析解为

$$
s = \frac{Q}{4\pi T}W(u) \qquad u = \frac{r^2 S}{4Tt}
$$

$$
W(u) = -E_i(-u) = \int_u^\infty \frac{e^{-y}}{y}\mathrm{d}y
\tag{7 - 24}
$$

式中，s 为抽水影响范围内任一点任意时刻的水位降深；Q 为抽水井的流量；T 为导水系数；t 为自抽水开始至计算时刻的时间；r 为计算点到抽水井的距离；S 为含水层的贮水系数。W

（u）查表可得。

图 7-15 给出了二维地下水抽水模型下，得到的姚安井不同渗透系数 K 下的水位将深曲线和水位实测值曲线。

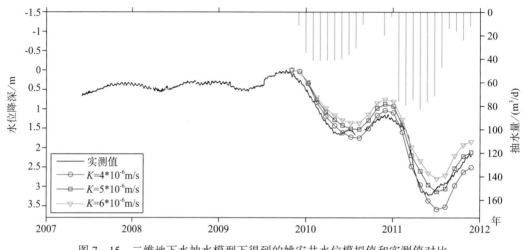

图 7-15　二维地下水抽水模型下得到的姚安井水位模拟值和实测值对比

7.5　异常核实的地球化学方法

地下水化学成分可以是地下水与环境（自然环境、地质环境和人类活动）长期相互作用的产物，也可以是构造运动、环境输入影响造成的短暂突变的结果。地下水的地球化学敏感性是地下水系统对自然和人类活动影响的敏感程度反映的固有属性。观测井中水化学类型主要受构造活动、水岩反应和季风降雨等影响。在没有地表水和大气降水的影响下，观测井地下水位也会随着季风前后有一定的变化，但是水化学类型对季风前后的响应却相对较小。地震地下流体观测井长期监测的信息出现异常变化时，可能是环境干扰影响，也可能是地震前兆异常。此时，科学的地球化学测试分析手段，在异常核实工作中能起到重要的作用。

观测井的水化学类型通常会具有区域特征，与观测层位的岩性和所处构造带相关，因此地下水系统中化学变化相当复杂多变。影响地下水化学成分形成的因素，应理解为能制约和引起地下水化学成分和矿化度变化的各种原因。这些因素可分为主要的和次要的，直接的和间接的。直接和间接因素均不是构造运动引起的变化，可以认为是非前兆异常引发的，例如，环境改变或者降雨等因素导致的水化学成分变化。构造因素直接造成的水化学变化，可以判定为地震前兆，但是构造运动的存在并不一定会发生地震。最难判定的是构造运动为间接因素，它诱发的各种物理化学变化，具有迷惑性。例如，在它的作用下由隔水的粘土中向含水层挤压出水，从而引起含水层水化学成分的变化，地球化学分析的物质来源是浅层地下水，但是这样的变化确实存在构造运动的因素，因此增加了判定的难度。因此本节从影响地下水化学成分的因素和地下水化学成分形成过程等原理性知识点出发，以非前兆异常成因和前兆异常成因两种可能性分类，通过相应的地球化学手段进行阐述。

7.5.1　非前兆异常成因的判定

地下水系统是地下水含水系统和地下水流动系统的统一，是地下水介质场、流场、水化学场和温度场的空间统一体。含水系统的整体性体现于它具有统一的水力联系，存在于同一含水系统中的水是统一的整体，在含水系统中的任何一部分补给或排泄水量，其影响均将波及整个含水系统。流动系统的整体性体现于它具有统一的水流，沿着水流的方向，会有规律性的演变，呈现统一的时空有序结构。根据地下水循环位置，还可以分为补给区、径流区、排泄区。径流区是含水层中的地下水从补给区至排泄区的流经范围。因此一个地区地下水的水化学特征及演变是有其一定的规律性，外源物质突然的输入影响会打破原有的平衡状态，引起离子浓度和同位素的快速响应变化，异常核实工作可以通过地球化学手段进行对比分析，获取物质来源的各种信息，判定其干扰因素。

1. 影响地下水化学成分的因素

影响地下水化学成分的非前兆异常的因素主要是自然地理因素和人为因素。自然地理因素又分为有地形、水文、大气降水、气温、蒸发、风化、土壤覆盖层和植被。

1）自然地理因素

（1）地形。

地形影响水交替条件，而交替条件又影响水化学成分和矿化度。地形的切割程度决定地表径流大小和地下水排泄程度。地形因素在山区表现更明显，切割的地形造成了具有独立水动态的地形单元，这里的水化学成分与岩石成分的关系密切。在平原及丘陵地区，潜水矿化度及化学成分具有多样性。在干燥气候区，如果闭流洼地汇集了地表水，同时又排泄地下水，则由于强烈的蒸发作用形成盐湖和自行沉淀的盐湖（过饱和盐湖）。如果闭流洼地的底高于潜水位，同时又积蓄了地表水，那么当洼地底部的岩石渗透性较好时，洼地下面就形成淡水或微咸水的透镜体。

（2）水文。

按气候和水文地质条件的相互作用性质，地表水和潜水间的相互关系有几种类型。在中等潮湿和过分潮湿的地区，河谷和湖泊盆地一年大部分时间排泄潜水，只在洪水期才补给潜水。在湿度不足的地区，河流几乎全年都补给潜水，并且在洪水期这种补给规模增大。另一种分布在山区、岩溶区、冲击锥地区的类型，是河水经常补给地下水。有些干旱地区的河流汛期水位特高，而枯水位特低甚至完全干涸。这些河流或者将洪水泄入闭流湖，或者补给地下含水层。低矿化度的洪水使淹没地区潜水的矿化度降低，并改变它的化学成分。在干旱草原和沙漠区，洪水初期的矿化度可能大大高于其末期的矿化度。

如果河流的一部分或全部补充含水层的储量，它就是形成地下水化学成分的直接因素。任何河流的水化学都有它自己的特性，这些特性反映了河流补给区的气候、地质和水文地质条件，在河水的平均成分中，HCO_3^- 在阴离子中一般占主要地位，SO_4^{2-} 一般占第二位，有时也占首位。在河水的阳离子成分中一般起到主要作用的是 Ca^{2+}。以 Cl^- 和 Na^+ 为主要成分的河流水极为罕见。地球上大部分河流的水均为低矿化度（200mg/L 以下）或中等矿化度（200~500mg/L），这是因为集水区内的水交替强烈及岩石冲刷较好的缘故，也是大多数河流都是重碳酸—钙型水的原因。

海水一般是地下水（包括承压水）的排泄区。在海侵时期海水淹没已充满水的岩石，成为地下水形成的主要直接因素，成为沉积成因的地下水。若是近现代小规模海侵影响，海退后，地表以下第一个含水层将是海水成因的潜水。

（3）大气降水。

大气降水能使地下水的储量、矿化度和化学成分发生明显的变化。形成地表水和地下水的第一个阶段是在大气中实现的。在所有天然水中，矿化度和所有化学成分随着时间和空间变化最大最快的是大气降水。虽然如此，降水的成分还是代表了地区的一般特性。大气降水的矿化度低于潜水的矿化度，比别的水富含 SO_4^{2-}，而且 $SO_4^{2-} > HCO_3^- > Cl^-$ 的关系更为常见。在大气降水中，生物成因的 K^+、NH_4^+、NO_3^- 占很大的比重，有时可浓集到 20%～25% 当量。如果低矿化度的地下水和地表水中 Na^+/K^+ 一般为 10～25，那么在大气降水中则降至 1.5～2.0。大气中 K^+、NH_4^+、NO_3^- 的来源是含动植物成因残骸的灰尘。土壤和植物是这种灰尘的供应者。当然钾离子的这种相对富集，不只是由于生物因素的作用，而且是由于在大气中缺少阻止钾迁移的因素。

潜水的化学成分经常与该区大气降水的化学成分相似。它们的区别是矿化度的数值和生物组成的含量不同。这种相似性并不是由于潜水的离子成分是由降水所携带的盐分而形成的，而是由于潜水和降水有同一个盐的补给来源——当地的土壤和岩石。当尘埃气流从其他自然地理条件不同的地区迁移来的时候，降水会与当地含水层具有不同化学类型的水，例如，海岸潜水中的氯含量增高与海洋成因的降水有关。

（4）气温。

气温对地表水化学成分影响很大，对潜水影响的深度不大，仅达到年常温带。在年常温变动带，土壤和岩石随着气温的变化而冻结和解冻，从而影响到潜水的矿化度、化学成分和补给条件。水温的变化会引起天然水中盐溶解性能的变化，从而导致水化学成分发生变化。

气温对地表水的影响会直接反应在水化学成分上。例如，盐湖的水化学成分明显受季节温度影响，当水温从 40℃ 降低到 7℃ 是，Na_2SO_4 的溶解度大约降为 1/7，而 Na_2CO_3 降为 1/9。因此，从秋天开始，从硫酸湖中结晶出芒硝，从苏打湖中结晶出苏打，同时伴随着盐湖水化学成分的根本变质作用。类似现象可以发生在矿化度大大高于海水的盐湖中，因为这些含易溶盐类 $NaCl$、Na_2SO_4、Na_2CO_3、$MgCl_2$ 等的水，当浓度为每升几十或几百克时，即达到饱和状态。

温度升高也可以引起变质作用，在夏天气候炎热时，被晒透的浅水池中也可以发生方解石的沉淀。

（5）蒸发。

蒸发是形成地表水及潜水化学成分和矿化度的重要因素之一。在总蒸发量与总降水量比值最大的沙漠、半沙漠和干旱草原地区，这一因素起的作用最大。在蒸发影响下盐化的地表水体析出盐（形成矿物），开始析出溶解度小的盐，然后析出溶解度大的盐。由于这个作用，重碳酸盐型水也因此先变质为硫酸盐型水，然后变为硫酸—氯化物型水，最后成为氯化物水。

潜水的蒸发过程比较复杂，基本上有两种形式：毛细蒸发和岩石内部蒸发。第一种蒸发形式是在潜水的埋藏深度不大于毛细上升高度时，水沿着毛细管上升，使土壤富含盐而形成盐渍土。这种蒸发使潜水位下降，矿化度并不增加。但大气降水在下渗过程中能由土壤中淋滤出部分盐，把盐带入含水层并引起潜水矿化度增高。岩石内部蒸发是指水分子脱离浅水面扩散到空气中。在沙漠地带潜水的蒸发在任何埋深情况下都能进行。但是蒸发影响潜水埋藏深度一般小于 2~2.5m。归根结底，在干旱地带，蒸发过程引起潜水中盐分会逐渐浓集。

（6）土壤。

土壤使水富含离子、气体和有机物质。土壤从两方面影响水化学成分的形成：一方面土壤可以增加深入其中大气降水的矿化度；另一方面，使已经具有一定化学成分的潜水在与土壤相互作用时变质。影响程度决定于土壤的类型。如果水经过缺盐的泥炭-苔原或沼泽土，则水富含有机物质而只含很少的离子。在灰化土和亚砂质土壤中，也可看到大致相似的情况。黑土和栗色土给水以大量的盐分。盐渍土对渗透水的矿化度影响特别大。

在潜水与土壤相互作用时，除了盐的溶滤外，水的成分也在离子交换、成矿作用、矿物交代等作用的影响下发生变质。变质作用的强度取决于土壤类型和土壤中所含胶体的数量。

在地下水由当地水补给的地区，土壤覆盖是潜水形成的主导因素之一，土壤渗透性能对于潜水储量的补充具有实际意义，而土壤中所含的可溶盐类则对潜水的化学成分有重要意义。对于地表水，土壤覆盖更为重要。土壤溶液决定了所有生物圈地表水的性质，其中包括河水盐分的主要组分。

2）人为因素

（1）开采地下水对地下水化学成分的影响。

开采地下水可使地下水化学成分发生各种变化。在一些情况下能增加水的总矿化度或个别组分的含量，在另一些情况下则使它们减少；有时还改变水的化学类型，甚至使地下水发生污染。观察表明，地下水化学成分的变化，一般是在其影响因素发生变化之后 7 年或更长时间才发生。

开采天然条件下流入海水中或盐湖的淡水，有可能产生反向运动，使盐水由海或盐湖进入含水层。这种现象在地下水集水建筑物离海或盐湖很近，并由于开采使地下水位低于地表盐水位时很容易发生。

开采地下水时，在集水建筑物周围形成降落漏斗，漏斗范围内的压力低于其周围地段。因此，流向集水建筑物的地下水是从高压带进入低压带。由于减压，从水中逸出部分游离 CO_2，并析出铁和碱土金属的碳酸盐沉淀，从而导致被采出水的化学成分变质。

沿承压水盆地地下水承压水面发育的区域性大降落漏斗，其直径有时达到几十千米，可以把它看作是一个特殊的排泄"窗口"。下部含水层的水可能被吸入这个"窗口"，造成吸入下部含水层的盐水而引起地下水化学成分的改变。

有些地表沉降是大量抽水引起地下水压力降低的结果，有研究表明，在地下水压力降低时，从粘土沉积物中吸出大量水，从而粘土被压实。

（2）工业污染度对地下水化学成分的影响。

在人类活动的影响下，地下水受影响的主要是潜水层，一般是增加了地下水的矿化度、硬度和有机化合物的污染。偶尔还存在强酸性和强碱性水，以及完全不同化学类型的水，随着深度的增加，人为作用对地下水化学成分的影响减少。

含水层受到污染的程度，决定于顶板岩石和围岩的渗透性、工业废水的化学成分和其他因素。天然水本身在运动中具有惊人的自然净化能力，甚至被污染了的地表水流由于自然充气，在经过一定的路程之后，也能将有害的物质全部排除而改变水化学性质。

（3）水工建筑对地下水化学成分的影响。

水工建筑破坏地下水的天然动态，由于水更强烈的循环和不同成分水的混合，经常产生有侵蚀性的其他成分的水。原有含水层的水经过补给，并向下游水道排泄，含水层所处的位置越高，在其中进行的水交替越强烈，水化学成分经受的变化也越大。

（4）人工灌溉对地下水化学成分的影响。

大面积灌溉发生的深层渗漏对地下水的补给类似于降水补给，灌溉渠系在输水过程中所形成的与地下水的补给关系可概括（图 7-16）。实际上一些季节性河流的河床下渗也与此类似。当渠床有完整的衬砌时，或有类似于衬砌那样的泥沙淤积或化学性和生物性结壳等类型的阻塞层时，渗漏补给可降低到很小。

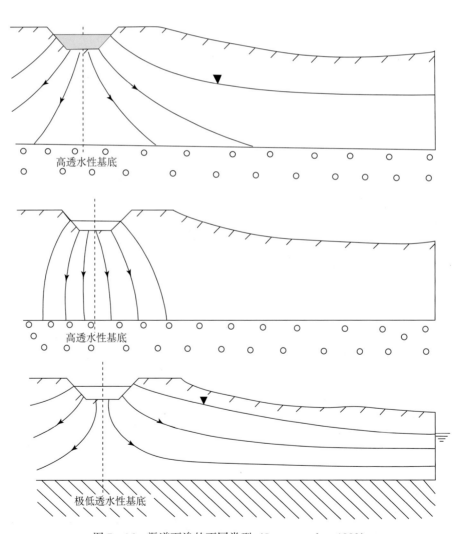

图 7-16　渠道下渗的不同类型（Lerner et al.，1992）

　　灌溉是直接改变土壤和潜水中盐的成分的方式，导致区域水化学成分的改变。此外，化学毒品的污染对于潜水和埋藏更深的地下水具有极大的危险性，其中包括为保护植物而大量应用的滴滴涕（DDT）。

　　综上所述，地下水异常核实的首要工作是了解区域地下水的基本信息。异常点所处的地貌环境，岩性，断层出露，水体的补给区或者排泄区。通常情况下，水文地质图可以直观反映区域地下水情况及其与自然地理和地质因素相互关系，包括含水层的地质年代、岩性、厚度、埋深、分布范围以及地下水的化学类型、埋藏条件、矿化度与涌水量等信息。井口柱状图可以提供含水层岩性信息，建井时水化学主量元素的背景值。研究区公开发表的论文，可能存在水文演化特征，径流信息，甚至离子浓度和同位素组成背景值信息等。其次，需要走访调研周围环境改变信息。例如降雨量的突增，断流河水再次蓄水，建筑施工影响，深水井过渡开发造成漏斗区的可能性，南水北调工程等显著改变情况。它们普遍具有在时间上相呼应，定性的分析不充分的环境变化特点。此时，可以通过地球化学分析手段科学判定物质来源及其相关性。

2. 非前兆异常成因判定的地球化学分析方法

　　非前兆异常的观测井水体补给方式有降水补给、地面水体补给和人为补给（图 7 – 17），因为降水补给可以通过测量雨水的水化学分析测试得到直接结果。地面水补给涵盖范围广泛，观测井周边包括河流、湖泊、水库、洼地水、泉水等。人为补给包括水库、民用水井、工业排水等人为因素的补给。一般情况下，可以通过观测井测量得到的水化学分析结果与地表水的水化学分析结果，进行来源比对，分析观测井受浅表补给的影响。所以必须采集异常点水体样品和周围附近可采集到的水体样品，包括并不仅限于的大气降水，浅水井，深水井，出露泉，河水，湖泊，海水等，进行综合性的分析。现场测量 TDS、电导率、pH 值、

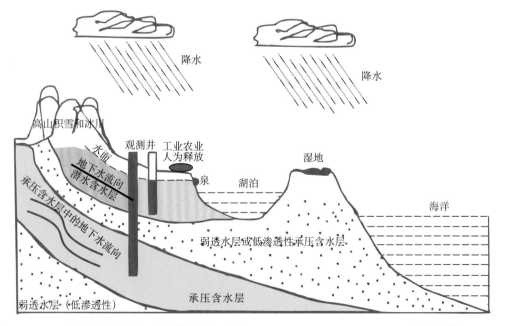

图 7 – 17　观测井所处水文循环示意剖面图（参考 Domenico and Schwartz（1998）、肖长来等（2010））

氧化还原电位等，实验室测试数据分析主元素离子浓度，微量元素浓度，氢氧同位素组成，通过绘制 piper 图、schoeller 图、Na—K—Mg 三角图、氢氧同位素组成关系图等地球化手段，判定浅表水体来源，确定非前兆异常的结论。

1）浅表淡水的输入

（1）地球化学现场测定参数。

在现场地球化学测试中，不同来源的水体都有其特点。例如，河水等淡水来源的矿化度（TDS）较低，氧化还原电位为正值，pH 值大约在 7.2~8.5 之间的天然水特征，基本可以确认浅表水体的来源。但是不一定这些特征全部具有，也不是仅有这些特征。

（2）地球化学实验室分析离子浓度。

实验室分析测试的非前兆异常观测井和可能的外援输入水体的阴阳离子含量对比，可以通过 piper 图表示来源于不同的两种水相混合，还可以展示外源输入的径流方向。Schoeller 图的曲线形状变化趋势大致不变，表明具有同一补给来源。Na—K—Mg 三角图一定在"未成熟水"范围内，表明其为浅层的地下水，主要接受大气降水的补给，循环周期相对较快（图 7-18）。这些地球化学分析方法可以直观的验证外援输入影响。

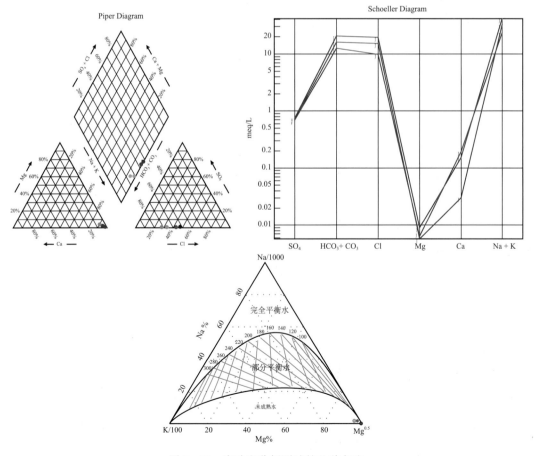

图 7-18　实验室分析测试的几种方法

（3）氢氧同位素组成的应用。

氢氧同位素是研究地壳中水和其他流体起源与迁移的一套最有效的示踪方法，在判定非前兆异常成因中具有重要的作用。全世界大气降水总的 δD 值变化范围为 $-440‰ \sim +35‰$，$\delta^{18}O$ 值为 $-55‰ \sim +8‰$。实际上，大气降水 δD 和 $\delta^{18}O > 0‰$ 的情况极少出现，而极负的 δD 值（$< -300‰$）和 $\delta^{18}O$ 值（$< -40‰$）也仅见于两极地区。影响大气降水氢氧同位素组成的因素主要是：①大陆效应，从海岸至大陆内部，大气降水的 δD 和 $\delta^{18}O$ 值降低。②纬度效应，随着纬度升高（即年平均气温降低），大气降水的 δD 和 $\delta^{18}O$ 值降低。③高度效应，随着地形高度增加，大气降水的 δD 和 $\delta^{18}O$ 值降低。④季节效应，夏季温度较高，大气降水的 δD 和 $\delta^{18}O$ 值较冬季的高。

降水到达流域地面后，以各不相同的径流产生机制或在地面产生径流，或下渗非饱和带，补给地下水，并产生不同类型的地面下径流，形成各种径流组分（图 7 - 19）。降水氢氧同位素组成随之发生氧化，从而形成不同径流组分所特有的同位素组成，实际上这些径流组成特别是非本次降雨组分，连同其产流机制，也正是通过其氢氧同位素组成的分异而得到识别的。同位素演化在低温条件下交换极为缓慢，因此混合作用就是在含水层中使同位素发生改变的主要原因。例如，来自垂向和侧向对地下水不同补给水的混合。这里的混合，不是水力学意义上的混合（如河流干流与支流水的混合），而是水在多孔介质中流动时发生的渗流场混合，也可称为弥散混合。在异常核实过程中，外援输入的水源与原地下水的混合必须有明显的氢氧同位素组成差异，随时间推移，氢氧同位素组成会发生变化（图 7 - 20）。多期次样品采集和分析有助于判定外源输入的影响。因为降水同位素的时间变化大于空间变化，而地下水的空间变化却大于时间变化。于是不同水文流域、含水层、泉域就可能有其同位素差异。

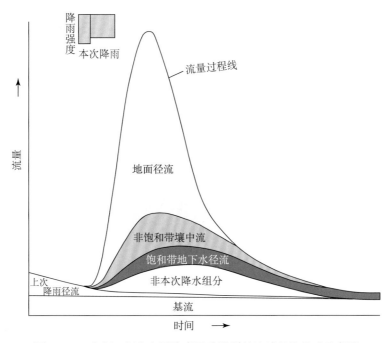

图 7 - 19　由氢、氧稳定同位素示踪识别的流域径流组成示意图

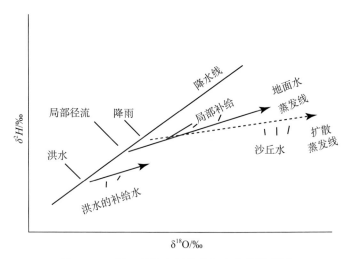

图 7 - 20　氢、氧稳定同位素发生变化示意图

在异常核实工作中，应该使用研究区的大气降水线，但是在缺乏这个数据的时候，可以参考全球大气降水线和全国大气降水线。

全球大气降水线　　　　　　　　　$\delta D = 8\delta^{18}O + 10$

全国大气降水线　　　　　　　　　$\delta D = 7.9\delta^{18}O + 8.2$

以最理想化的两元混合为例，常见的如大气水与其他各种类型水的混合，也包括海水、地面水、不同来源地下水等多种水源之间发生的混合作用，随着时间推移，多期次样品就可能会发生两端元之间的线性变化（图 7 - 21），而这样的线性规律，其机制只是水量的混合而没有任何其他原因。

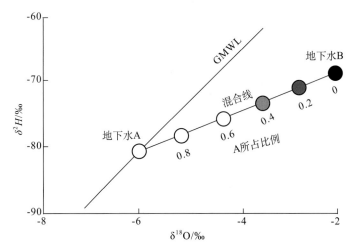

图 7 - 21　两端元混合系统（据 Masaya Yasuhara（2002））

在实际应用中经常会遇到多种水源的复杂情况，研究水源组成问题时可以用到三元混

合。即寻求某地下水的三个水源及其各占比重。需要注意的是，许多情况下三元混合，往往也涉及水源的不同浓度问题。例如美国中部大陆地下水所识别出来的三个水源中，一个是卤水型水 C，另外两个 A，B 均源于降水。其氢氧关系因为受浓度影响，各水源之间的关系并非线性（图 7-22）。所以严格而言，使用线性关系推算三水源组成，实际上往往只是近似解。

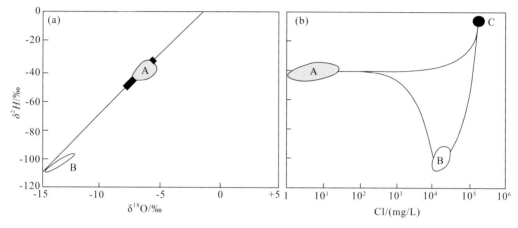

图 7-22　美国中部地下水的三个水源（据 Musgrove and Banner（1993））

（4）碳同位素组成的应用。

2016 年 5 月 23 日河南太康多口农田灌溉井出现大量的气泡现象，经异常核实认为是土壤植物根系中大量的二氧化碳释放引起的现象。这次异常核实工作中，二氧化碳气体碳同位素组成的分析是重要判定依据之一。

通常情况下，二氧化碳在降水和地表水中含量较低，地下水中的 CO_2 主要来源于土壤，有机质残骸的发酵作用和植物的呼吸作用，使土壤中源源不断地产生 CO_2 并溶入流经土壤的地下水中。在水经过土壤渗透过程中，由于氧对有机物质的氧化作用，溶解气体也发生着变化。此时氧含量降低，而二氧化碳的含量相应增加，分解出来的碳酸成为形成重碳酸离子的来源。因为有机碳在被植物固定的营养转移过程中，$\delta^{13}C$ 所发生的分馏极小，在有机物腐败分解过程中，也几乎没有什么变化。不同植物光合作用的生物化学反应机理不同，碳同位素分馏效果也不同。按照光合作用的方式，C_3 植物的 $\delta^{13}C$ 值为 $-23‰\sim-38‰$，C_4 植物的 $\delta^{13}C$ 值变化较小，为 $-12‰\sim-14‰$，CAM 植物的 $\delta^{13}C$ 值介于 C_3 和 C_4 之间，为 $-10‰\sim-30‰$。海洋植物的 $\delta^{13}C$ 值为 $-28‰\sim-4‰$，比陆地植物的 $\delta^{13}C$ 值（$-38‰\sim-10‰$）要高。

大洋上空中大气的 CO_2 具有较恒定的 $\delta^{13}C$ 值为 $-7‰$，在乡村地区，白天由于光合作用，CO_2 浓度下降，当 CO_2 浓度最小时，$\delta^{13}C$ 值最高为 $-7‰$，半夜时分由于植物呼出 CO_2，使 CO_2 浓度增高，$\delta^{13}C$ 值降低，为 $-21‰\sim-26‰$。在生物圈的碳循环可以参考图 7-23 分布范围所示。

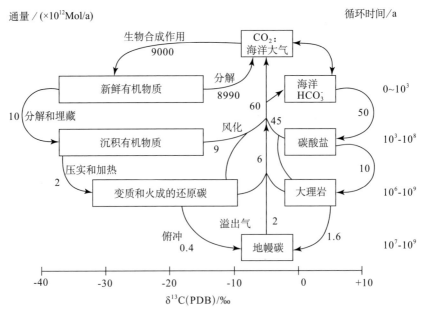

图 7 - 23　生物地球化学碳循环（周志华，2006）

2）人为污染源的输入

通常情况下，地下水化学主元素阴阳离子是平衡的状态。当存在较多的有机物质或者超量的微量元素时，平衡被打破，阴阳离子平衡计算会出现较大的偏差。

$$E(\%) = \frac{\sum n_c - \sum n_a}{\sum n_c + \sum n_a} \times 100 \qquad (7-25)$$

式中，E 为相对误差；n_c、n_a 分别为阳离子和阴离子的毫克当量浓度（meq/L）。正常情况下，如 Na^+、K^+ 为实测值，E 应小于 ±5%；如 $Na^+ + K^+$ 为计算值，E 应等于零或接近于零。当人为污染源输入的情况下，就可能出现 E 远大于 ±5% 的情况。

另外，地下水中氯离子一般不为植物和细菌摄取，不被土壤颗粒表面吸附，在水中最为稳定，很少有分馏现象。通常情况下，当雨水单纯由海洋起源时，雨水主要化学成分基本可视为海水成分的强烈稀释，Cl^- 浓度与 Na^+ 浓度的比值近似为 1.8。当气团和云雾在陆地上空行进时，不断吸收大陆上空的尘土和气体，包括天然的和工业的来源，它们会改变雨水中 Cl^- 浓度和 Na^+/Cl^- 的比值，因为气体流动使污染物的分布趋于均匀，所以在较大范围内数据接近，分布集中。来自与人类活动有关的一些地表污染源，如垃圾场渗滤液、生活废水、城市道路融雪等，为点状污染，点与点之间差别很大，数据分散远比大气污染大，非常不稳定，没有规律性。通常的经验是工业化前没有受人为污染的 Cl^- 浓度小于 6.8mg/L，目前北京地区大气轻微污染条件下的降水 CL^- 浓度 ≤20mg/L。以图 7 - 24 为例，M4 和 M11 就偏离了区域集中地区，考虑污染的可能性。

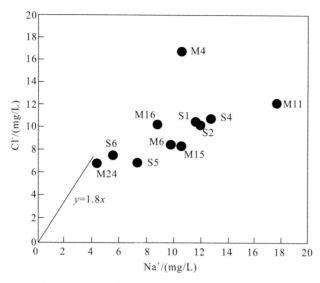

图 7-24　地表水和基岩井水样的 Cl^-—Na^+ 关系图

除了主要离子成分外，地下水中还有一些次要离子浓度的变化也可以判定为人为污染，尤其是三氮（NH_4^+，NO_2^-，NO_3^-）含量增高多数是由于人类活动污染所致，特别是大量使用化肥所致。工业生产的废水、废气和废渣，还可以使地下水富集了原来含量很低的有害成分，如酚、氰、汞、砷、铬、亚硝酸等。

7.5.2　前兆异常成因的判定

地震是地球内部突发事件引起的大地震动。地球内部岩石的孔隙或晶格缺陷内充满了流体，这些深部流体在孕震过程中起着重要的作用。在地震活动过程中，经常能观察到井水水位突增、水中冒泡、水质变化及地下水中化学和同位素组成异常的现象，这些常可看作地震前兆的一个重要表征。水化学异常核实工作就是通过地球化学手段，捕捉地震活动过程中的地下水化学和同位素组成的变化，分析和判定构造运动直接或者间接造成的水化学异常。因此，必须要了解地下水化学成分的形成过程，影响其变化的构造因素，通过已经成熟的水化学分析手段和同位素组成的示踪原理等，综合分析判定前兆异常成因。

1. 地下水化学成分的形成过程

地下水分布的主要规律之一是它的分带性。地下水的分带性主要表现为水文地质动力分带和水文地球化学分带，它们表现了自然—历史带的独特性，并受地区纬度和盆地垂直剖面的状况控制。据此主要分为：承压水盆地的水文地球化学分带（单个含水层的水平分带和几个含水层之间的垂直分带，这些分带规律受盆地的沉积特征、岩性、构造和水动力条件等因素控制）、在结晶岩山区的基岩裂隙水中的高程分带、潜水的纬度分带（主要受气候、地形因素控制）等。

1) 承压水盆地地下水化学成分的形成过程

在大陆淡水沉积、泻湖沉积和海洋沉积中，能形成不同类型的承压水。在陆相沉积中地下水化学成分的形成，取决于含水层的物质成分和生成类型。在山前倾斜平原，有很厚的砂—粘土沉积，这里主要是进行溶滤作用。这种作用在冲刷程度很好的岩层中（对溶于水的盐类）显然进行得很弱，因此形成矿化度很低的重碳酸钙型水。在泻湖相沉积层中含有大量的盐和石膏，因此形成高矿化度的硫酸-钙型水，硫酸-钙-镁型水，硫酸-钙-钠型水，硫酸钠-钙-镁型水，还有硫酸-钠型水。在海相沉积层中，地下水化学成分的形成过程也是很复杂的，是陆相成因类型水和海相成因类型水相互作用的过程，即渗透水排挤沉积水，并同时进行各种化学反应和混合作用。因此，在封闭地质构造中的承压含水层中，可以同时存在沉积水和渗入的大气水。

分析不同化学类型地下水在平面和沿深度的分布资料，能够发现承压水形成的一般规律：①在水文地质封闭构造中，地下水的形成和在开启的构造中一样，是水在含水层中运动条件下形成的。②在封闭构造含水层中，水的运动是承压水通过含水层的隔水顶板，作垂直排泄的结果。③由于地下水在水文地质封闭的、半封闭的、开启的和复杂的（有构造破坏的）构造中运动，在每一个含水层中形成了水化学成分的水平分带。分带的性质，决定于含水层的流通性（水交替的强度）。在承压水盆地含水层中，不同的水平分带，取决于含水层不同的流通程度（水交替程度）。含水层的流通程度又取决于盆地的构造、含水岩石的成分、补给区的高程和补给条件。渗透水进入含水层后，沿着含水层运动，部分或全部地排挤出原始的高矿化的封存海水，并由于原始高矿化水与渗透水的混合和渗透水与含水层孔隙水之间的物理-化学作用，形成一系列的水化学类型分带。在地下水运动的方向上，一个带替换另一个带，而矿化度也逐渐增加。在这种情况下，不仅在不同的盆地，就是在同一盆地的不同含水层，由于上述因素不同（构造、岩石成分、补给条件等），承压水的形成过程也各不相同。

（1）水平分带。

承压水盆地的构造，首先决定了各种水平分带性。在水平分带的内部，因为受岩石成分、盆地的大小、补给区的高程和含水层的补给条件等形成独具特色的水化学成分的分带规律。一个含水层中水化学成分的分带规律可以有以下几种类型：

A. 水文地质封闭构造的全水平分带。

这个水平分带类型具有所有的基本的和过渡的水化学类型，由弱矿化的 HCO_3-Ca 型到高矿化度的 $Cl-Na-Ca$ 型。由于岩石成分不同，又可以分为具有还原硫酸盐条件的正常海相沉积岩中的分带，和含石膏岩层或在缺少还原硫酸盐条件的正常海相沉积中的分带。

具有还原硫酸盐条件的正常海相沉积岩中的分带过程（图 7 - 25）主要是，含水层的补给区，在水积极交替和岩石经过长期冲刷的条件下，形成弱矿化的 HCO_3-Ca 型水。这些水沿着岩层倾向运动时，氧化岩石中分散状态的硫化物（黄铁矿、白铁矿）并溶滤溶解岩石中分散状态的硫酸盐（主要是石膏、硬石膏等），因而富含硫酸盐。在这些过程进行的同时，溶解于水中盐的阳离子与海成岩石吸附综合体中的阳离子进行交替，吸附综合体中的钠交替水中的钙。上述过程的结果是 HCO_3-Ca 型水逐渐过渡到 SO_4-Na 型水转变为 HCO_3-Na 型水，并由水中析出 H_2S。

碱性水在弱冲刷的海相沉积岩带中循环，富集 Cl-Na，并首先转化为 $HCO_3 \cdot Cl-Na$ 型水，而后沿着水流方向，逐渐变为 $Cl \cdot HCO_3-Na$ 型，更进一步变为 Cl-Na 型水。富集的氯化物，一部分是溶滤未冲刷的岩石，另一部分是溶滤水与古老的封存海水混合的结果。在 Cl-Na 型水之后，经常是原始封存的 $Cl-Na \cdot Ca$ 型水或者还含有镁的成分。

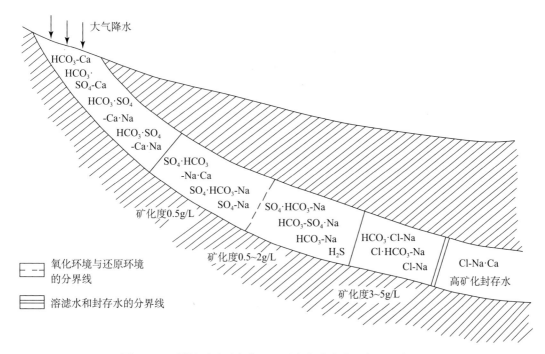

图 7 – 25　封闭型承压水盆地地下水化学成分形成过程演示图
正常海相沉积岩中有能还原硫酸盐的有机质存在含水层

在含石膏岩层或在缺少还原硫酸盐条件的正常海相沉积中的分带（图 7 – 26）的含水层中，由于含大量的石膏和硬石膏，溶滤和溶解这些盐的过程积极地进行着（同时，由于硫化物氧化因而水中富集硫酸盐），虽然同时进行着还原硫酸盐并形成硫化氢的过程，仍使地下水明显地富集硫酸钙。因此，只有在氯化物、石膏和硬石膏被强烈冲刷的地段，即在含水层的补给区，才能形成弱矿化的 HCO_3-Ca 型水，并在沿含水层向下不深的范围内，HCO_3-Ca 型水很快地转变为硫酸盐型水。

B. 水文地质半开启构造中的水平分带。

这个类型的特点是相对发育，但不完全的水平分带，原生的 $Cl-Na \cdot Ca$ 型水全被排挤出去。水交替缓慢的地台型大型承压水盆地的含水层中，存在着这样的分带。也可以在中型甚至小型盆地的由弱透水岩层组成的、水交替程度低的含水层中形成。除 Cl-Ca 型水外，甚至可能缺 Cl-Na 型水带或者更前面的一些水带，在正常海沉积中，缺 $Cl \cdot HCO_3-Na$ 型水带，而在含石膏的沉积中，缺 $Cl \cdot SO_4-Na$ 型水带。在某些情况下，可以有包括 Cl-Na 型水在内的所有的带；但是，原生的 Cl-Ca 型水在这类分带中永远是不存在的。由于岩石成分的不同，半开启构造的含水层中的水化学分带也可以分做：在有还原硫酸盐条件的正常海沉积中的水化学带（图 7 - 27）；在含石膏的岩层或缺少还原硫酸盐能力的正常海沉积中的水化学带（图 7 - 28）。

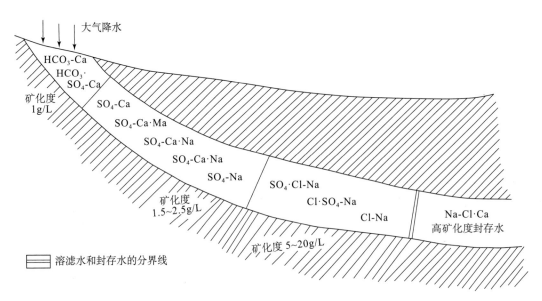

图 7 - 26 封闭型承压水盆地地下水化学成分形成过程演示图

含石膏或缺少还原硫酸盐能力的有机物质的含水层

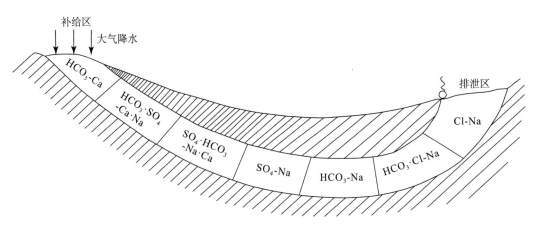

图 7 - 27 水文地质半开启构造的水平分带类型示意图

在有还原硫酸盐条件的正常海沉积中

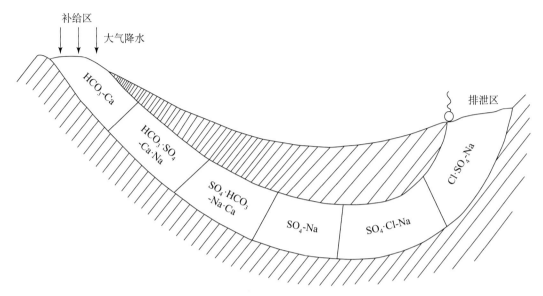

图 7 - 28　水文地质半开启构造的水平分带类型示意图

在含石膏的岩层或缺少还原硫酸盐能力的正常海沉积中

C. 水文地质开启构造中的水平分带。

一般这些带的水是弱矿化的 HCO_3-Ca 和 $HCO_3 \cdot SO_4$（过渡型）或 $SO_4 \cdot HCO_3$（过渡型）水。全分带中的高矿化度水带大部分缺失，这种分带类型存在于褶皱山区水交替强烈的小承压水盆地（图 7 - 29）。在大中型承压水盆地水积极循环的含水层中，也能看到这种分带，并过渡到主要的硫酸盐型水（图 7 - 30）。

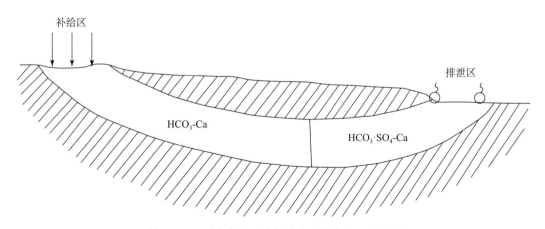

图 7 - 29　开启水文地质构造水平分带类型示意图

褶皱山区小承压水盆地中

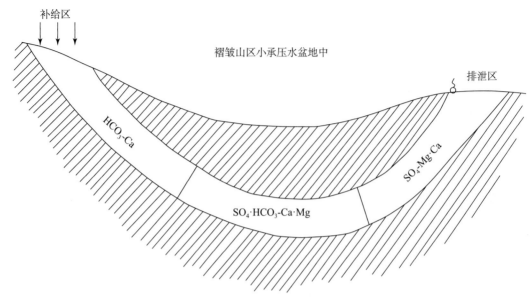

图 7 - 30　开启水文地质构造水平分带类型示意图
大、中型承压水盆地水循环迅速的含水层中

D. 有断裂位置的复杂构造中的水平分带。

在承压水盆地的范围内，远离补给区的含水层被构造破坏（正断层、逆掩断层等），沿着这些构造断裂可以排泄承压水，这往往破坏了含水层中水文地球化学分带的连续性。在构造断裂上盘是一种分带，而在构造断裂下盘是另一种分带。由于断距、构造类型、侵蚀等的不同，可能存在①由于正断层的断距很大和随后的侵蚀，断层下盘含水层，可能与断层上盘的含水层没有联系，在其中可以形成由第一带的 HCO_3-Ca 型水开始的独立的分带（图 7 - 31）。②如果含水层位于正断层的下盘，但与上盘含水层仍有联系，并处于水文地质封闭构造中，那时在其中的分带（从构造断层起），将由与断层上盘含水层最深地段相同的水化学类型开始，这一带是狭窄的并迅速地为下一带所更替，直到盐水和氯化钙型水（图 7 - 31），因为在构造的这一部分岩石的冲刷条件是不好的。③在逆掩断层上盘的含水层将被堵塞，因而可能保存了原始的 Cl-Na·Ca 型水，在其下盘的含水层中，可见到不完全的分带（图 7 - 32）。

E. 矿化水的水平分带。

这个类型的分带也是不完全的，但区别在于它缺少开始的弱矿化水（淡水）带。常见于干旱草原、半沙漠和沙漠地区，含水层受矿化潜水补给的情况下。由矿化的 SO_4-Cl 型或者氯化物型开始，并因岩石成分的不同而形成不同的分带。由于构造开启程度的不同，可以有或者没有最后的 Cl-Na·Ca 和 Cl-Ca 型水。

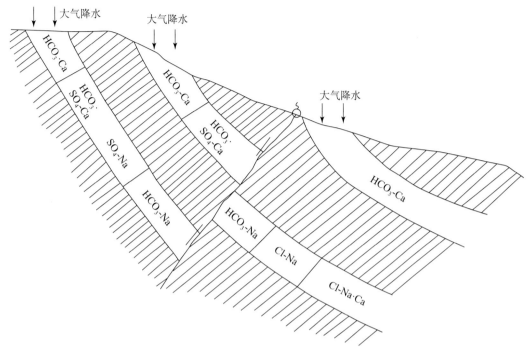

图 7-31　有断裂位移的复杂构造的水平分带类型示意图
断层上、下盘有或没有的构造类型

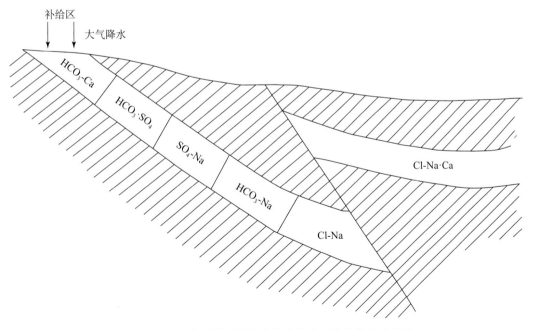

图 7-32　有断裂位移的复杂构造的水平分带类型示意图
逆掩断层上盘的含水层被堵塞，保存了原始的 Cl-Na-Ca 型水

F. 冻土类型的水平分带。

在多年冻结区，盆地边缘区的含水层，部分或全部可能处于冻结带内，因而形成承压水分带的特殊类型，其中，除了水化学分带外，还有物理（温度）分带。在冻土带内，只有在融化区才可以遇到可利用的地下含水层。在冻土区内（融化区外）地下水处于固相。

（2）垂直分带。

在承压水盆地中埋藏着几个含水层时，沿垂深可见到不同的分带。据现有承压水盆地的资料，可以分出三种垂直分带类型：正分带、反分带和复杂分带。正垂直分带的特点是水的矿化度随着深度的增加而增高，同时水化学成分也按着水平分带中水化学类型的更替顺序而改变。反垂直分带的特点是在上部高矿化度的水下面埋藏着低矿化度的水，并且在它们的下面，水的矿化度随着深度而重新增加。复杂的垂直分带，其特点是水的矿化度随着深度的增加不只一次地增加或减少。通常情况下，垂直分带一般分布在气候潮湿的盆地地区，但是盆地内不一定只存在一种垂直分带。反垂直分带和复杂分带常见于干旱地区。承压水盆地的垂直分带类型取决于盆地的构造、岩石成分、补给条件、补给区的高程和各含水层的水交替强度。因此主要有以下几种垂直分带类型：

A. 水文地质封闭构造的垂直分带。

这个类型的特点是，在盆地内部带的界限内，有时在边缘部分的深部含水层中，有高矿化度的 Cl-Na·Ca 型水。

在盆地的所有部分是正垂直分带通常有三个形成条件：①所有含水层都是由大气降水或弱矿化的潜水补给。②各含水层补给区标高无明显的差别。③岩石成分的成因相同。在这些条件下，所有的（或大多数）含水层形成全水平分带。含水层埋藏的越深，淋滤水和高矿化的 Cl-Na·Ca 水之间的锋面离补给区越近（图 7-33）。

还有一种是盆地的中心部分是正垂直分带，但是在盆地边缘部分是反垂直分带的类型。通常在干旱地区的盆地中，上部不深的含水层（50~100m），往往由平原矿化潜水补给，而其下面的含水层，却可能直接由大气降水或者由淡的潜水来补给。这种情况下，深部淡水楔入高矿化的含水层之间，并在封闭盆地的边缘部分造成反垂直分带。常见于下列三种情况：①下部含水层受河流冲击层的淡水补给（图 7-34）。②下部含水层受山前洪积裙和河流冲积锥淡潜水补给（图 7-35）。③下部含水层受大气降水直接补给（7-36）。当下部含水层补给区的标高明显高于上部含水层补给区的标高时，淡水层也可能在矿化水之间向下楔入的更深。岩石渗透性能和成分对反垂直分带的形成也具有一定的意义。一方面，淡水在水能迅速循环的岩石中，比在水循环困难的岩石中楔入的更深；另一方面，虽然反垂直分带对于干旱地区的封闭盆地是有代表性的，但有时在温暖潮湿气候带的封闭盆地中，当上部含水层由盐和石膏组成，而下部由正常岩石组成时，也可见到这样的分带。

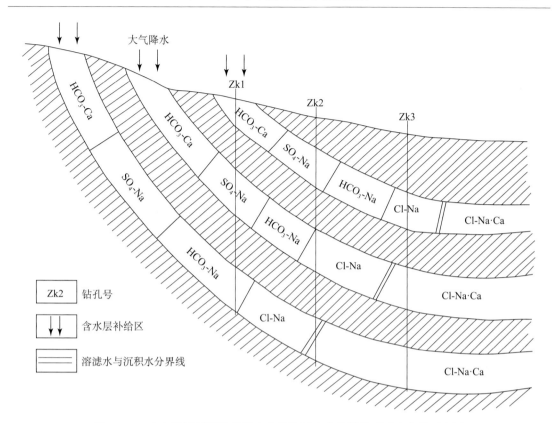

图 7-33　水文地质封闭的承压水盆地地下水水化学类型垂直分带示意图

盆地所有部分均为正垂直分带

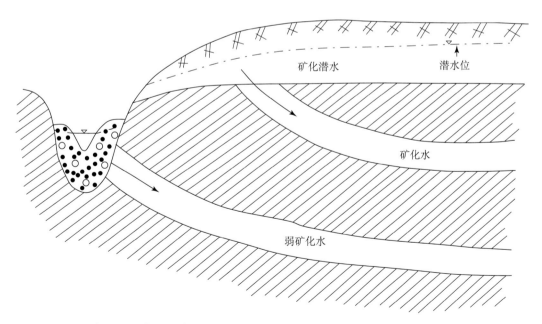

图 7-34　水文地质封闭的承压水盆地地下水水化学类型垂直分带示意图

下部含水层受河流冲积层淡水补给，盆地边缘部分为反垂直分带

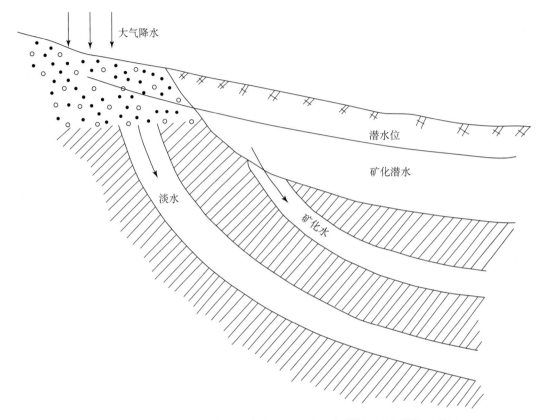

图 7 - 35 水文地质封闭的承压水盆地地下水水化学类型垂直分带示意图

下部含水层受山前洪积裙和河流冲积锥淡水补给，盆地边缘部分为反垂直分带

B. 水文地质半开启和开启构造的垂直分带。

在水文地质开启和半开启的构造中，垂直分带可以是正的，也可以是反的。主要特点是：①正的和反的垂直分带，在整个盆地，包括边缘和中心部分都可见到，仅在沿着补给区和排泄区的外部边界的狭窄地带，永远是正分带。②淡水不仅在盆地边缘，而且沿整个盆地分布。

在水文地质半开启和开启的盆地中的所有部分，具有盆地的正垂直分带，并在盆地整个面积上具有弱矿化水和增高矿化度的水，可以在补给条件相同的含水层之间形成（大气降水或者淡潜水补给）。通常有两种情况：①含水层由具有同样透水性的同样岩石组成（孔隙的或者裂隙的）。水的矿化度随着埋藏深度增加而增长，而且含水层埋藏的越深，其中不同化学类型的带越多（图 7 - 37）。②含水层由渗透性不同的岩石组成，而且下部含水层的透水性小于上部岩层（例如，上部为石灰岩石，下部为泥灰岩）。在这种情况下，下层地下水的分带将比上层更发育，矿化度随深度的增加而迅速增加（图 7 - 38）。在开启构造中，水的矿化度随深度的增长比较小，只有在埋藏深而且开启程度差或者封闭的岩层中，才能见到矿化度的明显增长。

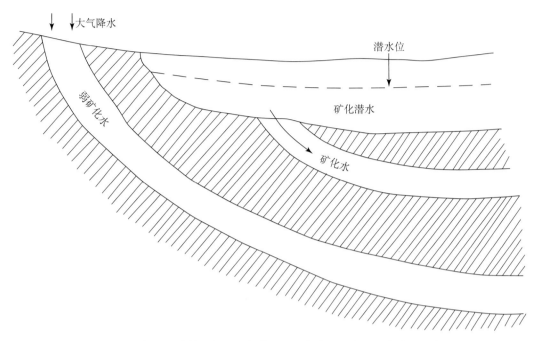

图 7 - 36 水文地质封闭的承压水盆地地下水水化学类型垂直分带示意图

下部含水层受大气降水直接补给，盆地边缘部分为反垂直分带

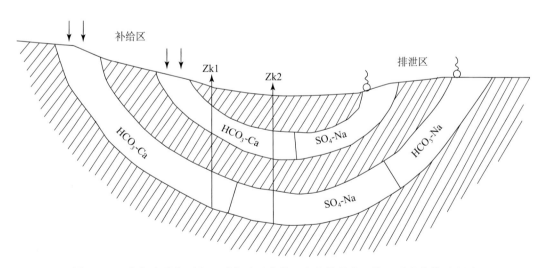

图 7 - 37 水文地质半开启、开启承压水盆地中水化学类型的正垂直分带示意图

含水层由具有同样透水性的同一类岩石组成

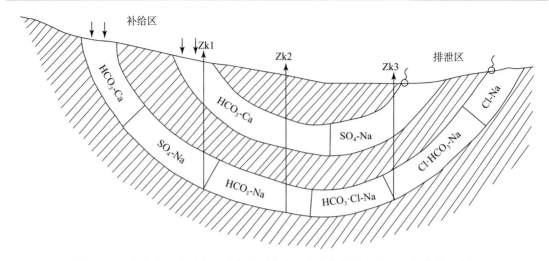

图 7 - 38　水文地质半开启、开启承压水盆地中水化学类型的正垂直分带示意图

下部含水层的透水性小于上部含水层的透水性

　　盆地的反垂直分带的特点是，除沿着补给区和排泄区外部边界很窄的一带是正分带外，几乎盆地的所有部分都是反分带。①在含水层补给条件不同时（上部为矿化潜水补给，下部为大气降水或淡的潜水补给），上层将含有矿化水，在下层将埋藏着淡水或低矿化的水。形成反分带的主要因素是补给条件、岩石成分和构造的开启程度（冲刷程度）的区别，这些因素将影响到下层分带的数量。②含水层由渗透性不同的岩石组成，但下层的透水性大于上层，那么地下水上层的分带性将比下层更发育，水的矿化度随深度的增加而减少（图 7 - 39）。③两个含水层补给区的标高有明显的差别且下层的高于上层的（图 7 - 40）。在这种情况下，甚至当两个含水层的岩性一样时，下部含水层水的运动速度和水交替都要大于上部含水层的，从而形成反垂直分带。补给区高程的作用，在山前承压水盆地特别明显，那里有些含水层的补给区分布在山坡上。

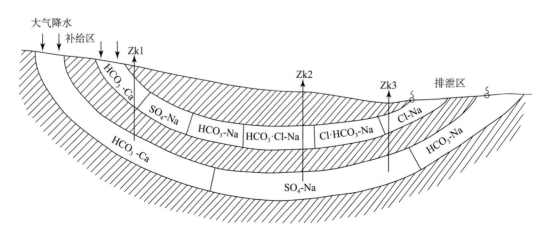

图 7 - 39　水文地质半开启、开启承压水盆地中水化学类型的反垂直分带示意图

下部含水层的透水性大于上部含水层的透水性

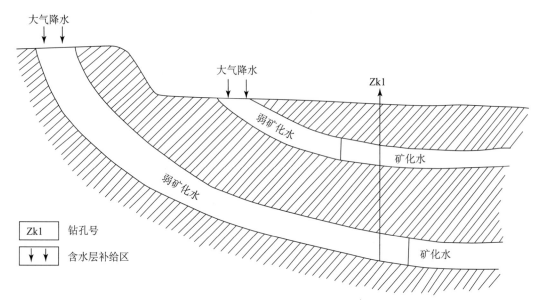

图 7－40　水文地质半开启、开启承压水盆地中水化学类型的反垂直分带示意图
两个含水层补给区的标高有明显差别

C. 复杂构造的垂直分带

在有断裂破坏的复杂地质构造的承压水盆地中，在断层的两侧，地下水垂直分带在一定程度上是有些独立性的。不管这部分盆地是水文地质开启构造，还是封闭构造，断层下盘的分带一般是正分带。盆地断层上盘部分在某种程度上是开启的构造，这里在相应的条件下，即可形成正的，也可形成反的垂直分带。主要有两种类型：①断层两侧都是正垂直分带类型。②断层一侧是反垂直分带，断层另一侧是正垂直分带。应该指出，在盆地的断层上盘部分得到淡水的可能性，比在断层下盘大，因为断层上盘含水层的补给和排泄条件更为有利。

D. 盆底水的复杂垂直分带

这类分带表现为矿化水和弱矿化水不只一次地互相更替。复杂的垂直分带，可以在水文地质封闭和半封闭构造中形成，在开启构造中形成的可能性较小。在有多个含水层存在的情况下，这些因素的复合和它们的相互影响，导致这种分带类型的形成。

E. 冻结地区的垂直分带

在多年冻结区有独特的垂直分带，这里上部淡水含水层埋藏在冻结带内，水以固相形式存在。下部含水层的水在盆地的中心部分以液相存在，而在边缘部分则是冻结的。因此，垂直水化学带补充以温度分带。

2) 山区基岩裂隙水的高程分带性

开启的水文地质构造，是山区基岩裂隙含水带所固有的。地下水赋存在上部裂隙带中，其厚度为 60~80m，有时到 200m。向下，除构造断裂带，结晶岩实际上是不含水的。实质上在山区基岩裂隙含水带中只进行着与地表的自由水交替，这里不存在缓慢交替或消极交替问题。山区基岩裂隙含水带，按地形高程分为三个水文地质动力和水文地球化学带（表 7－

2)。水文地质动力高程分带在于随绝对标高的降低，地下水的性质和运动速度发生变化。在高山区由于山坡坡度大和岩石的渗透性能良好，地下水运动速度达每昼夜几百米。在高程1500~800m，地下水的运动速度明显地降低。在低山区，岩石裂隙由于被风化的产物粘土所淤填，其渗透性能进一步变差。

表7-2　山区基岩裂隙含水带水文地质高程分带（据 **B. M. 斯捷潘诺夫**和 **JI. JI. 和巴格丹诺夫**）

带	绝对标高 m	流水通道	运动速度 （m/昼夜）	矿化度 （mg/L）	离子—盐类成分
高山带	>1500	岩块之间空隙，张开的裂隙和空洞	>50	<100	$\dfrac{HCO_3}{MgNa\ (Ca)}$
中山带	800~1500	局部为碎屑物充填的岩块间空隙和裂隙	10~100	50~200	$\dfrac{HCO_3}{Ca\ (Mg,\ Na)}$
低山带	<800	被松散层覆盖并充满风化产物的裂隙	<10	>100	$\dfrac{HCO_3\ (SO_4)}{Ca\ (Na,\ Mg)}$

注：括号内所指的离子为次要的。

3）潜水的纬度分带

潜水主要受气候、地形等因素的控制，在我国表现为自东南向西北地下水的矿化度逐渐增高的区域性变化，即由以溶滤成因为主的、低矿化的重碳酸盐型淡水，逐渐向成分复杂的硫酸盐或氯化物型咸水变化，直至最后过渡为因浓缩作用形成的氯化物盐、卤水带；此外，每个盆地又呈现了由山前到盆地中心或滨海的水化学局部水平分带规律。

我国潜水的化学成分，表现了从南及东南向西及西北逐渐变化的分布特征。在秦岭、淮河一线以南及东南广大地区分布着丘陵，气候湿润，年降水量在1500mm以上，水文网切割强烈，土体及风化壳被强烈冲刷和淋滤，致使可溶盐分减少。因此，在该区广泛地分布着溶滤作用形成的矿化度小于0.5g/L的重碳酸盐型淡水。阳离子成分则受含水围岩成分的影响，在石灰岩、白云岩分布区，主要为重碳酸-钙或重碳酸-钙-镁型水；花岗岩分布地区则以重碳酸-钠水为主要类型，硫酸盐类型水少见；而在变质岩及火山岩地区，则常分布着重碳酸-钙-钠及重碳酸-钠-钙型水。向西至广西、云贵高原等主要为碳酸盐岩石分布的地区，潜水矿化度则增至0.5g/L，水化学类型以重碳酸-钙、重碳酸-钙-镁型为主。再向西至横断山脉北段和青藏高原东部边缘地带，水的矿化度增至0.5~1.0g/L，水化学类型以重碳酸-钙-镁型为主。

秦岭、淮河以为地区，年蒸发量超过年降水量（年降水量为400~700mm）。除在华北平原的四周山地（如燕山、太行山北段、秦岭和山东半岛及豫西山地）年降水量较大，古老变质岩和火成岩分布广，浅层水皆为矿化度小于0.5g/L的重碳酸钙、重碳酸-钙-钠型溶滤淡水外，在太行山中南段，气候干暖，基岩为碳酸盐类岩石及煤系地层，还有黄土广泛分布，浅层水矿化度逐渐增高，一般小于1g/L。水化学类型及矿化度的变化较为复杂，它受

地貌及第四纪沉积条件和地下水交替条件的影响，表现为自补给区到排泄区的水化学水平分带。一般由山前到盆地中心，而黄淮平原，则由山前至滨海，都是由低矿化（矿化度小于 1g/L）的重碳酸盐型水，逐渐过渡到矿化度 1~3g/L（个别为 1~5g/L）的重碳酸-氯化物、硫酸-氯化物或氯化物-硫酸盐型微咸水，最后发展为矿化度 5~10g/L 或大于 10g/L 的氯化物型咸水。

我国东北北部，大兴安岭山地有岛状及多年冻土分布，年平均气温在 0℃ 以下，不利于盐分的积累，因此分布着矿化度小于 0.2g/L 的重碳酸-钙型溶滤淡水。而在松辽平原的潜水，则为矿化度 0.5~1g/L 的重碳酸-钠-钙型溶滤淡水。在盆地低洼地带，由于潜水水位较高，排泄不畅，往往形成矿化度 1~3g/L 的重碳酸-氯化物-钠-钙型的溶滤-盐化作用形成的咸水。

华北平原以西的黄土高原，地下水化学成分自东南向西北逐渐变化。黄土高原地区，冲沟切割较深，常达 100 余米，潜水埋藏在 80m 以下，一般矿化度小于 1g/L，水化学类型为重碳酸-钙-钠型。但向北至长城以北地区，由于气候干燥，蒸发强烈，矿化度增至 1~5g/L，水化学类型以硫酸-氯化物-钠及氯化物-硫酸-钠型为主。

我国西北干旱区，深居大陆腹地，以荒漠景观为特征，它集中表现在山麓边缘和山间低地，那里受强烈的风沙吹扬，降雨稀少，蒸发强烈，多数河流依赖冰雪融水补给。在内蒙高原西北部、新疆塔里木、准噶尔等广大沙漠地区则无河流。在这里，干旱带的潜水和埋藏不深的承压水，直接受现代气候因素的影响，仅在高山冰雪融化地区有溶滤水分布。此外，在山前洪积及过境河流的冲积沙丘中，有少量矿化度小于 1g/L 的重碳酸-氯化物型水分布。而在盆地中，逐步由重碳酸盐型向硫酸→硫酸-氯化物→氯化物-硫酸→氯化物型过渡。例如，内蒙古高原东部和东南部的地下水是以重碳酸-钙或重碳酸-钠型为主（矿化度小于 1g/L），向西则变为重碳酸-钙或重碳酸-氯化物-钠型。而在西北干旱区则出现氯化物-硫酸-钠型水，其矿化度大于 1g/L。

在河西走廊、准噶尔、塔里木、吐鲁番以及柴达木等盆地，均分布有盐化和浓缩作用形成的盐卤水。其中矿化度一般为 3~10g/L，有时大于 50g/L（水化学类型以氯化物-钠型为主），河西走廊为 100g/L，新疆觉罗塔格处达 70g/L，特别是柴达木盆地，蒸发浓缩作用强烈，潜水矿化度高达 300g/L 以上，除氯化物-钠型外，还出现了氯化物-镁型卤水。

在滨海地区的狭长地带，地下水受海水成分的混合作用，分布有不同矿化度的氯化物-钠型及重碳酸-氯化物-钠型水，在长江以北、渤海湾区滨海地带，地下水中矿化度多大于 10g/L，有时高达 50g/L，水型为氯化物-硫酸盐或氯化物-钠型。而在东南沿海地带，由于地处潮湿气候带，年降水量大于 2000mm，因而地下水受到冲淡作用，矿化度一般在 1~5g/L 之间，很少超过 10g/L，水化学类型以氯化钠或重碳酸-氯化钠的混合型为主要类型。

在潜水化学成分形成过程中，气候条件起着决定性的作用。在不同的气候条件下，潜水化学成分的形成作用也很不相同。在潮湿气候区，土壤被矿化度很低的大气降水强烈淋滤，水的矿化度虽然很低，但还是会分解成离子 H^+ 和 OH^-，和土壤及粘土复合体中的复杂盐类发生阳离子吸附交替作用。在温暖潮湿气候区，大气降水渗入缺乏易溶盐类但富含钙镁盐类，尤其是富有吸附性钙镁离子的黑色土壤时，形成重碳酸钙、重碳酸镁型水，这种水的矿化度较低，一般在 0.5~1g/L 左右。在干旱气候条件下，由于水被强烈蒸发，在土壤中堆积

起来的不仅是那些难溶盐类（$MgCO_3$，$CaCO_3$），而且还有易溶盐类（$CaSO_4$，$MgSO_4$，Na_2SO_4，$NaCl$）。大量集中 $NaCl$ 使土地盐渍化，水矿化度增高。水中盐的增多，引起水中含盐成分很强的变质作用，在水中按次序沉淀 $CaCO_3$，$MgCO_3$，$CaSO_4$。最后保留在水中的是溶解度最大的氯化物盐类，随浓度增加，水最后变为盐水，在这种情况下水的矿化度达到 $5 \sim 30g/L$。

2. 影响地下水化学成分形成的构造因素

构造运动可以分为三种类型：振荡运动、褶皱运动和断裂运动。它们对地下水化学成分的影响各不相同。震荡运动表现为垂直上升和下降。地质构造下降过程中，构造内含水层的水力坡度减小，从而使水的运动速度变慢。在漫长的地质时代中持续进行的垂直正向构造运动有可能使盆地最深的部分也成为水强烈交替带，从而使承压水盆地含水层中的水逐渐淡化。

褶皱构造运动加强了地下水的迁移，并在淡水、盐水和卤水带之间建立了动力平衡。在承压盆地的一些地段，由于褶皱构造运动卤水可能被淡水压到很深的地方；相反，在地质构造的另一些部分，由于卤水由下层涌入上层，卤水的界限可以升得很高，从而形成很复杂的水化学剖面。

断裂运动使岩石发生破坏并形成裂隙。发育很深并且规模巨大的构造断裂具有特殊的水文地球化学意义。沿着这些深大断裂从深部涌出热的，有时带气体的矿水，甚至卤水，深层水上涌入上部含水层，形成水化学异常。构造破碎带的水反映了深部的情况，它的化学成分和气体成分一般与其他类型的地下水不同。

除上述构造运动外，地静压力也可以使含水层地下水的化学成分发生重大的变化。在静止的条件下，外部负荷或上覆岩层的重量完全分布在不同深度的含水岩层的矿物骨架上。充满含水层的水只受静水压力的作用，并不承受上覆岩石的重量。在产生补充负荷时平衡被破坏，部分负荷由岩石骨架承担，部分传递给孔隙中的水。在补充负荷的作用下，含水层中的地层压力增大并超过静水压力，产生过剩压力，孔隙水被挤压到起排泄作用的透水性更好的岩层中去，并沿着它被排走，而沉积物则开始被压实。随着孔隙水的被挤出，沉积物被压实到所有增加的负荷不再向矿物骨架上增加为止。这种孔隙溶液的存在可以判定其处于压实阶段的变质作用。

3. 前兆异常成因判定的地球化学分析方法

水文地球化学科学在地震预测上的应用经常会受到质疑，因为它经常会出现前兆异常的单一，不重复的特征。因为其影响因素的复杂多变，地球化学手段不是单一测项，单一次测量能得到有效结果的方法。每个测量手段有其影响因素，有其误差，更有其良好的异常机理。所以在异常核实过程中要尽可能收集信息，测试水化学离子浓度和多种同位素组成，综合分析获取可靠结论。同时，现有观测井正常观测条件下的地球化学分析背景具有重要意义。在有条件的情况下，各含水层的分层测量分析的地球化学背景资料储存具有更重要的意义。

1）逸出气体成分和浓度

地下水中的气体成分主要有 O_2、N_2、CO_2、CH_4、H_2S、Rn 等。通常情况下，地下水中

所含气体的成分不高，每升水中只有几毫克到几十毫克，如果异常核实现场中出现可观察到的气泡逸出现象，测试气体组分可以帮助了解物质来源。氧气和氮气主要来源于大气。硫化氢和甲烷主要源于与大气隔绝的还原环境，是微生物参与的生物化学过程，它们的大量逸出是构造活动的证明。二氧化碳在降水和地表水中也存在，但是含量通常较低，地下水中的 CO_2 可能源于土壤中有机质来源，也可能是碳酸盐岩类的岩石在深部高温下变质生成的 CO_2，此时测定 $\delta^{13}C_{CO_2}$ 是最佳的辨别方式。

异常核实中测量氢气浓度是一种便捷的方式。地壳中的 H_2 一方面来源于生物化学作用与化学作用，还有一部分来源于高温高压下岩石的变质作用。氢气在大气中的含量约为 0.5ppm，而在以往研究中（王基华等，1982；车用太等，1999），地震前断层带氢气多出现大幅度上升异常。如果测得的浓度大于大气值，就考虑深部气体释放。

2）主元素含量分析

地下水化学研究往往需要大量的数据来正确地解释地下水化学问题。数据分析和处理在地下水化学研究中十分重要。为了使用水质分析资料对地下水化学问题进行正确解释，首先应对水质分析结果的可靠性进行检验，只有正确的分析结果才能得出可靠的结论。水化学数据检验方法主要有：阴阳离子平衡的检验，碳酸平衡关系检验（图 7 - 41），以及其他检验方法。

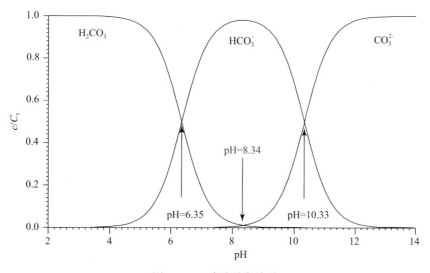

图 7 - 41　碳酸平衡关系

当 pH<8.34 时，水质分析结果中不应出现 CO_3^{2-}，因为在这样的 pH 值条件下，测定 CO_3^{2-} 的常规测定方法不能检测出微量的 CO_3^{2-}；同样，当 pH>8.34 时，水质分析结果中不应出现 H_2CO_3。如果分析结果不符合上述的情况，则说明 pH 或 CO_3^{2-} 和 H_2CO_3 的测定有问题。

其他检验方法就需要了解常量元素的形成与演化。例如，①在一般的地下水中，Na^+ 的含量总是大于 K^+ 的含量，如果出现反常情况，则分析结果就值得怀疑。②地下水中的 Na^+ 或 Na^++K^+ 一般不会等于零，如果出现这种情况，可认为分析结果有错误。③电导与总溶解固体（TDS）有较好的相关性：

$$TDS(\text{mg/L}) = K \times \text{电导}(\text{mS/cm}) \qquad K \text{ 为系数}(0.55 \sim 0.75) \qquad (7-26)$$

$$\text{电导}(\text{mS/cm}) = 100 \times (\text{阴离子或阳离子毫克当量总数／升}) \qquad (7-27)$$

在数据可靠，也排除污染影响的条件下，按照水文地质特征，包括构造开启程度、通水性、冲刷和排泄程度等地下水化学成分的形成特征，可以根据原本的区域矿化度、氧化还原电位和 pH 值的特征，现场测定的矿化度和 ORP 可以直观获取可能是深部来源的信息。通常情况下，深部构造因素造成的外来输入物质，矿化度较高，且氧化还原电位显示还原环境，与本地区地下水化学成分形成过程造成的分带有显著的差别，应该是淡水水体却出现卤水，就可能是构造活动造成的深部物质上涌。如果均是低矿化度的水体，也要注意是否有反垂直分带在构造活动中变化的可能性，这种变化更加复杂，可以应用氧化还原电位和 pH 值，综合分析是否源于还原环境。最重要的是要了解本地区原本的地下水化学水平分带和垂直分带的特征，才能解释清楚物质来源。

另外，使用 Na-K-Mg 三角图和地热温标也对判定物质来源有直观的帮助。Na-K-Mg 三角图中，构造因素造成的深部物质上涌，常见于"部分平衡水"的范围内，表明其地下水的补给来源中除了大气降水的补给外，还有较深层地下水的混入，水—岩反应相对较弱，水流系统相对较为稳定，不易受到干扰；但是如果构造运动是间接因素，造成区域内水体垂向变化，或者岩层挤压的孔隙水，发生的水化学变化，呈现出的特征，仍然有可能在"未成熟水"范围内。在异常核实过程中取得的样品，很难有"完全平衡水"，只有此部分可以用阳离子温标（Na-K，Na-K-Ca）估算地下热储温度。

水化学地质温标应用的前提是水—岩反应达到平衡，热水在上升过程中溶解其中的化学成分不发生沉淀，热水在上升过程中没有蒸汽损失（Fournier and Truesdell，1974；赵慈平，2008），主要分成四种：①SiO_2 温标，随温度变化或者冷水混入等影响发生显著变化。②Na/K 温标，通常冷水中 Na/K 比值小，所以稀释效果使得这个数值偏高。在冷热水混合作用是，此项温标是较好的选择。③Na-K-Ca 温标，富 Ca 热水的热储温度最佳选择。④K/Mg 温标，低温条件下高浓度的 Mg 干扰 Na-K-Ca 温标，根据 Na-K-Ca-Mg 校正。

3）氢氧同位素组成

浅表水体源于大气降水的氢氧同位素组成是靠近或者落在大气降水线上的，地下水氧同位素比值的变化通常都归因于水的蒸发以及水-岩相互作用所导致的"^{18}O 漂移"（Lillemor Claesson et al.，2004；Reddy & Nagabhushanam，2012；Skelton et al.，2014）。同一盆地内的水样通常具有特征的同位素组成，且沿一条斜率为正值的直线分布。这个直线与大气降水线相交，说明卤水主要来源还是大气降水，氧同位漂移的原因是与围岩的氧同位素交换（图 7-42）。而 δD 变化的原因一般归因于与含水和含 OH 矿物（如石膏、黏土矿物等）、与碳氢化合物或硫化氢之间的同位素交换，或者是由于渗透膜作用（例如页岩和黏土层可使水渗过但不能使溶液中溶质离子通过）。

目前，研究者对深成水的认识尚不一致，很长时间里，认为内生深成水只有地幔水、岩浆水和变质水。地幔水，直接来源于地幔脱水作用，根据对洋中喷出流体、地幔成因金云母检测，其 $\delta D \approx -60‰ \sim -50‰$，$\delta^{18}O \approx +7‰$。岩浆水是指与岩浆达到平衡的水，它并没有确切的成因意义。随着岩浆的去气作用，岩浆水的 δD 值会不断发生变化。一般认为，岩浆水的氢氧同位素组成为 $\delta^{18}O = 6‰ \sim 10‰$，$\delta D = -50‰ \sim -80‰$（图 7-43）。变质水是指变质作用过程中，矿物脱水所释放的水。随变质岩原岩的不同及变质过程中水岩反应的不同，变质水的氢氧同位素组成变化极大，$\delta^{18}O$ 值为 $+5‰ \sim +25‰$，$\delta D = -70‰ \sim -20‰$（图 7-42）。在很长时间里，人们误认为高温地热水起源于岩浆水，其实岩浆水可能参与少数地热水、特别是地下卤水的形成。

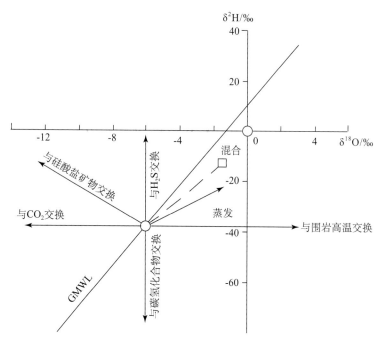

图 7-42　降水氢氧稳定同位素组成演化示意图（修改自顾慰祖等（2011））

　　地下卤水的水可能是以某种水为主体的单源水，也可能为几种水难分伯仲的多元水。地下卤水的水同位素组成不仅取决于它的初始起源，而且还与水的任何来源有关。在现代剥蚀区或者古剥蚀期，大气水可能驱替海相地层中的流体；而现代海水或者古海水，则可以因气候变化和地壳运动侵入陆相地层。因此，无论在陆相地层和海相地层中，大气水和海洋水都可能参加地下卤水的形成。矿物结晶水也可能参与地下卤水的形成。例如石膏的产出范围很广，为石盐的 30 ~ 100 倍，加之在石膏转化为硬石膏过程中体积缩小 62%，同时释放出 48.6% 倍体积的结晶水，因此，石膏脱水对地下卤水的形成具有不可忽视的贡献。石膏脱出的结晶水比之母液 $\delta^{18}O$ 高出 4‰~41‰，δD 减少 15‰~20‰。地下卤水通常埋藏深度很大，而随埋深增加及地温升高，水/岩体积比降低，成岩作用加强。地下卤水与围岩的同位素交换，主要是与铝硅酸盐、碳酸盐矿物间的氧同位素交流，其结果是导致地下卤水发生氧-18 的正漂移。此外，在含油气盆地的成岩过程中，泥质岩脱出的水与干酪根生成的烃类混合，并与沉积卤水发生同位素交换，可导致地下卤水 δD 值降低。不过，在沉积温度下，水与甲烷和含碳更多的碳氢化合物之间的交换反应速率较低，其影响可能仅限于局部。

　　因此在异常核实过程中，氢氧同位素组成可以通过数值范围进行物质来源的判定，但是因为氢氧同位素组成受水流流速等因素影响，变化速度比较快，所以异常核实工作中更推荐使用多次测量结果获取的结果进行分析。由图右可以清楚看到氢氧同位素变化的情况。

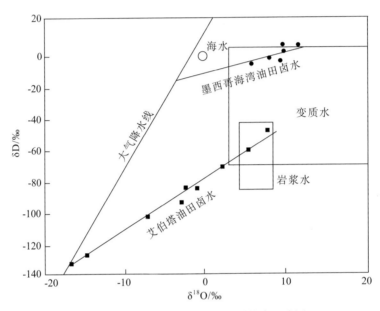

图 7 - 43　各类不同水的氢、氧同位素组成图

4）氦氖同位素组成

　　野外地质观察和实验室模拟结果表明，地震和相关断裂活动能够导致岩石释放稀有气体，这与破裂发生前岩石中发生的微裂隙过程有关。Torgersen & O'Donnell（1991）提出岩石破裂 He-Ar 释放过程的一维模型，其计算结果强调地壳 He 可以在短时间内释放（<1500 年）；并且岩石破裂过程向孔隙流体注入的 He 通量较其稳定状态下的通量高 $10^2 \sim 10^4$ 数量级。地震及断裂活动释放的放射性成因 ^4He 能够在岩石微裂隙中长期累积。由于稀有气体的化学不活泼性，温泉逸出气体和溶解气体的 $^3He/^4He$ 比值成为被广泛应用的地震活动地球化学示踪指标。

　　应用 $^3He/^4He$ 作为氦源示踪剂可以识别地下水补给条件不同的三个区带（史基安等，1999）①大气降水补给区（图 7 - 44 中 Ⅱ）地下水中 δ^3He 在 0 附近波动，在 -20‰~20‰ 之间，$^3He/^{20}Ne$ 值在 4.65×10^{-7} 和 7.43×10^{-7} 之间，稍高于空气，而且其 δD 和 $\delta^{18}O$ 均值也与当地降水相应的均值接近，都表现了大气降水补给的特征。②基岩裂隙水和卤水混合区（图 7 - 44 中 Ⅲ），地下水中 δ^3He 极负在 -60‰~-90‰，分析有两种情况，一类是区域地下水 $^3He/^4He$ 较之大气值，低 1~2 个数量级，明显是由于存在大量放射性成因氦，例如基底是花岗岩和变质岩等富含铀和钍放射系元素的黑云母和角闪石等矿物；另一类区域曾是内陆盐湖，第四系化学沉积物中大量的蒸发岩矿物易于捕获周围基岩产生的放射性成因氦，地下水位 Cl-Na 型，总溶解固体量高达 5~10g/L，有的达到 20g/L，明显存在有卤水混合。③幔源氦混入带（图 7-44 中 I），地下水 δ^3He 极正，在 70‰~180‰ 之间，是断裂带附近地下水中幔源氦的贡献，也是近期断层活动的证据。

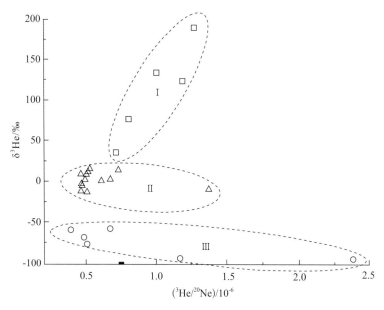

图 7-44　地下水 δ^3He 与 ^{3}He/^{20}Ne 的关系（史基安等，1999）

深部物质来源进入地壳后，也必然会被混合，所以异常核实工作中通常遇到的是混合水体，此时可以通过氦氖同位素组成，计算壳源和幔源物质的百分比，判定深部物质来源信息。地幔、地壳及大气的 ^{3}He/^{4}He 与 ^{4}He/^{20}Ne 由于关系相对固定，可以去除 ^{3}He/^{4}He 值中大气污染的影响，最终获得地幔贡献率。用于分别计算地幔来源的贡献率和地壳来源的贡献率。通过公式校正 ^{3}He/^{4}He 值，来去除大气的污染，得到矫正的 R 值：

$$R_{校正} = \frac{R_{测量}(^4He/^{20}Ne)_{测量} - R_{大气}(^4He/^{20}Ne)_{大气}}{(^4He/^{20}Ne)_{测量} - (^4He/^{20}Ne)_{大气}} \qquad (7-28)$$

计算地幔贡献率（%）：$\dfrac{He_{地幔}}{He_{测量}} \approx \dfrac{R_{校正} - R_{地壳}}{R_{地幔}} \approx \dfrac{R_{校正} - 2 \times 10^{-8}}{1200 \times 10^{-8}}$

也可以投点到图 7-45 中进行直观分析。同时，多期次 ^{3}He/^{4}He 比值对比呈现出明显增高现象，也可以表明地震活动导致幔源物质的上涌（Zhou et al.，2015）。

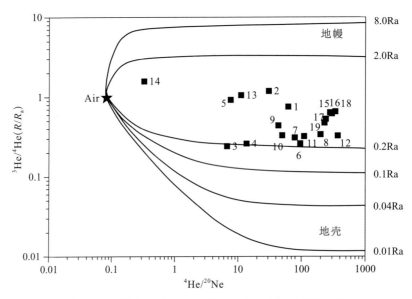

图 7 - 45　温泉水/气体 $^4He/^{20}Ne$ 和 $^3He/^4He$ 比值的关系

　　因为从地幔中逸出的氦和二氧化碳是同步的，如果幔源流体流经岩石时没有发生分馏，那么在近地表 $CO_2/^3He$ 的比值反映地幔和地壳来源的混合结果，也就是说 $^3He/^4He$ 和 $CO_2/^3He$ 比值存在负相关。在地幔和地壳变质成分之间，地幔和地壳有机成分之间的两条混合线是以每个端部构件 $CO_2/^3He$ 为基础。图 7 - 46 中地幔、地壳变质和有机成分的 $CO_2/^3He$ 分别是 $2×10^9$、10^{11} 和 10^{11}。

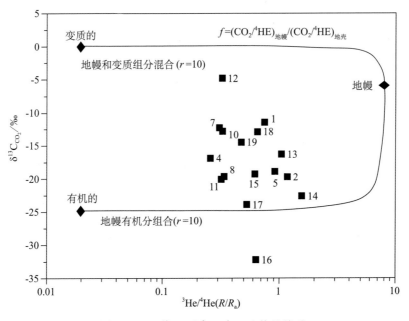

图 7 - 46　$\delta^{13}C_{CO2}$ 和 $^3He/^4He$ 比值的关系

参考文献

车用太、刘五洲、鱼金子等，2000，板内强震的中地壳硬夹层孕震与流体促震假设，地震学报，22（1）：93~101

车用太、鱼金子，1999，地壳放气动态监测与张北—尚义 M_S6.2 地震预报［J］，地质论评

车用太、鱼金子，2006，地震地下流体学，北京：气象出版社

车用太、鱼金子、刘成龙，2011，判别地下水异常的干扰性与前兆性的原则及其应用实例，地震学报，33（6）：800~808

傅承义，1976，地球十讲，北京：科学出版社，133~136

顾慰祖，2011，同位素水文学［M］，科学出版社

郭安宁和郭增建，2009，"5.12"汶川地震预报回顾，西安地图出版社

郭增建、秦保燕，1979，大震前予位移的讨论，地震工程学报，（2）：36~42

华保钦，1995，构造应力场、地震泵和油气运移，沉积学报，13（2）：77~85

林命週、马波、仇志荣，1981，流体（水）在孕震过程中的作用，地球物理学报，24（2）：171~181

陆明勇、范雪芳、周伟等，2010，华北强震前地下流体长趋势变化特征及其产生机理的研究［J］，地震工程学报，32（2）：129~138

马宗晋，1980，华北地壳的多（应力集中）点场与地震，地震地质，2（1）：39~47

米 В И 雅奇金，1983，地震孕育过程，北京：地震出版社

史基安、王琪，1999，不同类型烃源岩气态烃的生成特征研究——来自差热—色谱联机热模拟实验方法的证据［J］，沉积学报，17（2）：301~305

唐九安，1999，计算固体潮潮汐参数的非数字滤波调和分析方法，大地测量与地球动力学，19（1）：49~55

万迪堃、汪成民，1993，地下水动态异常与地震短临预报，北京：地震出版社

汪成民，1990，中国地震地下水动态观测网，北京：地震出版社

王基华、张培仁、孙凤民，1982，地震前后地下氢气异常变化的又一实例［J］，地震，（4）：18~35

王旭升、王广才、董建楠，2010，断裂带地下水位的降雨动态模型及异常识别，地震学报，32（5）：570~578

肖长来、梁秀娟、王彪，2010，水文地质学，北京：清华大学出版社

薛年喜，2008，MATLAB 在数字信号处理中的应用（第 2 版），北京：清华大学出版社

薛禹群，1997，地下水动力学，北京：地质出版社

杨剑锋、钱积新、赵均，2008，基于稳态非线性模型和线性 ARX 模型组合的非线性预测控制［J］，信息与控制，37（2）：219~223

张永仙、石耀霖，1994，孕震过程中孔隙压及地下水位变化的数值模拟，地震，（1）：65~72

张昭栋、郑金涵、耿杰等，2002，地下水潮汐现象的物理机制和统一数学方程，地震地质，24（2）：208~214

赵慈平、冉华、张云新，2008，腾冲火山区的地幔隆升：来自幔源氦释放特征的证据［J］，矿物岩石地球化学通报，27（0z1）：29~30

中国地震局，2018，地震观测异常现场核实报告编写 地下流体（DB/T 70—2018）

中国地震局监测预报司，2000，地震前兆异常落实工作指南［M］，北京：地震出版社

中国国家标准化管理委员会，2004，地震台站观测环境技术要求：地下流体观测台站（GB/T 19531.4—2004）［s］，北京：中国标准出版社，55~62

周志华，2006，长江中下游湖泊的环境演化：沉积物的碳、氮同位素记录研究［D］，北京：中国科学院研究生院

Scholz H，1990，马胜利等（译），1996，地震与断层力学，北京：地震出版社，380~385

Bredehoeft J D，1967，Response of well-aquifer systems to earth tides. Journal of Geophysical Research，72（12）：3075-3087

Claesson et al. （2004），Reddy & Nagabhushanam （2012），Skelton et al. （2014）

Clark W E，1967，Computing the barometric efficiency of a well，Journal of the Hydraulics Division，American Society of Civil Engineers，93（4）：93-98

Cox S F，1995，Faulting processes at high fluid pressures：An example of fault valve behavior from the Wattle Gully Fault，Victoria，Australia，J. geophys. res，100（B7）：12841-12859

Domenico P A and Schwartz F W，1998，Physical and Chemical Hydrogeology （2nd ed. ）［M］，Wiley，New York，506

Fournier R O and Truesdell A H，1974，Geochemistry applied to exploration for geothermal energy ［J］，Econ. Geol. （United States），69：7

Giammanco S，Palano M，Scaltrito A et al. ，2008，Possible role of fluid overpressure in the generation of earthquake swarms in active tectonic areas：The case of the Peloritani Mts. （Sicily，Italy），Journal of Volcanology & Geothermal Research，178（4）：795-806

Hardebeck J L，Hauksson E，1999，Role of Fluids in Faulting Inferred from Stress Field Signatures，Science，285（5425）：236-239

Hsieh P A，Bredehoeft J D，Farr J M，1987，Determination of Aquifer Transmissivity From Earth Tide Analysis，Water Resources Research，23（10）：1824-1832

Jacob C E，1940，On the flow of water in an elastic artestian aquifer，American Geophysical Union Transactions，574-586

Lerner D N，Issar A S，Simmers I，1992，Groundwater recharge：A guide to understanding and estimating natural recharge ［J］，CATENA，19（5）：493-494

Lillemor Claesson，Alasdair Skelton，Colin Graham et al. ，2004，Hydrogeochemical changes before and after a major earthquake ［J］，Geology，32（8）：00000641-00000644

Marine I W，1975，Water level fluctuations due to earth tides in a well pumping from slightly fractured rock，Water Resources Research，11（1）：165-173

Masaya Y，2002，Environmental isotopes in groundwaters，Naohiro Yoshida ed. ，Hydrogen and oxygen isotopes in hydrology，IHP，UNESCO，Paris，109-132

Mjachkin V I，Brace W F，Sobolev G A，Dieterich J H，1975，Two models for earthquake forerunners，Pureand Ap pl Geophys，113（1/2）：169-181

Munk W H & Macdonald G J F，1960，Continentality and the gravitational field of the earth，Journal of Geophysical Research，65（7），2169-2172

Munk W H，Macdonald G J F，1960，The rotation of the earth，London，Cambridge University Press

Musgrove M and Banner J L，1993，Regional ground-water mixing and the origin of saline fluids：midcontinent，United States，Science，259（5103）：1877-1882

Nguyen P T，Harris L B，Powell C M et al. ，1998，Fault-valve behaviour in optimally oriented shear zones：an example at the Revenge gold mine，Kambalda，Western Australia，Journal of Structural Geology，20（20）：1625-1640

Nur A，1972，Role of Pore Fluids in Faulting，Philosophical Transactions of the Royal Society of London，274

（1239）：297-304

Rasmussen T C, Crawford L A, 1997, Identifying and Removing Barometric Pressure Effects in Confined and Unconfined Aquifers, Ground Water, 35 (3)：502-511

Reddy D V, Nagabhushanam P, 2012, Chemical and isotopic seismic precursory signatures in deep groundwater：Cause and effect ［J］, Applied Geochemistry, 27 (12)

Scholz C H, Sykes L R, Aggarwal Y P, 1973, Earthquake prediction：a physical basis, Science, 181 (4102)：803

Sibson R H, 1974, Frictional constraints on thrust, wrench and normal faults ［J］, Nature, 249 (5457)：542 -544

Sibson R H, 1992, Fault-valve behavior and the hydrostatic-lithostatic fluid pressure interface, Earth-Science Reviews, 32 (1-2)：141-144

Skelton A, Andrén, Margareta, Kristmannsdóttir, Hrefna et al., 2014, Changes in groundwater chemistry before two consecutive earthquakes in Iceland ［J］, Nature Geoence, 7 (10)：752-756

Toll N J, Rasmussen T C, 2007, Removal Of Barometric Pressure Effects And Earth Tides From Observed Water Levels, Ground Water, 45 (1)：101-105

Torgersen T, O'Donnell J, 1991, The degassing flux from the solid earth：Release by fracturing, Geophysical Research Letters, 18：951-954

Zhou X, Wang W, Chen Z, Yi L, Liu L, Xie C, Cui Y, Du J, Cheng J, Yang L, 2015, Hot spring gas geochemistry in western Sichuan Province, China after the Wenchuan M_S8.0 earthquake, Terrestrial, Atmospheric & Oceanic Sciences 26：361-373

第 8 章 　地下流体资料预测效能评估与检验 [*]

地震预测方法或手段的效能评价，是寻找有效的预报方法、选择科学的预报判据，以及进行综合地震预测的重要基础，因此，它在我国的地震预测实践中很早就得到了重视。从严格的理论推导出发，秦卫平（1991）给出了 Wallen 评分（V 值）和广义 Wallen 评分（V^* 值），洪时中（1989）建立了相对 Wallen 评分法（V_r^*），朱令人等（1991）给出了预报效率值（Z 值）。各种统计检验方法（如 x^2 检验、Z 检验等）本身给出的信度或置信区间，具有预测效能检验的同等效果，并且具有严格的统计物理意义，只是不太直观。一些学者从便于实际地震预测工作的角度，也提出了一些预报效能的评估方法。R 值评分法是由许绍燮提出的，此后对其进行了进一步的研究（许绍燮，1989）。其他如奥布霍夫评分法（Q 值）、顾氏评分法（S 值）等。由于 R 值在我国地震预测实践中得到了相当广泛的应用，本章节将对 R 检验及相应的预报方法进行分析探讨。

Molchan 图表法由于能够客观和科学地进行地震预测评估，目前已被较广泛地应用于确定性和概率性预测的统计检验和效能评估中。蒋长胜等（2011）用 Molchan 图表法进行地震概率预测统计检验和分析，并分别考虑了网格权重和地震活动权重两种算法计算"时空占有率"的情况。Wang et al.（2013）基于新西兰、加利福尼亚和日本地区的 GPS 观测数据，提出滑动速率法识别观测数据中异常阈值，并通过 Molchan 图表法检验各异常阈值对周边地震的预测效能。陈石等（2015）用 Molchan 图表法对我国西部地区的重力数据进行了检验分析，表明重力变化的 AAS 信号可能包含了一定的地震前兆信息。将 Molchan 图表法应用在地下流体前兆观测资料中，给出流体前兆观测资料的映震效能检验和可靠性评价也是本章的主要目的之一。

用地下流体观测资料进行地震预测是前兆观测研究中的一项重要内容，选取科学的、具有一定的判别准则是检验前兆观测资料或分析方法预测效能的有效途径，也是推进前兆观测研究的必要条件。采用科学合理的统计检验方法对相关预测模型进行检验与评估，这不仅对模型的发展、改进及优化预报策略具有重要意义，也是进行预测效能评估、提高地震预测水平的重要途径之一。

8.1　预报效能评估

根据《中国地震局关于加强地震监测预报工作的意见》（中震测发［2010］94 号）的有关要求，为提高前兆学科观测资料异常判定的科学性，动态评估各类观测资料，加强震情

---

* 本章执笔：王博、司学芸、孙小龙、向阳、钟骏。

监视跟踪管理监督和评价考核，更好的发挥前兆观测资料在日常震情跟踪和会商中的作用。2013 年，在中国地震局监测预报司预报处的组织下（中震测函 ［2013］146 号），对地下流体观测资料（1278 项）进行预报效能评估。按照基础资料（20 分）、资料质量（45 分）、影响因素（10 分）和震例评估（25 分）对每一项资料进行打分。

　　基础资料分析中，包括测点与构造关系、是否是监测区主要控制点、有无其他配套观测、井（泉）基础资料是否齐全等；资料质量分析包括测值合理性、稳定性、连续性、信息反映能力（同震响应、固体潮、气压效应）、长期动态特征是否清晰、年动态、辅助观测资料、资料长度等；影响因素包括气象、环境、观测环境等；震例评估主要是对资料对应地震的情况以及在有震或无震判定中所起的作用。具体评分规则如下：

1. 基础资料（20 分）

（1）测点与构造关系（5 分）：布设在构造边界带 5 分，在主要断裂或附近、老震区、温泉区等 3 分，与构造无联系 0 分。

（2）控制观测点（5 分）：监测区主要控制点 5 分，非控制点 3 分。

（3）测点配套性（5 分）：有流体配套观测项 5 分，单一测项 3 分。

（4）基础资料（5 分）：井（泉）条件资料齐全 5 分，有部分资料 3 分，无基础资料 0 分。

2. 资料质量（45 分）

（1）测值合理性（8 分）：合理 8 分，不合理 0 分。

（2）稳定性（8 分）：自观测以来（5 年以上、"十五" 3 年以上）系统稳定 8 分，短期（3 年以上）稳定 6 分，其他 4 分。

（3）连续性（8 分）：10 年以上连续 8 分，3~10 年连续 6 分，3 年以下连续 4 分；有断数现象，但不影响整体分析结果可 7 分。

（4）信息反映能力（6 分）：

①地震响应（4 分）：响应显著 4 分，有响应 2 分，无响应 0 分。

②固体潮（1 分）：有 1 分，无 0 分。化学观测量 1 分。

③气压效应（1 分）：有 1 分，无 0 分。化学观测量 1 分。

（5）长期动态特征（5 分）：5 年以上资料动态特征清晰 5 分，基本清晰（或 3 年以上）3 分，动态特征不清晰 0 分。

（6）年动态特征（5 分）：可定量分析年动态 5~6 分，无年动态 2~4 分。

（7）辅助观测资料（3 分）：有气象等辅助资料或可收集到辅助资料 3 分，无 0 分。

（8）资料长度（2 分）：5 年以上 2 分，5 年以下 1 分（"十五" 项目 2 分）。

3. 影响因素（10 分）

（1）无影响因素，10 分。

（2）气象因素（无法排除，-2 分）。

（3）环境因素（可确定，-4 分）。

（4）观测设备因素（可确定，-2 分）。

（5）其他因素（如有人为干扰，-2 分）。

（6）观测环境严重破坏，-10分。

4. 震例评估（25分）

（1）具有长趋势异常、年度异常、短临异常的震例（15~25分）。震例5级200km，6级300km，7级以上500km。

①有3次以上（含3次）震例，25分。

②有2次震例，20分。

③有1次震例，15分。

（2）无异常并在无震判定中起作用（15分）。

（3）台站周围200km内无5级地震且无异常（10分）。

（4）有异常无地震或无异常有地震（0分）。

最后，依据评估结果得分由高至低分四类：A类（80分以上）、B类（70~80分）、C类（60~70分）和D类（60分以下）。

2013年各测项评估结果如下：预报效能较高的A类占14%，B类占36%，C类占31%，预报效能较差的D类占19%。各测项评估结果的空间分布如图8-1所示。

2018年，再次对地下流体观测资料（1406项）进行预报效能评估，按照与之前一样的评比标准对每一项资料进行打分，评估结果如下：预报效能较高的A类占12%，B类占35%，C类占35%，预报效能较差的D类占18%。各测项评估结果的空间分布如图8-2所示。

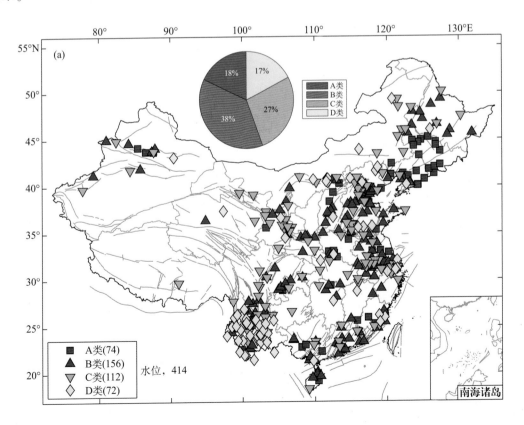

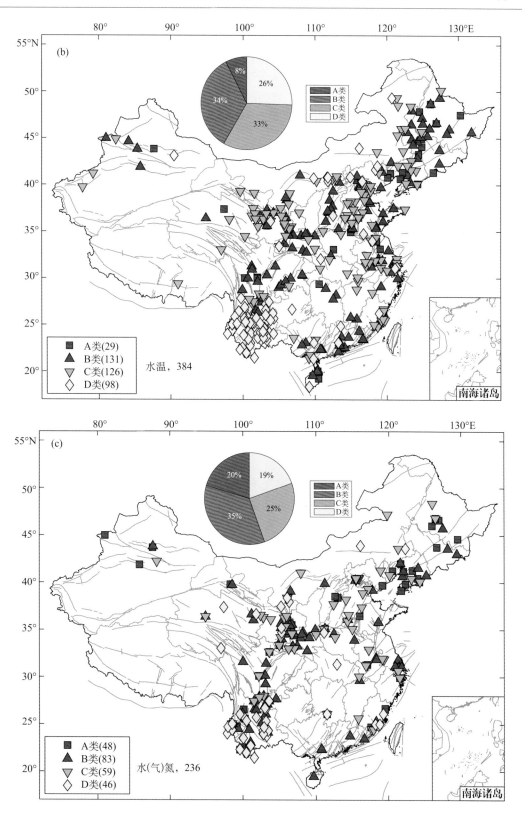

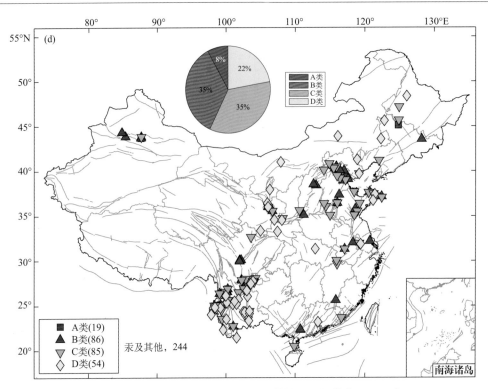

图 8-1　地下流体观测资料预报效能评估结果空间分布（2013 年）

（a）水位；（b）水温；（c）氡；（d）其他

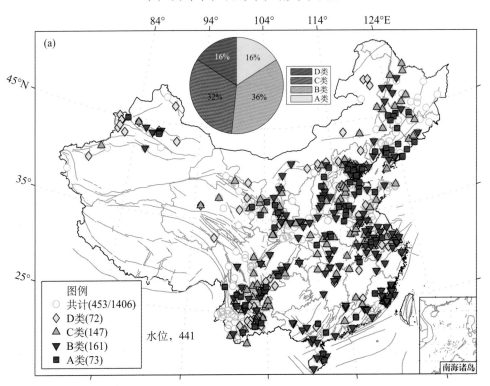

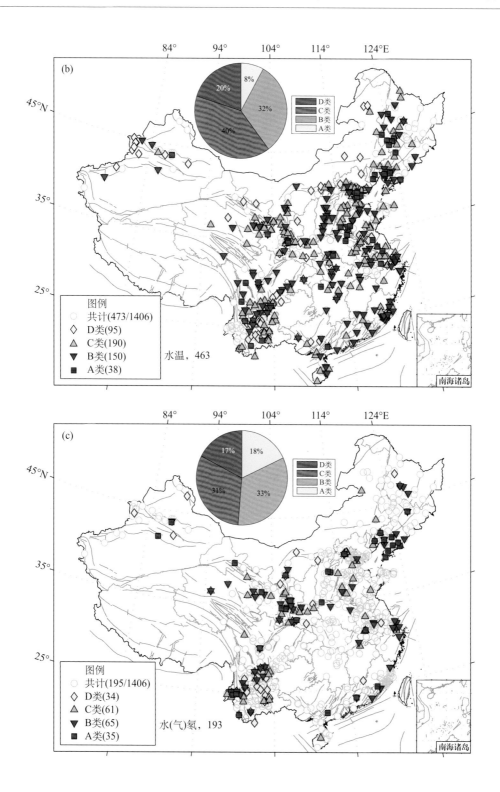

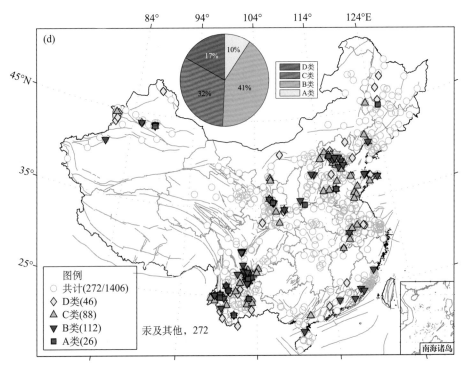

图 8 - 2　地下流体观测资料预报效能评估结果空间分布（2018 年）
(a) 水位；(b) 水温；(c) 氡；(d) 其他

8.2　R 值检验方法及实例

8.2.1　方法简介

R 值评分方法是由许绍燮提出的，该方法在时间序列研究中应用较多。根据秦卫平（1991）的研究，在 R 值评分方法中将预报时间的占有率表示为虚报率，则 R 值评分方法与 Q 值评分方法相一致。20 世纪 80 年代后期以来，R 值评分已被应用于对历年年度预测效能的检验，之后又进一步完善了 R 值评分方法在年度预测中的效能检验（石耀霖等，2000；张国民等，2002）。

基本原理：将中国大陆和邻近海域以 1°×1° 为网格单元进行划分，共 N 个单元，其中，N' 个单元预报发生地震。全年共发生地震 $N1$ 次，而落入预报区内的地震数为 $N1'$，则

$$R = c - b = \frac{\text{有震报准数}}{\text{总有震数}} - \frac{\text{预报网格数}}{\text{总的网格数}} = \frac{N1'}{N1} - \frac{N'}{N} \qquad (8-1)$$

R 值也就是报震的成功率（即 c）减去危险区占用的预报网格数与总的网格数之比（即

b）。该公式的第二项的主要目的是扣除随机概率的预报成功率。$R=1$ 表示全报对；$R=0$ 表示预报没有起作用；R 值越大，预报效果越好。

8.2.2　应用实例

固原硝口台 CO_2 气体测值在汶川 8.0 级地震前出现了短期下降—恢复的变化，此外在 1998 年 8 月 29 日宁夏海原 4.9 级和 2003 年 11 月 13 日甘肃岷县 5.2 级等地震前也出现过类似的变化（司学芸等，2011）。因此选取距固原台 350km 范围内发生的 5 级以上地震（由于 1998 年海原 4.9 级地震距该台较近，震级接近 5 级，因此将这次地震也考虑在内）为研究对象（表 8 - 1），总结该测项的异常变化形态，对其预报效能进行 R 检验分析。

表 8 - 1　固原硝口台附近中强地震

发震时间	发震地点		参考地名	震级 M_S	震中距（km）
	北纬（°）	东经（°）			
1990.10.20	37.11°	103.72°	甘肃景泰	6.2	260
1995.07.22	36.50°	103.00°	甘肃永登	5.8	300
1996.06.01	37.20°	102.90°	甘肃天祝	5.4	340
1998.07.29	36.78°	105.40°	宁夏海原	4.9	100
2000.06.06	37.10°	104.00°	甘肃景泰	5.9	240
2003.11.13	34.65°	103.90°	甘肃岷县	5.2	250
2004.09.07	34.70°	103.90°	甘肃岷县	5.0	250
2006.06.21	33.10°	105.00°	甘肃文县	5.1	350
2008.05.12	31.00	103.40	四川汶川	8.0	600

1. 1995 年 7 月 22 日甘肃永登 5.8 级地震

1995 年 1 月测值出现趋势下降，4 月底转折，整体在均值附近波动变化，5 月 16 日变化最大，上升了 0.23%（相对均值），7 月 22 日，距该台 280km 处发生了甘肃永登 5.8 级地震，CO_2 测值于 8 月 29 日开始下降，10 月 16 日恢复正常（图 8 - 3a）。

2. 1998 年 8 月 29 日宁夏海原 4.9 级地震

1998 年 4 月 29 日出现趋势下降，6 月 18 日至 7 月 4 日维持低值变化，超出 2.5 倍均方差，7 月初后转折，7 月 16 日后为高值变化，多点出现超出 2.5 倍均方差现象，7 月 18 日变化幅度最大，上升了 0.15%，7 月 29 日宁夏海原发生 4.9 级地震，震中距 100km。震后测值变化仍不稳定，出现多次单点突升，9 月 26 日幅度最大，相对均值上升了 0.18%，之后下降恢复正常变化（图 8 - 3b）。

3. 2003 年 11 月 13 日甘肃岷县 5.2 级地震

2003 年 7 月底至 11 月初测值 3 次出现超出 2.5 倍均方差的现象，9 月初偏离均值出现加速下降，10月初至10月底持续低值变化，且有超差现象，11月1日转折突升，11月2日超出2倍均方差，其后恢复正常变化，11月13日在观测点南部250km处的甘肃岷县发生5.2级地震（图8-3c）。

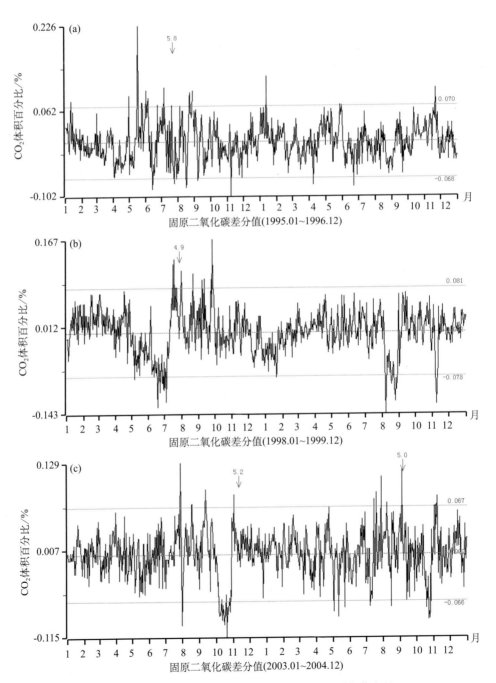

图8-3　固原硝口台 CO_2 日测值与傅立叶分析周期值之差

（a）1995~1996年；（b）1998~1999年；（c）2003~2004年

通过以上典型震例可以认为固原硝口台 CO_2 气体的典型异常形态特征为：短期的趋势性下降—转折上升和多次单点突升（超出 2.5 倍均方差的高值），出现时间多在震前 2~3 个月之内。

为了对固原硝口台 CO_2 资料的映震效果进行评价，以 1990~2009 年的全部日观测值数据为统计样本，选用傅立叶分析去多个周期的方法消除年变，周期数选 8，选取 2.5 倍均方差作为阈值，出现连续或多次超出阈值的高值作为异常（单点不作为异常），表 8-2 统计了 1990~2009 年出现的异常与台站周围一定范围内中强地震的对应情况（包括汶川 8.0 级地震）。

表 8-2 固原硝口台 CO_2 异常变化及地震对应情况

异常持续时间	异常特征	对应地震
1990.03.01~03.30	突升-多点超出阈值的高值	无地震对应
1990.07.01~12.12	突降（超出阈值）-恢复-上升-下降	1990.10.20 景泰 6.2 级
1992.04.06~10.14	超出阈值高值-趋势下降、超出阈值低值-突升、超出阈值高值	无地震对应
1995.04.30~05.16	趋势下降-上升、多次超出阈值高值	1995.07.22 永登 5.8 级
无异常		1996.06.01 天祝 5.4 级
1998.04.29~09.27	趋势下降-突升（高值）、多次单点突升	1998.07.29 海原 4.9 级
1999.08.07~09.03	突降-持续低值（2 次超出阈值）-突升恢复	无地震对应
1999.11.06~11.13	突降超出阈值的低值-突升恢复	无地震对应
无异常		2000.06.06 景泰 5.9 级
2000.07.29~08.13	突升超出阈值的高值	震后异常
2001.05.13~10.03	整体偏高、多点超出阈值-趋势下降-低值	无地震对应
2002.07.28~10.08	加速下降-超出阈值低值-突升	无地震对应
2003.07.28~11.03	波动幅度大、2 次超出阈值的高值-突降-多点超出阈值的低值	2003.11.13 岷县 5.2 级
2004.07.19~09.04	整体偏高、多次出现超出阈值的高值	2004.09.07 岷县 5.0 级
2005.08.28~09.16	单点突升-下降-出现低值、多次出现超出阈值的低值	无地震对应
2006.05.04~06.26	下降-出现低值、多次出现超出阈值的低值	2006.06.21 文县 5.1 级
2007.12.22~2008.05.22	下降-上升、多次出现超出阈值的高值	2008.05.12 汶川 8.0 级

对固原硝口台 CO_2 异常变化与映震情况进行评分，即，对该台观测资料进行预报效能评价。对该台 1990 年 1 月至 2009 年 12 月的资料进行检验，统计时将 3 个月以内出现的异

常归成 1 组，若 3 个月以内 350km 范围发生 5 级以上地震作为有震异常。统计结果如表 8-3。

表 8-3 固原 CO_2 异常统计结果

出现异常次数	有地震对应的次数	有震无异常次数	预报研究的总时间/月	预报占用的时间/月
15	6	2	240	45

预报效能可用平均对应率和 R 值评分 2 个参数分别表示：

$$平均对应率=\frac{对应地震次数}{提出异常的次数}=\frac{6}{15}=40\%$$

$$R=c-b=\frac{报对的地震次数}{应预报的地震总次数}-\frac{预报占用的时间}{预报研究的总时间}=\frac{6}{15}-\frac{45}{240}=0.21$$

即固原硝口 CO_2 资料的平均对应率是 40%（未扣除自然概率），预报效能是 21%（扣除了自然概率）。

尽管如此，在评价预报方法的预测效能时，仍然要确定一些参数，如预报指标"有异常"和"无异常"的判定、不同数据预处理方法、预报指标与地震相关作用的尺度等，这些参数的确定直接影响到对预报方法的预测效能的评价。目前依据经验确定参数在一定程度上满足了实际工作的需要，但是，由于地震现象、预报所依据的物理指标及其可能的相互联系的复杂性，使得依据经验进行的预报方法评估具有很大的不确定性，这直接影响到对预报方法的客观评价和筛选。

8.3 Molchan 图表检验法及实例

8.3.1 方法简介

Molchan 图表法（Molchan Error Diagram）最早是对 20 世纪 80~90 年代开展的经验性地震预测进行科学总结，解决固定研究区强震时间预测问题，并试图给出概率解释而逐渐发展起来的统计检验方法（Molchan，1990，1991，1997，2010）。该方法涉及到的变量有：

h——击中数（Hits）：预测"有震"而实际发震的地震数/空间网格数；

H——击中率（Hit Rate）：预测"有震"而实际发震的地震数/空间网格数与总的实发地震数/所占空间网格数之比；

v——漏报率（Miss Rate）：预测"无震"而实际发震的地震数/空间网格数与总的实发地震数/所占空间网格数之比；

τ——异常的时空占有率（Fraction of Space-time Occupied by Alarm）：发出预测"警报"的时空范围与总的时空范围之比。

Molchan 图表法使用 τ 和 v 来进行统计评分，最佳的预测效果对应在最大预测成功（$v \to$ 0）下付出最小的代价（$\tau \to 0$）。

Molchan 图表法主要基于对目标事件的时空分布进行预测研究。如果把地震预测比作一个决策问题，那么可以通过两个方面来对这一决策过程进行评估：一是预测错误的概率，二是预测的时空占有率。概括而言，即是把整个观测时间段分为 n 个单元，给定目标地震的最小震级 M_0，当单元 i 的预警函数值超过预先设定的值 u 时，在单元 $i+1$ 上会发生目标地震的概率大小。如果在一个预警周期内有相应的地震，则击中数 H 增加，否则，则漏报率 v 增加。定义 τ 为异常的时空占有率，即发出预测"警报"的时空范围与总时空范围之比。最后，应用概率增益 $Gain$ 来表示预测效果相对随机分布的优势。其中，

$$Gain = \frac{H}{\tau} = \frac{1-v}{\tau} \qquad (8-2)$$

结合流体资料与地震对应特点，在使用 Molchan 图表法检验过程中，将目标地震和预警函数值设定在同一个单元中，即是对同一单元中超过预先设定"警报"值进行检验，而不是对发生"警报"的下一个单元，目的是将检验时间周期限定在有效预测期范围之内，譬如，假定有效预测期为 91 天，则击中的地震最长在发生"警报"后 90 天内发生，最短在 1 天内发生。由于定点前兆资料在计算时，只涉及到时间，未涉及到空间，所以本文的占有率 τ 为时间占有率，即资料长度的占有率，τ 越小，检验效果越好，τ 越大，检验效果越差，虚报率也越高；地震预测效能是指概率增益梯形曲线向左所围空的面积，面积越小，预测效能越好。

8.3.2　应用实例

在多年观测数据的不断丰富和观测技术的不断改进下，中国大陆地区流体观测为分析中强及以上地震积累了一大批具有科学研究价值的连续观测资料。依据《中国震例》及以往研究成果，本研究检验所用到的地震震级约定为：5 级及以上地震限定在 300km 范围内，6 级及以上地震限定在 400km 范围内，7 级及以上地震限定在 500km 范围内。

车用太和鱼金子（1997）曾对地下流体观测数据的多年趋势动态、年月变化形态、短临异常特征等进行了分类研究和讨论，虽然地震前不同测项变化特征并不完全一致，但总的看来，主要可分为趋势变化、突升突降、周期畸变等类型，对于这些变化，可通过不同的数学方法进行预处理，然后再对处理后的数据进行基于 Molchan 图表法的地震预测效能检验。

1. 原始曲线

嘉峪关台气氡观测点位于高角度逆冲断层上，介于阿拉善断块南缘断裂带和祁连山北缘断裂带之间。以往的研究结果表明（王博等，2010），嘉峪关气氡对附近 300km 范围内的中强地震指示效果较好，此外，断层气氡的震前变化多表现为明显偏离均值线，且以高值异常为主。

本次检验使用 2000~2010 年的日值观测数据（图 8-4a），检验的地震为距台站 300km 范围内的 5 级及以上地震，共 13 个，图中红色五角星代表地震。对不同滑动步长的检验结

果所示（图 8-4b），颜色表示有效预测期，从蓝色至红色表示有效预测期从 1 天至 365 天，检验效果可从概率增益和预测效能两方面来估计。从检验结果来看，有效预测期在 200 天以上时，此时的概率增益多在 3 倍及以上，预测效能也多超过 0.6，表明异常多在地震前半年就会出现的概率也较大，即，中长期预测效果可能更好。从地震漏报率和时间占有率两方面来表征在预测期为 200 天的检验结果显示（图 8-4c），在此条件下，嘉峪关气氡 Molchan 检验的最优值为时间占有率 0.4 下的 92%（12 次）的预测率。

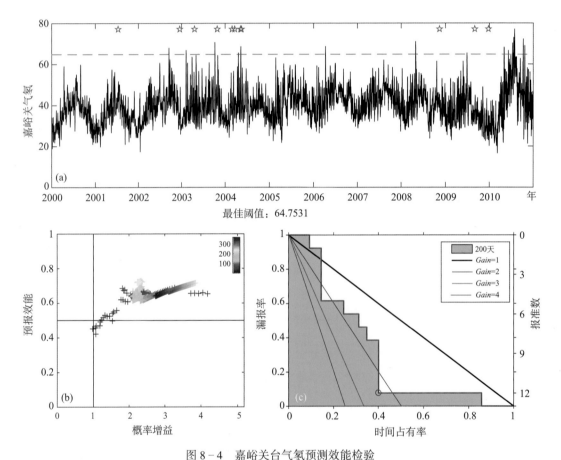

图 8-4　嘉峪关台气氡预测效能检验
（a）嘉峪关气氡观测值，红色五角星代表地震；（b）嘉峪关气氡不同滑动步长检验结果；
（c）滑动步长为 200 天的 Molchan 检验结果

2. 多项式拟合去趋势法

武山 1 号泉出露于近南北向的聂河断裂与北西向的蔡家河—马长庄断裂交会部位，主要含水层为花岗岩。观测始于 1989 年，具有较好的年周期，2000 年之后测值逐年减少，为一典型的趋势下降变化类型，故选用多项式拟合去趋势法对原始数据进行预处理。按照上述选择地震标准，共有 5 级及以上地震 29 个。

从武山 1 号泉水氡原始测值和去趋势后数据的检验结果来看（图 8-5a、d），去趋势后的数据检验结果明显较好，在去除了多年趋势变化后，也即过滤掉了长周期变化对观测数据的影响（图 8 - 5b）。随着有效预测时长的逐渐缩短，检验效果也变得越来越好，总体而言，在地震前 100 天之内的检验效果都较好（图 8 - 5d），此时的预测效能都大于 0.6，概率增益也都大于 2，表明武山 1 号泉水氡的映震效能以中短期异常（<180 天）为主。

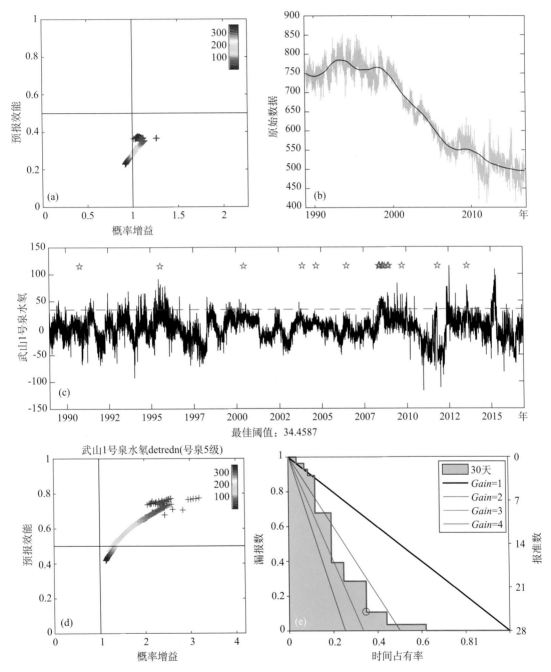

图 8 - 5　武山 1 号泉水氡预测效能检验

（a）原始值检验结果；（b）原始测值及趋势拟合线；（c）去趋势结果；
（d）去趋势值检验结果；（e）滑动步长为 30 天的 Molchan 检验结果

从去趋势后数据的 Molchan 检验结果来看（图 8 − 5e），武山 1 号泉水氡在预测时长为 30 天的最优检验结果为时间占有率 0.34 下的 86%（25 次）的预测率。

3. 差分方法

玉树水温数据观测始于 2007 年 9 月 1 日，除了仪器探头维修、更换时间段外，其他时段内数据连续，因仪器探头原因而导致数据缺失的时段有 2009 年 2 月 6 日至 4 月 9 日，6 月

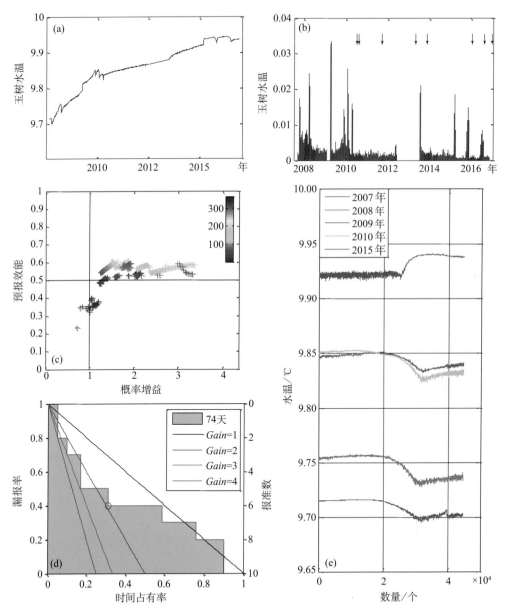

图 8 − 6　玉树台井水温预测效能检验

（a）原始曲线；（b）15 日差分结果；（c）差分检验结果；

（d）滑动步长为 100 天的 Molchan 检验结果；（e）玉树台井水温异常变化

21~25 日，2012 年 6 月 12 日至 2013 年 7 月 19 日仪器探头损坏，更换同类型备用仪器，数据进行了重新标定，改正后的水温观测有多年持续上升变化趋势，地震前表现为下降-回返的变化特征。对水温进行 15 日值差分结果如图 8 - 6b 所示，向下的箭头代表地震。对这一结果的时间滑动计算显示，不同预测时长的概率增益多在 1~3，但预测效能多在 0.5~0.6（图 8 - 6c）。

选定预测时长为 74 天的计算结果显示（图 8 - 6d），最佳预测结果为时间占有率 0.31下的 60%（6 次）的预测准确率，表明在这种情况下，要想达到较小的漏报率，就需要较多的时间占有率，则虚报率较高。

以往对玉树台井水温的研究结果显示（王博等，2016；Sun et al.，2017），玉树台井水温对周边大地震的对应效果较好，多次大地震之前，玉树台井水温都出现较为类似的"下降—回返"现象（图 8 - 6e）。几次变化分别与 2008 年新疆于田 M_S7.3、2008 年四川汶川 M_S8.0、2010 年青海玉树 M_S7.1、2015 年尼泊尔 M_S8.1 都有较好的对应，但在本次 Molchan检验中并未包含这几次地震。所以，针对前兆资料的不同映震特征，选取构造上处于同一块体的不同级别的地震，检验效果可能会更好。

8.4　小结

本章将用于概率预测统计检验的 R 值分析和 Molchan 图表法应用在地下流体观测资料的预测效能检验上，并结合实例对不同的预测方法和观测资料给出了效能评估。

秦卫平（1991）认为，R 值法客观上鼓励"宁虚勿漏"的"勇敢型"预报，而实际上，R 值法的"宁虚勿漏"的特点与现有 R 值的统计与使用方法有关，并且这种统计方法在理论上存在一定的缺陷，其结果将在一定条件下导致对预报方法或手段的预测效能的错误评价和实践中的错误预报。此外，预测指标存在"有异常"与"无异常"两种状态（这里假设不存在"不表态"的状态），"有异常"还可进一步划分为多种异常状态，而地震也存在"有震"与"无震"两种状态。因此 R 值也应当是针对不同状态组合的系列值，并且它们之间存在内在的联系。

Molchan 图表检验法同样可应用在流体观测资料的地震预测效能检验上，从概率增益梯形曲线向左所围空的面积——预测效能可对流体观测资料进行评价，时空检验改为时间序列检验，即时序曲线上的时间占有率。具体检验时，可以使用原始曲线进行检验，也可以通过不同的数学方法首先对数据进行处理，如多项式拟合法、差分法等。不同数据处理方法的 Molchan 检验效果也会存在一定差异，所以，如何在 Molchan 检验前选择合适的数据处理方法也是需要继续研究的工作之一。Molchan 图表法检验的优势是可以设定统一标准，客观反映某一测项的预测效能，这样就排除了人为认定因素，有利于得到定量化的指标，并且可通过概率增益来评价不同方法或资料的预测效能。但 Molchan 图表法和其他检验方法一样，都不可避免受限于观测资料的长短、地震目录时段等的影响，不同滑动步长的检验结果也有差别。此外，有些台站周边 5 级地震较少，但却有较多 3、4 级地震，如果增加不同级别的地震，检验效果可能也越好，但这样对震级不加区别的使用，可能模糊了强震的指示意义和不同强度地震前观测资料不同的变化特征。

地下流体观测具有较好的反映地球物理场、地球化学场异常信息的能力，在一个观测点上出现的地下流体异常反映了含水层系统的变化，这些信息可能是地震前兆异常，但也可能受其他自然和人为因素影响，只有结合强震孕育的构造环境特征，从异常的物理特征入手，才能更有效地揭示地下流体前兆的物理机制及与强震孕育、发生的关系，使地震预测逐步从目前的统计经验预测过渡到以前兆物理特征为基础的概率预测上来。

参考文献

车用太、鱼金子，1997，地下流体的源兆、场兆、远兆及其在地震预报中的意义 [J]，地震，17（3）：
　　283~289

陈石、徐伟民、蒋长胜，2015，中国大陆西部重力场变化与强震危险性关系 [J]，地震学报，（04）：575~587

洪时中，1989，地震预报评分的基本原理与方法，见：国家地震局科技监测司编，地震预报方法实用化文
　　集：地震学专辑 [C]，北京：学术期刊出版社，576~585

蒋长胜、张浪平、韩立波等，2011，中长期地震危险性概率预测中的统计检验方法 I：Molchan 图表法
　　[J]，地震，（02）：106~113

秦卫平，1991，一维地震预报评分问题 [J]，地震学报，13（2）：234~242

石耀霖、刘杰、张国民，2000，对我国 90 年代年度地震预报的评估 [J]，中国科学院研究生院学报，17
　　（1）：63~69

司学芸、李英、姚琳，2011，固原硝口温泉 CO_2 气体异常与映震效应 [J]，地震地磁观测与研究，32
　　（3）：88~94

王博、黄辅琼、简春林，2010，嘉峪关断层带土壤气氡的影响因素及映震效能分析 [J]，中国地震，
　　（04）：407~417

王博、马玉川、马玉虎，2016，玉树台井水温变化及其与青藏块体周缘大地震关系 [J]，中国地震，32
　　（3）：563~570

许绍燮，1989，地震预报能力评分，见：国家地震局科技监测司，地震预报方法实用化研究文集地震学专
　　辑 [C]，北京：地震出版社，586~589

张国民、刘杰、石耀霖，2002，年度地震预报能力的科学评价 [J]，地震学报，24（5）：525~532

朱令人、朱成熹、洪时中等，1991，地震预报效能评价，见：国家地震局科技监测司编，实用化研究论文
　　集——中国地震预报方法研究 [C]，北京：地震出版社，478

Molchan G M，1990，Strategies in strong earthquake prediction [J]，Physics of the Earth and Planetary Interiors，
　　61（1）：84-98

Molchan G M，1991，Structure of optimal strategies in earthquake prediction [J]，Tectonophysics，193（4）：
　　267-276

Molchan G M，1997，Earthquake prediction as a decision-making problem [J]，Pure and Applied Geophysics，
　　149（1）：233-247

Molchan G M，2010，Space-time earthquake prediction：the error diagrams [J]，Pure and applied geophysics，
　　167（8-9）：907-917

Sun Xiaolong，Xiang yang，Shi Zheming et al.，2017，Preseismic changes of water temperature in the Yushu well，
　　Western China，Pure and Applied Geophysics，DOI：10. 1007/s00024-017-1579-x

Wang T，J Zhuang，T Kato et al.，2013，Assessing the potential improvement in short-term earthquake forecasts
　　from incorporation of GPS data [J]，Geophysical Research Letters，40（11）：2631-2635

第9章 预测指标体系梳理[*]

9.1 基于《中国震例》的地下流体异常特征统计分析

　　《中国震例》系列丛书收录了自 1966 年以来典型震例资料总结研究报告的所有信息，以及在震例总结研究过程中收集的台站信息、定点观测项目、异常统计和统计汇总（张肇诚等，1990，1988，1990a，1990b，1999，2000；陈棋福等，2002a，2002b，2003，2008；蒋海昆等，2014，2018a，2018b）。

　　张肇诚等（1990）介绍了《中国震例》中震例和前兆的基本情况，并进一步总结了我国大陆地震前兆的几条基本的综合特征。顾瑾萍等（2004）基于《中国震例》进行了我国大陆 80 多个震例（1987~1999 年）的前兆异常项数统计，研究了强震前流体、形变和电磁三大观测类别的前兆异常项的时空变化属性和综合特征，在此基础上提出综合判定指标并用概率增益的方法对我国大陆强震预测作了一定的应用研究。郑兆苾等（2006）以 1986~1999 年中国大陆地震震例为基础，对中国大陆及其不同分区的测震和前兆异常进行了统计与分析。蒋海昆等（2009）依据《中国震例》（1966~1999 年）收录的 216 次震例的 2500 多条地震活动及前兆异常资料，研究了各学科平均异常数量、空间分布范围、异常时间等统计特征及其与主震震级的关系。

　　《中国震例》中记录了大量的地下流体前兆信息，前人也做过大量的流体前兆特征研究工作，如曲线形态分析（国家地震局地下水影响研究组，1985）、异常与震中的关系（车用太、鱼金子，1997）、异常信息的时空演化特征（刘耀炜、施锦，2000）等。类似提取具有共性特点的典型短期前兆异常特征，并对其进行定量的统计分析，是解释地下流体短期前兆机理的基础工作（刘耀炜等，2004）。

　　基于《中国震例》记录的 1966 年以来的历史震例，按异常测项和变化类型分类统计了与地下流体相关的异常数量与震级、震中距、持续时间之间的相关性。结果显示：中国大陆 6.5 级以下地震的地下流体异常数量与震级无相关性，6.5 级以上地震随震级的增大而增多，二者呈指数增长；地下流体异常多集中于距震中 300km 范围内，且各测项间无明显区别，异常数量与震中距之间呈 Gamma 分布特征；地下流体异常时空演化主要表现为"向震中收缩""构造控制"和"相对集中"三种典型特征，震前异常数量主要表现为"持续增长"型和"先增后减"型两类，且以"先增后减"型居多。

---

　　* 本章执笔：杨朋涛、孙小龙、胡小静、司学芸、曹玲玲、朱成英、王俊、廖丽霞、刘冬英、张昱、李英。

9.1.1 异常数量与持续时间、震中距、震级的关系

《中国震例》（1966~2012）中涉及地下流体异常信息的震例约 170 次（图 9 - 1），记录了包含水位、水温、水（气）氡、水（气）汞及其他（化学离子、气体、同位素、宏观）类地下流体异常共计 1162 项。如图 9 - 2 所示，按测项分，水位类异常 339 项（占总异常数的 29%），水温类异常 143 项（占总异常数的 12%），水（气）氡类异常 400 项（占总异常数的 35%），水（气）汞类异常 69 项（占总异常数的 6%），其他类异常 211 项（占总异常数的 18%）。按变化类型分为周期类、阈值类、趋势类、转折类和宏观类分，1162 项异常中除去 6 项宏观类异常后，周期类异常 269 项（占总异常数的 23%），阈值类异常 654 项（占总异常数的 56%），趋势类异常 221 项（占总异常数的 19%），转折类异常 12 项（占总异常数的 1%）。

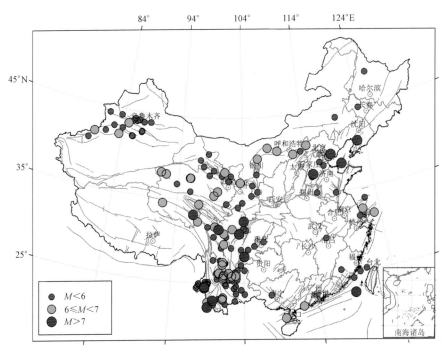

图 9 - 1　《中国震例》（1966~2012）涉及流体异常的 170 次地震空间分布

基于以上基础信息，统计了地下流体异常数量与持续时间、震中距、震级的相关性特征。结果如图 9 - 3 所示：

（1）从异常的持续时间来看，地下流体异常持续时间多集中在地震发生前一年以内，且震前半年内的异常占据半数以上。异常数量（N）与持续时间（t）表现为指数衰减的特征，二者的数学关系可表示为

$$N(t) = A \cdot e^{B \cdot t} \tag{9-1}$$

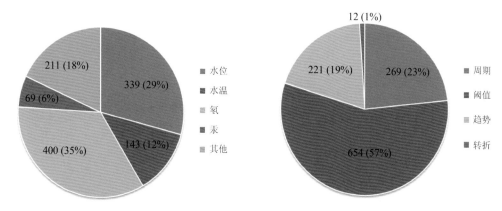

图 9-2　《中国震例》中的地下流体异常分类统计结果

（2）从异常与震中的距离来看，地下流体异常震中距多集中在 300km 范围内，且在距震中 100~200km 范围内最多。异常数量（N）与震中距（s）之间呈现 Gamma 分布特征，二者的数学关系可表示为

$$\left.\begin{aligned}
N(s) &= A \cdot \frac{s^{\alpha-1} \mathrm{e}^{-s/\beta}}{\beta^{\alpha} \cdot \Gamma(\alpha)} \\
\Gamma(\alpha) &= \int_{0}^{\infty} t^{\alpha-1} \mathrm{e}^{-t} \mathrm{d}t
\end{aligned}\right\} \qquad (9-2)$$

（3）从异常数量与震级的关系来看，6.5 级以下地震异常数量与震级之间无明显相关性，6.5 级以上地震随着震级的增大，异常数量明显增多。地下流体异常数量（N）与地震震级（M）之间呈现指数增长的特征，二者的数学关系可表示为

$$N(M) = A \cdot \mathrm{e}^{B \cdot M} + C \qquad (9-3)$$

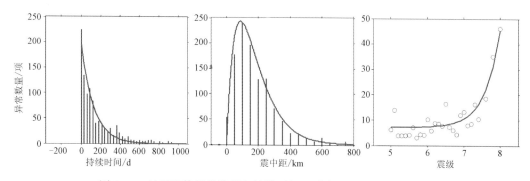

图 9-3　地下流体异常数量与持续时间、震中距、震级的统计关系

按异常测项、异常形态进行分类统计，流体异常数量与持续时间、震中距、震级之间的统计关系也基本符合以上数学关系。图 9 - 4 所示为分别按异常测项（水位、水温、氡汞、其他）和异常变化形态（阈值、趋势（含转折类异常）、周期）进行的统计结果，各类异常的分布曲线均为依据式（9 - 1）至式（9 - 3）关系式拟合得到。可以看出：

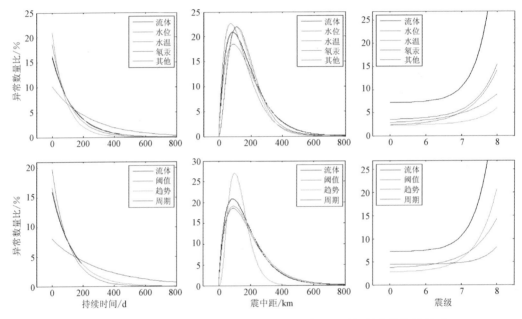

图 9 - 4　地下流体异常数量与持续时间、震中距、震级的分类统计关系

（1）从异常数量与震级的关系来看，依测项分类结果显示，6.5 级地震前流体单测项异常数量平均约为 3 项左右，地下流体所有测项异常的平均数量约为 7 项左右，其中水位异常略多，水温异常较少，6.5 级以上地震则依震级增大而数量增多。依异常形态分类结果，6.5 级地震前阈值类和周期类异常居多，6.5 级以上地震趋势类异常数量明显增多。

（2）从异常数量与震中距的关系来看，各测项间无明显区别，其中水位类异常略微接近震中。依异常形态分类结果，趋势类异常的分布范围明显小于其他类异常，且相比其他类异常其异常数量（为了更清楚地表现分类特征，纵坐标为异常数量百分比，即同类异常数占其异常总数的比例）在 100~200km 范围内明显较多。

（3）从异常数量与持续时间的关系来看，水位、水温和氡汞类异常多集中于震前半年内，其短临特征较为明显，而其他类（化学离子、气体、同位素等）异常的持续时间更长，除具短临特征外，更具有中长期特征。与此类似，阈值类、趋势类异常具有短临特征，而周期类异常更具中长期特征。

9.1.2　异常时间、空间演化特征统计

由图 9 - 4 统计结果可知，地下流体异常数量与震级、震中距、持续时间均具有一定的相关性，该结果是基于所有《中国震例》中涉及的地下流体异常信息所得的整体特征。为

了更进一步了解地下流体异常信息特征，针对《中国震例》中的每一个地震，分析了其地下流体异常的时、空演化特征。

刘耀炜等（2004）人认为地下流体前兆异常的时间、空间动态特征，需要结合构造环境和区域特征进行异常的分析，并提出"向震中收缩""构造控制"和"相对集中"三种最能代表地下流体前兆空间动态演化的特征，进一步的分析结果表明：7 级以上地震前，地下流体异常均具有向震中迁移的特点，西南地区此特点比较突出；5.0~5.9 级地震异常主要表现出受构造控制分布的特点，而没有出现向震中收缩和相对集中的特征。

图 9-5 所示为部分地震前地下流体异常时空分布，1976 年 5 月 29 日云南龙陵 7.3 级地

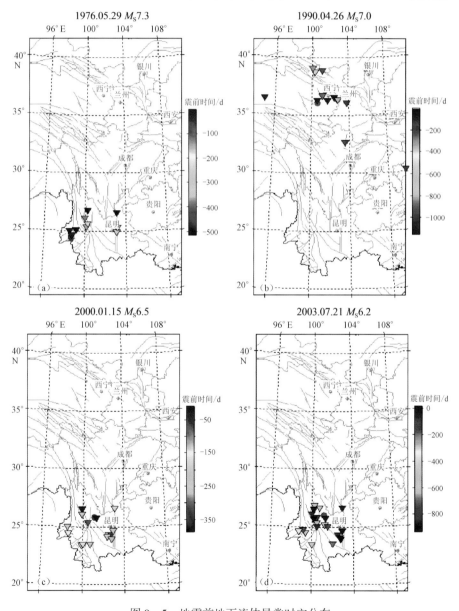

图 9-5　地震前地下流体异常时空分布

震前地下流体表现出了明显的"向震中收缩"的特征；1990 年 4 月 26 日青海共和 7.0 级地震前地下流体表现出了"相对集中"的特征；2000 年 1 月 15 日云南姚安 6.5 级和 2003 年 7 月 21 日云南大姚 6.2 级地震，二者的震中空间位置较为接近、构造环境类似，其地下流体异常在空间分布上也具有很好的相似性，表明其异常"受构造控制"的特征显著，虽然二者在异常数量上存在差异，但异常数量的差异有可能是背景台站数量的变动所致。

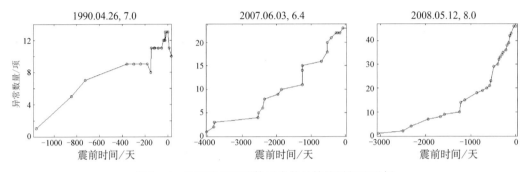

图 9 - 6　地震前地下流体异常数量持续增长型震例

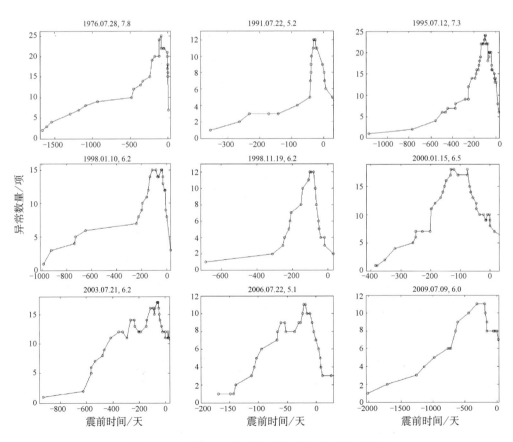

图 9 - 7　地震前地下流体异常数量先增后减型震例

地震前的地下流体异常除了以上明显的群体性时空演化特征外，其异常数量的变化也具有明显的随时间变化的特征。如图 9-6 所示，部分地震前地下流体异常数量随着时间的推进而逐渐增大，接近地震发生时达到最大值，地震发生后数量快速减少，可将其描述为"持续增长"型；如图 9-7 所示，部分地震前地下流体异常数量随着时间的推进而逐渐增大，接近地震发生时刻数量转折下降，且转折下降的时段不尽相同，多为地震发生前 3 个月内发生转折，故将其描述为"先增后减"型。从《中国震例》中各震例的统计结果来看，地下流体异常数量出现"先增后减"型的震例约占 2/3，"持续增长"型震例相对较少。

9.1.3　异常持续时间与数量的相关性

由以上分析可知，地震前地下流体异常数量与持续时间有一定的相关性，且不同的地震其相关性特征也不尽相同。为了更细致地分析其相互关系，本文对《中国震例》中的每个地震分别统计了异常数量与持续时间关系间的相关参数。

与总体特征类似，单个地震前的地下流体异常数量与持续时间同样存在指数相关的特征，如图 9-8 所示，地震前流体异常时间进程图（图 9-8b）显示，其异常数量呈现逐渐增多的特点，亦即至地震发生时，最早出现的异常其异常持续时间最长，最晚出现的异常其异常持续时间最短（图 9-8a）。异常数量与异常持续时间间的相关性可表示如式（9-1）所示的数学关系，从地震预报三要素的角度分析：

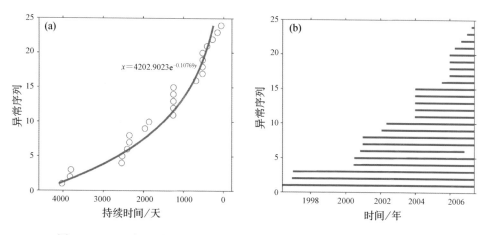

图 9-8　2007 年 6 月 3 日云南宁洱 M_S6.4 地震前异常持续时间与数量统计

（1）参数 A 与异常持续时间（横轴）直接相关，对发震时间具有一定指示意义。结合图 9-3 中异常持续时间与数量的统计，地震发生前半年内的异常数量最多，即流体异常多为短临前兆异常。参数 A 值较大，说明区域内背景性趋势异常显著，地震孕育过程已持续较长时间，苦短期异常数量增加明显，即可判定为接近发震时刻；参数 A 较小，说明区域内背景性趋势异常不显著，地震可能正处于孕育阶段。

（2）异常数量（纵轴）对地震强度具有指示意义，与震级（M>6.5 级）相关。结合图 9-3 中震级与异常数量的统计，6.5 级以上地震异常数量随着震级的增大明显增多，也即异常数量越大，则震级越大。

（3）参数 B 表示了异常的群体性时空演化特征，对地震的空间和强度均具指示意义。参数 B 反映了异常数量与异常持续时间的指数相关性，一方面异常数量与地震震级直接相关，另一方面异常持续时间与地震孕育阶段相关，二者之间的指数关系取决于地震孕育的空间分布范围和能量积累时间。这种地震孕育、发生过程中的异常持续时间与异常数量间的指数关系参数，可能与区域构造特征密切关联，不同构造单元或构造带其参数值也不尽相同。

9.2　西南地区预测指标体系梳理

9.2.1　西南地区地下流体观测概况

目前西南地区共有 437 项流体观测资料用于日常会商，并向中国地震局进行异常零报告。其中水位观测 106 项，水温观测 110 项，氡观测 71 项，汞和其他观测 150 项。贵州现有测项 0 项，西藏现有测项 2 项，重庆 13 项，四川 98 项，云南 324 项。观测项目主要集中分布在四川省鲜水河、则木河以及安宁河三大断裂带，川滇交界东侧的华阴山断裂以及整个云南省内。

9.2.2　西南地区地下流体异常特征

1. 西南地区地下流体单项异常统计特征

全时空扫描川滇地区目前仍在观测的所有流体观测数据，统计分析每一条曲线自观测以来出现的异常变化时段及后续 500km 范围内所发生的 5 级以上地震情况，统计结果显示地震前的流体异常是普遍存在的，不同观测手段之间既具有许多共性特征，也存在一定的差异。下面具体分述水位、水温以及水氡的统计特征。

1）水位异常的统计特征

统计结果显示，水位异常的变化形态主要以破年变和上升为主，约占 83%，其中破年比占比最多，约为 46%，上升异常占比为 37%；从震前异常出现的时间来看，大多数异常集出现在震前 300 天以内，其中震前 30 天和 150 天左右时间是异常集中出现的两个时间点，也就是说大多数异常都有较强的年度预测意义，在发震前的半年左右和短临前 1 个月左右时间，会出现显著的异常增加现象。

从不同震级段地震前出现的平均异常项数来看，5.0~5.4 级段与 5.5~5.9 级段平均异常数相差不大，分别为 3.3 和 3.4 项；6.0~6.4 级段和 6.5~6.9 级段相比有一定的增加，分别为 4.1 和 5.1 项；7.0~7.4 级段异常数量相对较少，为 3.88 项；7.5 级以上地震前则明显增加，达 10 项。从整体的平均异常数量来看，除了 7.0~7.4 级段，随着震级的增加，平均异常项数整体亦会有所增多。

震级与震中距的统计结果显示，随着震级的增大，异常分布范围有一定的扩展，扩展范围从 400km 至 700km，但整体并不显著，其中 5 级地震的异常范围基本分布在 500km 范围内，6 级地震的异常范围有所扩大至 600km 范围，7 已以上地震相比 6 级地震没有明显的范围扩大现象，除了极少个别异常范围可至 1000km 左右。

异常开始时间与震中距的统计结果显示，震中 200km 范围内有部分异常出现在震前 2～3 年左右，也就是震中附近异常出现时间较早，但从整体趋势来看，震中距随着发震时间的趋近，异常的分布范围并没有明显的收敛或者扩散现象，大多数异常一直分布在 600km 范围以内。

2）水温异常的统计特征

统计结果显示，水温异常的变化形态主要以上升为主，约占 52%，其次为破年变和下降异常，二者相差不大，分别占 26% 和 21%；从震前异常出现的时间来看，大多数异常出现在震前 150 天以内，更多的则表现为 3 个月以内的短临异常。

从不同震级段地震前出现的平均异常项数来看，不同震级段的平均异常数量都有所差别，5.0～6.4 级段的异常平均数分别为 1.47、2.11 和 2.92；6.5～7.4 震级段的平均异常项数较 6.0～6.4 震级段偏低，分别为 2.33、2.86 项；7.5 级以上地震前平均异常数量有明显增加，达 5 项。从整体的平均异常数量来看，除了 6.5～7.4 震级段，随着震级的增加，平均异常项数整体亦会有所增多。

震级与震中距的统计结果显示，随着震级的增大，异常分布范围有一定的扩展，扩展范围从 400km 至 700km，但整体并不显著，亦有 5 级地震的个别异常分布在 600km 范围，7 级地震的个别异常分布在 900km 范围。

异常开始时间与震中距的统计结果显示，在震中 200km 范围内，有相当数量的异常出现时间比较早，但该现象并不显著；从整体趋势来看，随着发震时间的趋近，从震前 300 天到震前 100 天，异常的分布范围并没有明显的收敛现象，从震前 100 天到发震前，异常分布范围存在一定的收敛现象，但只是表现为从 800km 收敛至 600km，在发震地点的预测方面并无实际的贡献。

3）水氡异常的统计特征

统计结果显示，水氡异常的变化形态主要以上升为主，约占 48%，其次为下降，占比 35%，还有部分表现为破年变异常，占比 17%；从震前异常出现的时间来看，大多数异常出现在震前 250 天以内，除了震前 25 天以内有相对稍微明显的集中点之外，其他时段内并没有明显的集中点，也就是说大多数异常都有较强的年度预测意义，在发震前 1 个月左右时间，会出现一定的异常增加现象，但不会很显著。

从不同震级段地震前出现的平均异常项数来看，在 5.0～6.4 震级段的异常平均数随着震级的升高有所增加，分别为 1.27、2.08 和 2.17；在 6.5～7.4 级震级段反而异常数量有所减少，平均数仅为 1.5。考虑到以往历史地震前出现过的水氡异常情况，与此次统计结果并不吻合，经过分析其原因，主要是此次全时空扫描结果只针对目前仍然存在的水氡观测项，随着数字化观测的改造，大多数曾经在 7 级地震前出现过异常的水氡测项都已停测，故没有纳入到此次统计的结果中，导致现有的统计结果与当时实际记录到的异常现象存在的一定的差别。

震级与震中距的统计结果显示，异常基本分布在 400km 范围内，随着震级的增大，在 5.0～6.0 震级段，异常分布范围有一定的扩展，但在 6 级以上地震前，未曾出现类似的现象。

异常开始时间与震中距的统计结果显示，异常起始时间在 300 天以上的，大多分布在震中 200km 范围内，同样该现象并不显著；从整体趋势来看，随着发震时间的趋近，从震前 500 天到震前 100 天，异常的分布范围有向外扩展的迹象，从震前 100 天到发震前，异常分布范围则存在一定的收敛现象，但只是表现为从 550km 收敛至 350km，对发震地点的预测方面亦无实际的贡献。

2. 西南地区 6 级以上地震前群体异常数量的时间演化特征

在多年的总结认识过程中，我们认为异常与地震都是构造活动增强的产物，震前我们能捕捉到的更多是场上的信息。异常的多少可能反映了构造活动的强弱，同时也间接的表征了地震活动的危险性。没有一种前兆在所有地震均前出现异常，没有一种前兆出现异常都对应了地震，因此我们在上述全时空扫描异常的基础上，对《中国震例》总结中川滇地区所有 6 级以上地震前出现的流体异常进行梳理，提取 6 级以上地震前群体异常的演化过程，以便更好地总结预测判别指标。

对《中国震例》总结中川滇地区所有 6 级以上地震前出现的流体异常，按时间分布统计每个月的前兆异常测项数，结果显示，几乎所有的 6 级以上地震前，尤其是云南地区，1 年至半年时间里，前兆异常数量都出现了持续的增长，并且大多数震前该现象相当显著；80% 左右地震在进入短期阶段 3 个月左右时间异常测项数会达到最高点然后出现回落，其余地震都发生在异常测项数最高点。四川地区 6 级以上地震前整体异常数量偏少，约在 5~6 项左右，仅有 1989 年巴塘 6 级震群之前，异常数量高达 17 项。图 9-9 给出了部分震例的异常时间进程示意图。

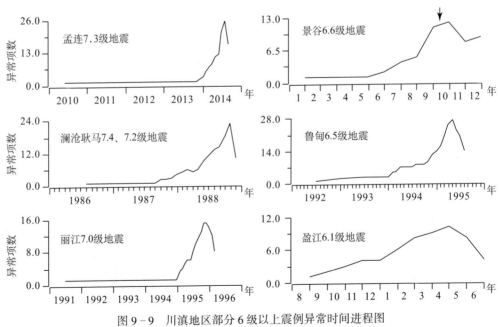

图 9-9　川滇地区部分 6 级以上震例异常时间进程图

未标箭头的，发震时间均在最后一个点处

9.2.3　西南地区地下流体预测指标

1. 时间预测指标

1）异常测项数量出现明显增加，作为发震时间的判别指标

根据上述异常数量与发震时间的演化结果，80%左右地震在进入短期阶段3个月左右时间异常测项数会达到最高点然后出现回落，其余地震都发生在异常测项数的最高点。因此，当异常数量出现明显增加后，可预测短期内发震可能性较大。

2）从属函数提取的水温群体异常达到指标后，作为发震时间的判别指标（李琼等，2017）

统计结果显示，水温异常主要表现为上升、下降速率的变化，出现时间方面具有一定的短临性质。因此，我们采用模糊数学中的从属函数方法，对水温异常进行提取。

选取了2009年以来观测资料相对连续、稳定、有地震对应实例的34项水温资料，采用从属函数计算方法分别提取每项观测资料的异常。考虑各单项前兆其过去的预报成功率是不同的，因此用权重大小对其优劣或信度加以区分，根据各曲线与地震的对应关系，为每一条单项结果的预报结论配一个权重系数。规定权重值大于0.2，并持续20天以上为异常。计算结果显示（图9-10）2009年以来共出现9组异常组（8组异常对应地震发生，1组虚报），异常持续时间20~200天，异常开始时间超前地震10~180天，为短期异常。

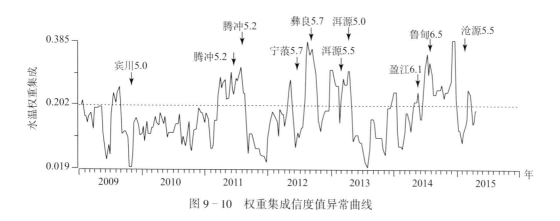

图 9-10　权重集成信度值异常曲线

综合上述结果，水温频次异常和权重集成异常的持续时间分别为40~250和20~200天，异常开始时间超前地震分别为20~140和10~180天，根据震例总结规定，均属于短期异常，且在出现的9组异常中，有8组异常之后在云南地区发生了5级以上地震，因此利用从属函数提取的水温群体异常，可作为云南地区5级以上地震的发震时间预测指标。

2. 地点预测指标

高水位异常区域作为年度发震地点预测判定指标：

在云南的地震预报实践中发现，强震震中附近中期阶段往往出现高水位异常，从物理意义上分析，水位升高是因为区域应力增强，观测井孔含水层孔隙压力增强，导致水位上升，因此水位上升是观测含水层受压，有很清楚的物理意义。

　　把达到预测指标的高水位井孔与次年发生的中强以上地震作空间位置分析，发现地震多发生在高水位井孔异常集中区域。如：2002 年高水位井孔集中在 2003 年大姚 6.1、6.2 级地震附近，2006 年云南高水位井孔集中分布在北纬 25° 以南的地区，2007 年的 5 级以上地震也都在北纬 24° 以南地区发生，2007 年高水位井孔有北移的现象，井孔集中分布在云南中部地区，2008 年的破坏性地震也出现了北移的现象，2008 年高水位井孔依然集中在云南中部，地震也继续在中部发生。

　　为了用统一的标准来描述不同井孔的高水位异常，也可以用数学方法提取高水位的异常信息。将各井每年的最高水位值用下式进行处理：

$$w_i = \frac{x_i - x_{\min}}{x_{\max} - x_{\min}}$$

式中，x_i 是第 i 年的水位最高值；$x_{\min}$ 是井孔多年观测年水位最高值中的最低值；$x_{\max}$ 是井孔多年水位最高值中的最大值。w_i 等于第 i 年水位最高值减去该水位历年观测最高值中的最低值，除以该水位历年观测最高水位的最大值减最小值，这样所有井每年的最高水位产生的序列都是从 0 到 1 的值，等权处理后，各井具有了可比性。

　　选取了云南 30 口有年变的井，将各井每年的最高水位月均值作为参数，用上述统一的数学方法处理后，用 $w_i \geq 0.6$ 的值作等值线图。高水位异常区域与 $M \geq 5.5$ 级地震分布空间结果显示大部分强震确实发生在高水位的区域，表明在云南地区高水位异常对预测发震危险区有一定的能力；此外，结果显示 2004 年云南地区高水位主要集中在小滇西—滇西北地区，但 2005 年整个云南地区未曾发生 5.5 级以上地震，2 次 5.3 级地震分别发生在滇东北会泽和滇东南文山地区，因此并不是所有的高水位区都会发生地震（林辉等，2011）。

3. 强度预测指标

1）5 级地震前异常数量作为年度震级预测指标（预测震级，6 级以上）

　　每一次中强震前的前兆异常水平都在一定程度上反映了该时段内的应力场状态，其中前兆异常项数可以作为一个关键的参数用来刻画当前的前兆异常水平。统计有震例总结以来川滇地区所有 5 级地震前出现的流体异常项数，平均数为 6 项，其中云南地区 5 级地震前的异常项数最多高达 22 项，平均数为 7 项，而四川地区 5 级地震前异常项数最高仅有 7 项，平均数为 3.5 项，尤其是在 2004 年以来存在流体异常的 5 级震例非常少，包括最近几年发生 2013 年白玉 5.4 级、2014 年越西 5.0 级以及 2015 年乐山金口河 5.0 级地震前，都未曾提出过流体异常（图 9-11）。考虑到云南、四川不同区域之间客观存在的差异性，分区域提取该项异常指标。

　　从图 9-11a 可看出，当云南省内 5 级地震前出现的异常项数到达 10 项及以上时（平均数为 7 项），在 5 级地震发生后的 1~1.5 年内云南地区多有 6 级以上地震发生，对应率为 83%，尤其是在 2012 年彝良 5.7 级、2013 年洱源 5.5 级地震前连续出现了大量异常之后，在四川和云南分别发生了 2013 年芦山 7.0 级地震和 2014 年的多次 6 级以上地震。图 9-11b 中，当四川省内 5 级地震前出现的异常项数达到 5 项及以上时（平均数为 3.5 项），在四川

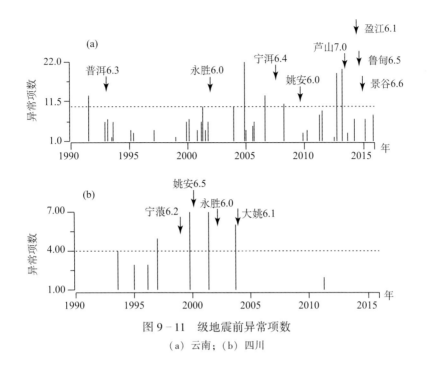

图 9-11　级地震前异常项数
（a）云南；（b）四川

省内并没有 6 级以上地震与之相对应，但是在云南分别发生了 1998 年宁蒗 6.2 级、2000 年姚安 6.5 级、2001 年永胜 6.0 级以及 2003 年大姚 6.1 级地震，均有较好的对应关系，对应率高达 100%。

　　统计结果显示，5 级地震发生前出现的异常数量明显高于平均数时，可能表明该时段内区域内的构造应力水平亦较其他 5 级地震前高，应力很有可能还处在继续增加和积累的过程当中，一次常规的 5 级地震并不能完全释放区域内所积累的应力，预示着未来可能将有更高震级的地震发生。因此，我们可以将 5 级地震前异常数量的显著高值作为未来川滇交界地区地震的震级预测指标，考虑到实际的对应效果，取云南地区异常指标为 10 项，四川地区异常指标为 5 项，但是在近几年四川省内的 5 级地震前均为提取到流体异常，可能会使得四川地区异常指标的预测效果有所减弱。

　　2）降水干扰排除后的水位群体异常作为年度震级预测指标（预测震级，6 级以上）（胡小静等，2016）

　　地下水位作为流体学科重要的物理观测量，是一个包含大气降水、气压、固体潮、地应力场等多种影响因素的复合参数（车用太、鱼金子，2006），其中降水作为地下水位变化的主要影响因素，使得多数水位观测井孔呈现出雨季上升、旱季下降且比较容易识别的年变规律。但当年降水量与水位的变化不符合一定的相关性时，可能表征水位与构造活动的关系比降水更为密切，其后发生地震的可能性增大。在这个思想的指导下，采用降水与水位的相关性，对水位观测中的降水成分进行排除，之后进一步提取异常，增加了水位观测的可用性。

　　作为年度会商的指标，主要考虑年降水量对水位年变幅度的总体影响。采用地下水位谷值变化逐年差值与年降雨量进行相关分析，以此排除降雨对地下水位观测的影响，从而提取出地下水位异常井孔。选取云南地区受降水影响明显且观测连续稳定的 18 口水位观测井为计算对象，首先找出每年地下水位观测的最低值（雨季来临前），以当年与前一年的谷值差值为纵坐标 Y，前一年年降水量为横坐标 X 作降水与水位变化关系。结果显示，Y 的取值与 X 的取值存在明显的线性关系，该趋势变化可由一条适当的直线来拟合。正常情况下，水位变化幅度分布在该直线周围一定范围内，若出现明显偏离正常范围的情况，则表示该年份水位与降水不完全相关，属于异常状态。

统计 1998 年以来云南省内共发生的 9 次（7 组）6 级以上地震和发震前一年地下水位异常情况，结果显示，当与降水关系不吻合的异常井孔数量增多后（异常比例设定为 20%），次年云南地区发生 6 级以上地震的危险性增大，除 2007 年宁洱 6.4 级地震发生之前未曾出现异常指标外，其余 6 组地震发生的前一年，均出现了地下水位群体异常指标，对应率高达 86%（图 9-12）。基于上述，降水干扰排除后的水位群体异常可以作为云南地区年度地震震级预测指标。

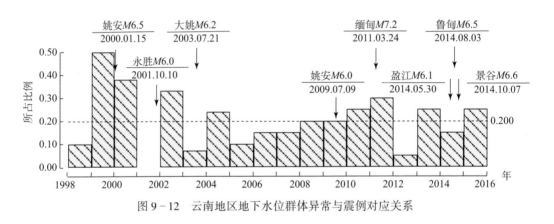

图 9-12 云南地区地下水位群体异常与震例对应关系

3）多项显著异常出现作为年度震级预测指标（预测震级，6.5 级以上）

梳理云南地区 7 级左右地震的异常特征，发现在这些地震前出现的多项异常中，总是存在 2 项以上异常变化，为观测以来最为显著的变化。其中 1996 年滇西北丽江 7.0 级地震前，显著异常非常多，尤其是四川地区的攀枝花水位、道孚水温、甘孜水氡、龙陵硫酸根离子等均为观测以来最为显著的巨幅异常；1995 年孟连西 7.3 级地震前，洱源水汞、双江水位也出现了观测以来最为显著的异常变化；2014 年景谷 6.6 级地震前，澜沧水位、龙陵水温的异常变化形态也属于多年来非常显著的。因此，当出现 2 项及以多年以来最为显著的巨幅异常时，可作为 6.5 级以下地震的预测指标。

4. 典型单项预测指标

1）澜沧水位：作为滇西南地区 6.5 级以上地震年度预测指标

澜沧水位自观测以来，分别于 2003、2010、2014 年出现了低值破年变异常，之后分别对应了发生在滇西南边境地区的 2 次缅甸 7 级地震和滇西南景谷 6.6 级地震，对应率为 100%（图 9-13），因此该单项异常可作为滇西南地区 6.5 级以上地震的预测指标。

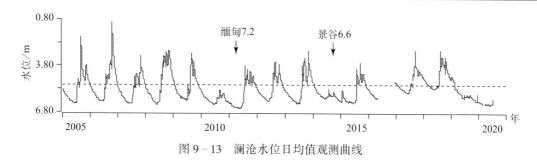

图 9 - 13　澜沧水位日均值观测曲线

2）会泽水位：作为滇东北地区 5 级以上地震短临预测指标

会泽水位自 2012 年以来，在滇东北地区发生的多次 5 级以上地震前均出现了快速上升的异常（图 9 - 14），漏报和虚报率均为 0。根据量化指标，我们把会泽水位快速上升幅度达 20cm 作为滇东北 5 级以上地震的短临预测指标。但会泽水位 2016 年底进行了洗井，之后的恢复过程较为复杂，该指标的应用有待后期进一步甄别。

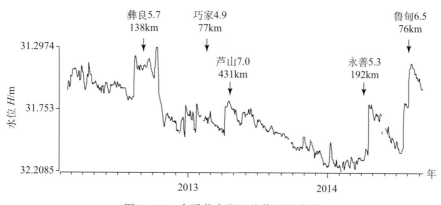

图 9 - 14　会泽井水位日均值观测曲线

3）腾冲水位：作为小滇西地区 6 级左右地震的年度预测指标

腾冲水位 2007 年以来，共出现了 4 次高水位异常，其中 3 次异常之后 1 年内在小滇西的盈江地区发了 6 级左右地震，1 次异常之后该区内未对应地震。其对应率为 75%（图 9 - 15），漏报率为 0。根据量化指标，我们把腾冲水位高水位状态超过 7.30m 作为作为小滇西地区 6 级左右地震的年度预测指标。

4）大姚水位：作为川滇交界区域 6 级以上地震的年度预测指标

大姚水位自观测以来，多次出现高水位异常之后对应了滇西北—滇中地区的 6 级以上地震（图 9 - 16），具体对应情况如表 9 - 1。根据对应情况，我们可将大姚水位高水位状态超过 5.20m 作为川滇交界地区的滇西北—滇中地区的 6 级以上地震的年度预测指标。2010 年滇中地区干旱结束后，大姚水位未曾恢复至原有背景，因此后续的高水位异常状态指标将有所调整。

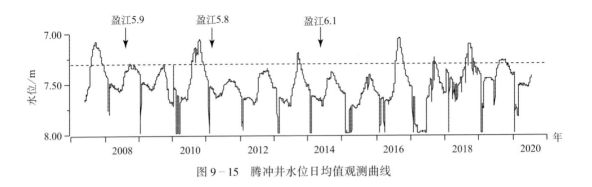

图 9-15　腾冲井水位日均值观测曲线

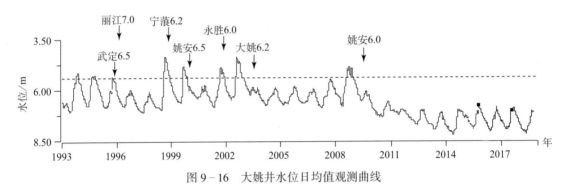

图 9-16　大姚井水位日均值观测曲线

表 9-1　大姚高水位对应地震异常的特征

序号	发震时间	地点	震级 M_s	异常起始时间	异常结束时间	结束距离发震时间（天）	异常特征	震中距（km）
1	1998.11.19	宁蒗	6.2	1998.08.09	1998.11.19	当天	高水位	96
2	2000.01.15	姚安	6.5	1999.09.01	1999.10.17	90	高水位	328
3	2001.10.27	永胜	6.1	2001.09.04	2001.11.23	异常中	高水位	
4	2003.07.12	大姚	6.2	2002.08.05	2002.11.21	230	高水位	163
5	2009.09.07	姚安	6.0	2008.08.09	2008.11.27	240	高水位	251

9.3　西北地区预测指标体系梳理

9.3.1　西北地区地下流体观测概况

西北地区（除新疆外）地下流体观测网，截至 2018 年 10 月正式报送资料的共有 88 个台站，182 个测项运行观测。具体情况：甘肃局测点共 35 个，其中水温 27 项，水位 15 项，流量 3 项，水氡 11 项，气氡 4 项，气汞 3 项，气体观测 4 项，离子 4 项，氦氩比 1 项，共 72 项。陕西地下流体观测正常工作测点共 21 个，其中水位 8 项、水温 11 项、水氡 7 项、气氡 10 项、气汞 3 项、气氦 2 项，气体总量 1 项，共 42 项。青海地下流体观测正常工作测点共 17 个，水位 7 项、水温 15 个、气氡 7 个、水氡 4 个，观测测项共 33 项。宁夏地下流体观测正常工作测点共 15 个，其中水位 10 项、水温 10 项、气氡 6 项、水氡 2 项，离子观测 2 项，气体观测 4 项，电导率 1 项，观测测项共 35 项。

流体测点分布很不均匀，大多分布于西北地区东部，总体资料积累时间较长，大多始于 20 世纪 80 到 90 年代，积累了一些宝贵的震例资料。

9.3.2　西北地区地下流体异常特征

根据各个省局对流体资料进行的清理和评价，选取了映震效果较好的一些测项进行详细介绍。

1. 水位（流量）异常特征及映震情况

流量异常特征通常表现为高值变化。异常持续时间为 1.5 月至 2 年不等，多以中短期异常为主。

1）清水流量

观测资料始于 1985 年，为传统的秒表、量杯观测，观测值为流满一升水需要的时间。多年来观测资料呈趋势下降，地震异常为在趋势下降基础上的高值（表 9 - 2）。

表 9 - 2　清水流量及礼县流量映震表

测项	异常开始时间	异常结束时间	异常持续时间（月）	异常开始（结束）至发震（月）	地震	震中距（km）
清水流量	1985.08.25	1985.12.28	4 月		无	
	1986.06.20	1986.09.05	2.5 月	6.5 月（4 月）	1987.01.08 M_S5.9 迭部	165
	1987.03.04	1987.07.05	4 月	7.5 月（3.5 月）	1987.10.25 M_S4.8 礼县	120
	1990.09.05	1990.11.04	2 月	1.5 月	1990.10.20 M_S6.1 景泰	320
	1991.12.17	1993.02.16	1 年 3 个月		无	
	1993.09.03	1994.02.05	5 月		无	
	1994.04.24	1994.07.11	2.5 月			
	1994.10.15	1997.06.20	2 年 8 个月	9 月	1995.07.22 M_S5.8 永登 1996.06.01 M_S5.4 天祝	330 400
	2003.06.20	2004.06.13	1 年	4 月（未结束）	2003.10.25 M_S6.1 民乐 2003.11.13 M_S5.2 岷县	630 200
	2005.05.18	2006.12.30	1 年半		附近试验干扰	

测项	异常开始时间	异常结束时间	异常持续时间（月）	异常开始（结束）至发震（月）	地震	震中距（km）
	2007.05.20	2008.05.10	1年	12月（0月）	2008.05.12 M_S8.0 汶川	490
	2012.04.18	2012.07.20	3月	12月（9月） 15月（12月）	2013.04.20 M_S7.0 芦山 2013.4722 M_S6.6 岷县	600 175
	2013.10.11	2014.08.31	10.5月	27月（16.5月）	2016.01.21 M_S6.64 门源	520
礼县流量	1990年8月下旬	1990年11月初	2.5月	2个月	1990.10.20 景泰6.2	380
	1999年6月下旬	1999年9月下旬	3月	11.5月	2000.06.06 景泰5.9	380
	2003年9月中旬	2003年12月中旬	3月	1.5月 2月	2003.10.25 民乐6.1 2003.11.14 岷县5.2	650 130
	2005年7月初	2005年12月初	5月	11月（6.5月）	2006.06.21 文县5.1	170

2）礼县流量

观测资料始于1985年，为传统的秒表、量杯观测，观测值为流满1L水需要的时间。多年来观测资料比较平稳，高值时或高值结束后发生地震。周边地区5次地震前有此现象（表9-2）。

2. 水温异常特征及映震情况

水温异常主要以中短期和临震异常为主，幅度较小，0.004～0.04℃不等，根据各井基值有所变化，多以低值、突降并伴有多个水温测项同步变化。

1）兰州观象台水温（中短期异常）

采用资料：该台2011年以来的日均值资料。

基本算法：对日均值资料进行年均滑动处理。

异常判据指标：出现低值并超出2倍方差，且异常幅度≥0.01℃。

预测规则：对该台日均值资料进行年均滑动处理后，与附近的中强以上地震有良好的对应，对应范围300km以内，对应时间为7个月内。

地震对应率：2/3。

2）平凉铁路小区200m水温（中短期异常）

采用资料：该台2011年以来的日均值资料。

基本算法：对日均值资料进行年均滑动处理。

异常判据指标：出现高值并超出2倍方差，且异常幅度≥0.004℃。

预测规则：对该台日均值资料进行年均滑动处理后，与 500km 内的中强以上地震有良好的对应，对应时间为 6~9 个月。

地震对应率：3/4。

3）古浪横梁水温（临震异常）

采用资料：该测点 3 套仪器 2007 年以来的分钟值资料。

异常判据指标：下降幅度≥0.04℃且 3 套仪器观测资料同时出现变化。

预测规则：该测点 3 套仪器观测资料同时出现变化且下降幅度≥0.04℃时，附近 200km 内，时间 20 天内可能对应 6 级左右地震。

地震对应率：1/1。

4）清水温泉 185m 水温（临震异常）

采用资料：该测点 185m 仪器 2007 年以来的分钟值和日均值资料（图 9－17）。

异常判据指标：下降幅度≥0.0096℃。

预测规则：该测点 185m 仪器观测资料出现下降幅度≥0.0096℃时，附近 200km 内，时间 12 天内可能对应 6 级左右地震。

地震对应率：1/1。

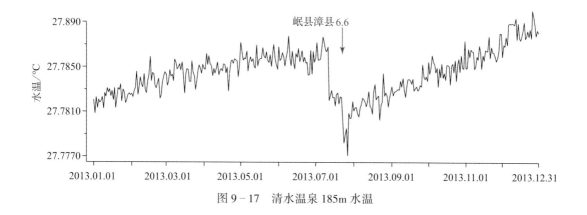

图 9－17 清水温泉 185m 水温

3. 水（气）氡异常特征及映震情况

水（气）氡异常特征较为多样，破年变低值、高值、转折上升等，但同一观测点的异常具有可重复性。异常持续时间夸度较大，8 天至 3 年不等，以中短期异常为主（表 9－3）。

1）嘉峪关气氡

（1）嘉峪关气氡的主要持续性异常为破年变异常，间断性异常为单点突跳或几天内的高值变化（图 9－18）。

（2）破年变异常与地震的对应：

①嘉峪关气氡观测以来显著的破年变低值（破年变幅度与年变幅的比值达到 15%以上）异常共出现 11 次，其中 8 次有地震对应，对应率为 73%。

②年变完整但年变幅度显著增加的峰值偏高的异常共出现 3 次，其中 1 次有地震对应。

对应率为 33%。

③以上两类异常距离地震发生的时间为 1~8 个月。

（3）间断性突跳异常，18 次地震前有 11 次出现，但纵观整个观测时段，这种变化没有明确干扰因素的突跳变化的很多，因此它单独不具备预报地震的效能。

（4）截至 2016 年 4 月，监测范围内发生的 5 级及以上地震（未考虑余震）共有 18 次，有 9 次出现了持续性（与突跳区分）的异常，5 次仅出现了突跳性性异常，因此利用嘉峪关气氡预报祁连山地区的地震漏报率为 56%。但对 6~6.9 级地震的漏报率相对较低，为 33%。

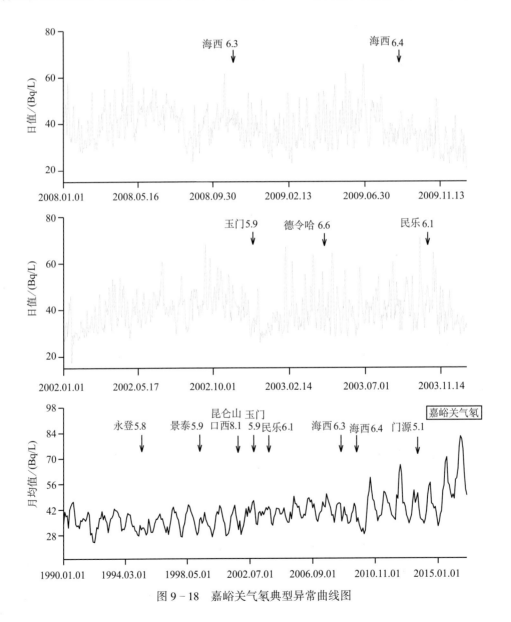

图 9 - 18　嘉峪关气氡典型异常曲线图

表 9-3 氡测项映震表

| 测项 | 异常时段 | 地震 | | | 趋势异常
（3 个月以上）
距离发震的时间
及特征 | 短期异常
（0~3 个月）
距离发震的时间
及特征 |
		发震时间	震中距 （km）	震级 M_S		
嘉峪关 气氡	1991. 10~ 1992. 01	1992. 01. 12	11	5.4	239 天，低值破年变异常	92 天，快速下降 31 天，单点突跳
		1992. 06. 21	179	5		
		1993. 10. 26	138	6		
	1995. 04~07	1995. 07. 22	550	5.8	103 天，低值破年变	
		1996. 06. 01	496	5.4		
	1999. 05~06					
		2000. 06. 06	584	5.9		49 天，单点高值突跳
		2001. 07. 11	71	5.3		56 天，三次高值
	2001. 09~10	2001. 11. 14		8.1	106 天，低值破年变	
	2002. 05~11	2002. 12. 14	83	5.9	227 天，低值破年变异常	
		2003. 04. 17	289	6.6		74 天，5 组高值突跳
	2003. 03~10	2003. 10. 25	298	6.1	262 天，低值破年变异常	18 天，单点高值突跳
	2004. 07~10					
	2007. 06~07					
		2008. 03. 30	380	5		8 天，单点突跳
	2008. 08~09	2008. 11. 10	320	6.3	101 天，低值破年变	20 天，单点高值突跳
	2009. 08~09	2009. 08. 28	305	6.4		28 天，快速下降—低值
		2009. 10. 02	188	5.2		63 天，快速下降—低值
	2010. 05~10					
		2012. 05. 03	93	5.4		10 天，单点突跳
	2012. 06~09					
	2013. 07~08	2013. 09. 20	365	5.1		52 天，低值异常
	2015. 07~	2016. 01. 21	375	6.4	205 天，年变幅增大，峰 值偏高	

测项	异常时段	地震			趋势异常 （3 个月以上） 距离发震的时间 及特征	短期异常 （0~3 个月） 距离发震的时间 及特征
		发震时间	震中距 （km）	震级 M_S		
武都殿沟 水氡		2003.11.13	175	5.2	无	无
		2004.09.07	182	5	无	无
		2006.06.21	28	5	无	无
	2005.01~ 2008.05	2008.05.12	305	8	1227 天，加速下降— 下降	无
	2010.01~ 2013.07	2013.07.22	150	6.6	1299 天，转平—下降	无
天水花牛 水氡	1997.04~10					
		2003.11.13	179	5.2		
		2004.09.07	178	5		
	2005.02~06					
	2006.03~11	2006.06.21	178	5	113 天，年变消失的破年 变异常	
	2008.02	2008.05.21	462	8	112 天，高出正常变化趋 势值	55 天，低值
						13 天，快速上升—转平 —发震
	2013.04	2013.07.22	152	6.6	113 天，高出正常变化趋 势值	88 天，转平
						30 天，快速上升—转平 —发震
武山 1 号 泉水氡	2003.01~10	2003.11.13	128	5.2	316 天，快速上升—转折 下降	
		2004.09.07	125	5		
	2006.02~06	2006.06.21	175	5	140 天，快速上升—转折 下降	
	2006.09~ 2008.05	2008.05.12	448	8	477 天，由下降—转平	
	2012.03~ 2015.10	2013.07.22	70	6.6	511 天，快速上升—转平	

续表

| 测项 | 异常时段 | 地震 | | | 趋势异常
（3 个月以上）
距离发震的时间
及特征 | 短期异常
（0~3 个月）
距离发震的时间
及特征 |
		发震时间	震中距 （km）	震级 M_S		
武山 22 号 井水氡	2003.01~08	2003.11.13	128	5.2	316 天，快速上升—转折 下降	
	2004.03~06	2004.09.07	125	5	190 天，快速上升—转折 下降	
	2005.02~07					
	2006.02~06	2006.06.21	175	5	140 天，快速上升—转折 下降	
	2006.09~ 2008.05	2008.05.12	448	8	477 天，由下降—转平	
	2012.03~ 2015.10	2013.07.22	70	6.6	511 天，快速上升—转平	

2）武都殿沟水氡

武都殿沟水氡对区域内 5.0 级左右地震的响应不灵敏，在汶川和岷县漳县地震前有显著的趋势异常且形态相近，即为高值上升（或转平）—下降—发震，趋势异常出现距离发震在 3 年以上，趋势异常的转折距离发震为 2 年左右，没有短期和短临异常出现（图 9 - 19）。

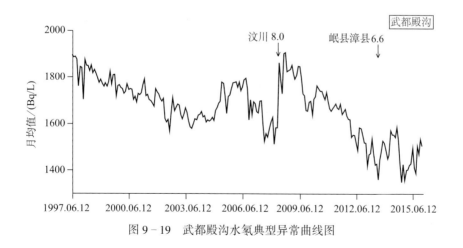

图 9 - 19　武都殿沟水氡典型异常曲线图

3）天水花牛水氡

天水花牛水氡的异常主要表现为破年变异常和年变幅增大（图 9 - 20）。破年变异常共出现 3 次，仅 1 次之后有地震发生，异常出现距离地震发生的时间为 113 天。年变完整，但测值偏高，该类异常共出现 2 次，之后 4 个月内对应了汶川和岷县漳县地震。

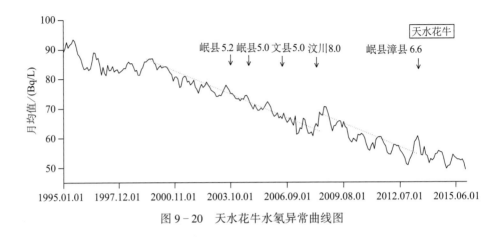

图 9-20　天水花牛水氡异常曲线图

4）武山水氡

武山 1 号泉和 22 号井异常主要表现为高值异常，对区域内 5 级以上地震有较好的映震效果，异常形态为快速上升或转折下降，异常出现在震前 3 个月到 1 年（图 9-21）。1999年以来，武山 1 号泉出现异常 5 次，4 次对应地震。武山 22 号井出现异常 6 次，5 次对应地震。2 个测项均无 3 个月以内的短期异常出现。

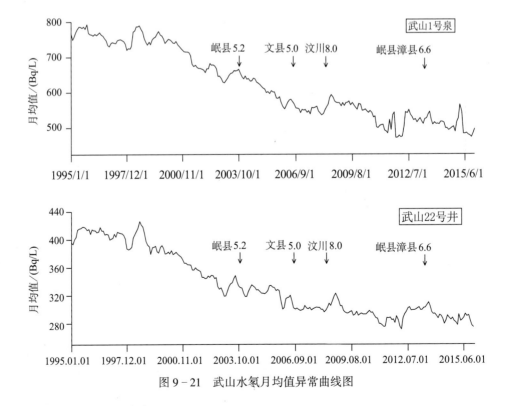

图 9-21　武山水氡月均值异常曲线图

4. 水质、气体异常特征及映震情况

1）固原 Cl⁻

1990~2006 年固原硝口 Cl⁻ 变化规律明显，每年 4 月为最低值，6 月开始缓慢回升，9~10 月为最高，11 月开始下降。在这 17 年期间，周围发生中强地震 8 次，其中有 5 次地震前出现明显的破年变异常，表现有一定的短期异常。典型的震例有 1990 年 10 月 20 日甘肃景泰 6.2 级地震、1995 年 7 月 22 日甘肃永登 5.8 级地震（表 9－4）。

表 9－4 固原硝口 Cl⁻ 异常变化及映震情况

分析方法	异常开始时间	异常结束时间	异常特征	对应地震情况
相关距平	1990.07.10	1990.09.06	破年变：趋势下降—低值—上升	1990.10.20 景泰 6.2
	1991.08.13	1991.11.23	破年变：趋势下降—低值—上升—突降—恢复	无地震对应
	1992.07.20	1992.08.30	破年变：整体下降+多次突降	无地震对应
	1993.06.12	1993.06.29	破年变：突降—低值—突升恢复	无地震对应
	1993.09.05	1993.09.22	破年变：多次出现突降	无地震对应
	1994.11.02	1995.08.15	破年变：上升—持平—下降（+多次突跳）	1995.07.22 永登 5.8
	无异常			1996.06.01 天祝 5.4
	1997.11.10	1998.09.01	破年变：持平—突升后缓慢上升—小的波动	1998.07.29 海原 4.9
	无异常			2000.06.06 景泰 5.9
	2003.03.09	2003.04.11	破年变：突降—低值—突升恢复	无地震对应
	2003.08.02	2003.10.05	破年变：整体偏低+多次单点突降	2003.11.13 岷县 5.2
	2004.07.21	2004.10.13	破年变：低值+多次单点突跳—发震—突升恢复	2004.09.07 岷县 5.0
	无异常			2006.06.21 文县 5.1

2）He 资料分析

固原硝口 He 自观测以来，资料变化基本平稳。对 17 年的原始观测值分析。统计结果发现 1990 年以来在其周围发生的 8 次中强地震中有 4 次地震前存在明显的异常显示，另外在 2001 年 5 月 21 日同心 $M_L4.9$ 地震前有一定的异常显示。下面就地震的对应情况分析如下：

固原硝口 He 日观测值对应地震，以突升超出 2.0 倍均方差的高值异常为主，典型震例有 1990 年 10 月 20 日景泰 6.2 级、1998 年 7 月 29 日海原 4.9 级、2003 年 11 月 13 日岷县

5.2 级和 2006 年 6 月 21 日文县 5.1 级地震（表 9 - 5）。

表 9 - 5　固原硝口 He 异常变化及映震情况

异常时间	异常特征	对应地震情况
1990.01.03, 1990.01.16	2 次单点突升	无地震对应
1990.02.23, 1990.03.02	2 次单点突升	无地震对应
1990.10.16, 1990.10.18	2 次单点突升	1990.10.20 景泰 6.2
1994.03.25, 1994.04.03, 1994.04.15	3 次单点突升	无地震对应
无异常		1995.07.22 永登 5.8
无异常		1996.06.01 天祝 5.4
1997.12.03, 1997.12.14, 1997.12.21, 1997.12.29	4 次单点突升	无地震对应
1998.05.02, 1998.05.04	2 次单点突升	无地震对应
1998.07.23 ~ 1998.07.24	连续 2 天高值	1998.07.29 海原 4.9
1999.08.04, 1999.08.22	2 次单点突升	无地震对应
无异常		2000.06.06 景泰 5.9
2001.04.25 ~ 2001.04.27	连续 3 天高值	2001.05.21 同心 M_L4.9
2002.08.26, 2002.09.16	2 次单点突升	无地震对应
2003.11.06, 2003.11.25	1 次单点突升—发震—1 次单点突升	2003.11.13 岷县 5.2
2004.09.28 ~ 2004.09.29	连续 2 天高值	2004.09.04 岷县 5.0 震后异常
2006.04.04, 2006.04.21, 2006.05.06	3 次单点突升	无地震对应
2006.06.02 ~ 06.03, 2006.06.17	连续 2 天高值+1 次单点突升	2006.06.21 文县 5.1
2006.07.09, 2006.07.22 ~ 07.24	单点突升—连续 3 天高值	震后异常
2006.12.01, 2006.12.20, 2006.12.28	3 次单点突升	无地震对应

9.3.3　西北地区地下流体预测指标

西北地区 5 级以上地震分布范围比较广，一些地震发生在比较偏远的地区，前兆观测少，在此，基于中国震例，进行了梳理（表 9 - 6）。

表 9 - 6　中国震例 1990~2007 年西北 5.0 级以上流体异常统计

发震时间	地点震级	地下流体异常			
		背景异常	中短期	临震	总数
1990.01.14	青海茫崖 6.6		5		5
1990.04.26	青海共和 7.0	5	11		16
1990.10.20	天祝景泰 6.2	1	5		6
1991.01.02	青海祁连 5.1				0
1991.09.20	青海共和 5.3		1		1
1991.10.01	青海门源 5.2		1		1
1992.01.12	甘肃嘉峪关 5.4				0
1994.01.03	青海共和 6.0	2	6		8
1994.09.04 09.24 10.10	青海共和 5.2 青海共和 5.5 青海共和 5.3		2	1	3
1995.07.22	甘肃永登 5.8				0
1995.12.18	青海玛多 6.2		2		2
1996.06.01	甘肃天祝 5.4				0
1997.02.09	青海格尔木 5.4		1		1
1999.09.27	青海河南 5.1	1	2	2	5
2000.06.06	甘肃景泰 5.9	3	8		11
2000.09.12	青海兴海 6.6	1	3	2	6
2001.07.11	甘肃肃南 5.3	3			3
2002.12.14	甘肃玉门 5.9	1	1		2
2003.04.17	青海德令哈 6.6	1	2		3
2003.10.25	甘肃民乐山丹 6.1		4		4
2003.11.13	甘肃岷县 5.2	1	4		5
2006.06.21	甘肃文县 5.1		3		3
2013.07.22	甘肃岷县漳县 6.6	5	4		9

　　青海西部和内蒙古阿左旗的若干 5 级以上地震无流体异常记录，因此未列入表中。此外，由于监测井网分布不均匀，个别 6 级以上地震异常数量偏少，但总体来看，震级与异常数量成正比。此外，流体异常以中短期为主，其次为背景异常，临震异常很少。

　　甘肃东南地区的流体观测资料积累时间长，变化相对稳定，对震情的把握和判断提供了多项参考价值比较高的观测数据，根据之前的总结，可以得到：

（1）天水花牛水氡对岷县漳县 6.6 级和汶川 8.0 级地震有所反应，发震时间在异常出现后 4 个月，主要表现为高值变化，对 5.0 级左右地震基本无明显对应。

（2）武山水氡转折变化对周围 200km 范围内 5.0 级以上地震有较好的对应，发震时间在异常出现后 5 个月左右，主要表现为转折变化。

（3）武都殿沟水氡对岷县漳县 6.6 级和汶川 8.0 级地震有所反应，存在背景异常，发震时间在异常出现 3 年，主要表现为下降变化，对 5.0 级左右地震基本无明显对应。

（4）清水流量和礼县流量对周围 200km 范围内 5.0 级以上地震有一定反应，发震时间在异常出现后 4~12 个月不等，主要表现为高值。

1990 年以来西北地区共发生 7 级以上地震 2 个，即 1990 年 4 月 26 日共和 7.0 级和 2017 年 8 月 8 日九寨沟 7.0 级地震。共和地震前有丰富的地下流体异常，但主要以青海流体资料为主，多年来经过改造、更换仪器和测点，数资料已无法继续追踪。九寨沟地震前甘肃东南地区流体资料并不多，都属于年度背景异常，有武都殿沟水氡、武山 1 水氡、武山 22 号井水氡和清水流量。

依据分析结果，甘肃东南水氡和流量的高值异常可作为该地区 5 级以上地震的判断指标，异常类型一般为中短期异常。

9.4　新疆地区预测指标体系梳理

9.4.1　新疆地区地下流体观测概况

新疆地下流体观测网主要由乌鲁木齐地区和北天山、南天山观测网组成，新疆地下流体前兆监测台网目前有 31 个专业台（点）正常运行观测，共 78 个测项，其中水位观测有 16 项，水温观测 12 项，水（气）氡观测 6 项，水汞观测 2 项，气体、水质 35 项，断层二氧化碳观测 7 项。流体测点大多分布于乌鲁木齐地区和北天山地区，乌鲁木齐地区流体观测手段较为丰富，包含水位、水温、水氡、水中溶解气及水中主要离子组分等，资料大多始于 1980 年前后，积累了一些宝贵的震例。北天山地区的流体测点以水位、水温观测为主，水位、水温及流量资料积累了一定的震例。南天山地区的流体测点较少，资料积累时间相对较短，震例信息有限。通过震例梳理发现，模拟观测的流体测项观测时间较长，数据较稳定，干扰因素易识别，在多次中强地震前有异常显示，异常形态有较好的重复性，在新疆地区的流体指标体系建设中起了重要的作用。

9.4.2　新疆地区地下流体异常特征

1. 水位异常特征及映震情况

新疆地下流体水位测点主要分布在天山中段。由于各自的含水层深度、封闭程度、所处构造部位和地理位置的不同，它们记录到的地震前兆信息有极大的差别。选取数据连续稳定、震例积累较好的新 04 井、新 05 井及新 26 泉进行水位异常特征统计（表 9 - 7），水位资料使用日均值或五日均值进行处理，在非地震时期正常动态的基础上，总结出水位异常判别指标。表 9 - 7 显示，水位异常特征通常表现为在无明显干扰因素的情况下，井水位正常年变消失，出现加速上升或下降变化。异常持续时间为 1 天至 14 个月不等。截止目前的统计结果显示，持续时间 3 个月以内异常占 57.89%，4~6 个月异常占 21.05%，异常持续时间超过半年的异常占 21.05%。由此可知，水位异常多以短期异常为主。

水位异常点震中距基本在 350km 范围内。5 级地震震中距最大近 325km，5-6 级地震有随震级增大震中距加大的显示，而 6 级以上地震类似现象不明显。

表 9 - 7　水位异常对应地震情况

序号	测项	异常开始时间	异常结束时间	异常持续时间（天）	异常特征	对应地震	震中距离（km）	异常开始距发震时间（天）
1	新 04 井水位	1985.07.11	1985.08.30	51	水位下降 0.169m	乌恰 7.4 级	1140	44
		1986.04.10	1986.06.15	67	水位下降 5.90m	乌鲁木齐 5.0 级	30	65
		1991.01	1991.04	120	水位下降 0.5m	和静 5.2 级	127	157
		1995.10.10	1996.03	174	年变消失	沙湾 5.2 级	155	91
		2016.10.27	2017.03.18	143	水位下降—转平	呼图壁 6.2 级	102	43
2	新 05 井水位	1986.03.10	1986.03.10	1	水位上升>10m	乌鲁木齐 5.0 级	75	96
		1984.06.26	1984.08.04	39	水位上升 6.45m	乌恰 7.4 级	1120	14 月
		1986.03.14	1986.05.21	69	水位上升 10.08m	乌鲁木齐 5.0 级	162	92
		1993.12.31	1994.03.13	73	水位上升 9.905m	和硕 5.0 级	133	444
		2001.09.07	2001.10.24	48	水位上升 5.063m	新青交界 8.1 级	960	69
		2012.03.01			水位上升	新源和静 6.6 级	230	122
3	新 26 泉水位	1993.03.09	1994.05.10	428	水位上升 3.873m	和硕 5.0 级	136	741
		1993.03.09	1994.05.10	428	水位上升 3.873m	乌苏 5.8 级	228	785
		2002.02	2002.03	59		石河子 5.4 级	236	379
		2007.04	震前			特克斯 5.9 级	287	111
		2007.04	2008.05	426		和静 5.3 级	230	517
		2014.11.13	2014.12.29	47	水位上升 0.149m	沙湾 5.0 级	248	102
		2015.10.14	2015.11.09	27	水位上升 0.135m	轮台 5.3 级	137	93
		2015.10.14	2015.11.09	27	水位上升 0.135m	新源 5.0 级	325	121

基于地震漏报率及虚报率统计的新 04 井、新 05 井及新 26 泉水位的映震情况见表 9 - 8。

表 9 - 8　水位映震情况统计表

序号	测项	地震对应率	地震漏报率	地震虚报率	备注
1	新 04 井水位	(5/17) 29.41%	(12/17) 70.59%	—	地震按测项资料积累时间统计。地震选取用震中距衡量：5 级 300km、6 级 400km、7 级以上 500km 以上。个别地震震中距波动 30km 左右
2	新 05 井水位	(6/26) 23.08%	(20/26) 76.92%	(8/14) 57.14%	
3	新 26 泉水位	(8/27) 29.63%	(19/27) 70.37%	(1/9) 11.11%	

2. 水温异常特征及映震情况

新疆地下流体观水温测点主要分布在天山中段。由于各自的含水层深度、封闭程度、所处构造部位和地理位置的不同，其映震情况也不同。选取有一定震例积累的新 04 井和新 33 井进行水温异常特征统计（表 9 - 9），水温数据的处理方法有整点值、日均值和五日均值，在非地震时期正常动态基础上，总结出水温异常判别指标。表 9 - 9 显示，水温异常特征通常表现为在无明显干扰因素的情况下，水温正常年变消失，出现短期加速上升或下降变化。异常持续时间为 1~7 个月不等。截至目前的统计结果显示，持续时间 3 个月以内异常占 33.33%，4~6 个月异常占 50%，异常持续时间超过半年的异常占 16.67%。由此可知，水温异常多以中短期异常为主。水温异常点的震中距基本在 200km 范围内。

表 9 - 9　水温异常对应地震情况

序号	测项	异常开始时间	异常结束时间	异常持续时间（天）	异常特征	对应地震	震中距离（km）	异常开始距发震时间（天）
1	新 04 井水温	1991.01	1991.04	120	下降 18.9℃	和静 5.2 级	127	157
		1995.10.10	1996.02	143	打破正常趋势 -0.0376℃	沙湾 5.2 级	155	91
		2002.08	2003.02	212	趋势变化，短期突跳 0.15℃	石河子 5.4 级	145	198
		2003.02.08			短期突跳 0.15℃	石河子 5.4 级	145	7
2	新 33 井水温	2012.05.18	2012.06.18	31	0.032℃	新源、和静 6.6 级	172	11
		2014.07.11	2014.11.27	139	0.023℃	沙湾 5.0 级	138	87

对于地震漏报率及虚报率统计的新 04 井和新 33 井水温映震情况见表 9 - 10。

表 9 - 10　水温映震情况统计表

序号	测项	地震对应率	地震漏报率	地震虚报率	备注
1	新 04 井水温	（4/33）12.12%	（29/33）87.88%	—	地震按测项资料积累时间统计。地震选取用震中距衡量：5 级 300km、6 级 400km、7 级以上 500km 以上。个别地震震中距波动 30km 左右
2	新 33 井水温	（2/13）15.38%	（11/13）84.62%	—	

3. 水（气）氡异常特征及映震情况

新疆地下流体中水（气）氡测点主要分布于天山中段。选取有一定震例积累的新 10 泉和新 43 泉进行水（气）氡异常特征统计（表 9 - 11），水（气）氡数据的处理方法有整点值、日均值和五日均值，在非地震时期正常动态基础上，总结出水（气）氡经验性异常判别指标。表 9 - 11 显示，水（气）氡异常特征为在无明显干扰因素的情况下，水（气）氡出现高值变化。异常持续时间为 12 天至 22 个月不等。持续时间 3 个月以内异常占 57.14%，4~6 个月异常占 21.43%，异常持续时间超过半年的异常占 14.29%。水（气）氡异常多以中短期异常为主。水（气）氡异常点的震中距按震级分，5 级地震基本在 300km 范围内，6级地震基本在 350km 范围内。

表 9 - 11　水（气）氡异常对应地震情况

序号	测项	异常开始时间	异常结束时间	异常持续时间（天）	异常特征	对应地震	震中距离（km）	异常开始距发震时间（天）
1	新 10 泉水氡	1980.08	1980.12	153	高值	玛纳斯 5.8 级	105	98
		1982.12	1983.03.03	93	下降—转平，6Bq/L	呼图壁 5.4 级	85	93
		1983.05.20	1983.05.31	12	高于正常值，<5%，9Bq/L	阜康 5.3 级	75	13
		1986.03.20	1986.07.30	133	高于正常值 28Bg/L，35Bg/L	乌鲁木齐 5.0 级	24	86
		1991.05	1991.06.06	37	高值，29Bg/L	和静 5.2 级	127	37
		2012.06.25	2014.04.25	22 月	高值，4.26Bg/L	乌昌交界 5.6 级	86	9 月
		2012.06.25	2014.04.25	22 月	高值，4.26Bg/L	乌鲁木齐 5.0 级	8	14 月

续表

序号	测项	异常开始时间	异常结束时间	异常持续时间（天）	异常特征	对应地震	震中距离（km）	异常开始距发震时间（天）
2	新43泉气氡	2008.06.16	2008.07.29	43	高值，10.51Bq/L	和静5.3级	190	75
		2010.11.19	2011.02.05	78	高值，8.75Bq/L	托克逊5.3级	240	198
		2011.09.03	2011.10.03	30	高值，5.5Bq/L	尼勒克6.0级	340	59
		2012.06.06	2012.06.29	23	高值，5.5Bq/L	新源、和静6.6级	210	24
		2011.07.28	2011.10.06	70	高值，7.82Bq/L	和硕5.0级	141	161
		2012.03.22	2012.04.28	37	高值，4.71Bq/L	轮台5.4级	134	85

基于地震漏报率及虚报率的新10泉和新43泉水氡映震情况见表9-12。

表9-12 水（气）氡映震情况统计表

序号	测项	地震对应率	地震漏报率	地震虚报率	备注
1	新10泉水氡	(8/34) 23.53%	(26/34) 76.47%	(1/9) 11.11%	地震按测项资料积累时间统计。地震选取用震中距衡量：5级300km、6级400km、7级以上500km以上。个别地震震中距波动30km左右
2	新43泉气氡	(6/10) 37.5%	(10/16) 62.5%	(1/7) 14.29%	

4. 水质、气体异常特征及映震情况

新疆地下流体水质、气体测点主要分布于天山中段。取有一定震例积累的新09泉、新10泉和新25泉中的5个水质、气体组分进行异常特征统计（表9-13），一般使用日均值、五日均值和月均值来进行数据处理及异常的提取。在非地震时期的正常动态基础上，总结出水质、气体组分经验性异常判别指标。表9-13显示，水质、气体组分异常特征通常表现为在无明显干扰因素的情况下，水质、气体组分出现高值异常变化。氟离子异常持续时间为8天至3年不等。持续时间3个月以内异常占14.29%，4~6个月异常占28.57%，异常持续时间超过半年的异常占57.14%。氟离子异常多以中长期异常为主。其异常点的震中距一般在350km范围内。

硫化物异常持续时间为8~153天不等。持续时间3个月以内异常占40%，4~6个月异常占60%。硫化物异常基本以中短期异常为主。其异常点的震中距一般在300km范围内。

氡气异常持续时间为52天至3年不等。持续时间3个月以内异常占7.14%，4~6个月异常占50%，异常持续时间超过半年的异常占42.86%。氡气异常多以中长期异常为主。其异常点的震中距一般在400km范围内。

氢气异常持续时间为 2~135 天不等。持续时间 3 个月以内异常占 63.64%，4~6 个月异常占 36.36%。氢气异常基本以中短期异常为主。其异常点的震中距一般在 450km 范围内。

表 9 - 13　水质、气体组分异常对应地震情况

序号	测项	异常开始时间	异常结束时间	异常持续时间（天）	异常特征	对应地震	震中距离（km）	异常开始距发震时间（天）
1	新 09 泉氟离子	2010.04			高值	轮台 5.4 级	321	806
		2010.04			高值	新源、和静 6.6 级	240	821
		1980.10.23	1980.10.31	8	高值 16.8mg/L	玛纳斯 5.8 级	114	13
		1990.02.20	1990.06.15	114	高值 0.54mg/L	乌苏 5.2 级	300	8 月
2	新 10 泉氟离子	2010.04			高值	轮台 5.4 级	321	806
		2010.04			高值	新源、和静 6.6 级	240	821
		1990.02.20	1990.06.15	114	高值 0.66mg/L	乌苏 5.2 级	300	8 月
3	新 25 泉硫化物	1995.08	1995.12	153	持续偏离基值（21-22mg/L），26.4mg/L	沙湾 5.2 级	17	162
		1996.11.05	1997.01.25	83	4.62mg/L	新源 5.0 级	107	213
		2008.02.25	2008.03.05	8	3.23mg/L	和静 5.3 级	175	186
		2015.10.11	2016.01.28	110	2.61mg/L	轮台 5.3 级	214	96
		2015.10.11	2016.01.28	110	2.61mg/L	新源 5.0 级	230	124
4	新 10 泉氢气	1985.08	1986.06	334	高于正常值 20×10^{-6}，34×10^{-6}	乌鲁木齐 5.0 级	24	317
		1991.01.20	1991.05.15	115	0.063%	和静 5.2 级	132	137
		1994.02	1996.01.20	719	0.019%	沙湾 5.2 级	170	709
		1995.02.15	1996.01.20	339	0.0198%	乌苏 5.8 级	236	76
		1996.04	1997.01.05	280	0.042%	新源 5.0 级	280	430
		1998.07	1998.11.28	151	0.035%	托克逊 5.6 级	260	214
		2002.05	2002.09	153	0.056%	石河子 5.4 级	148	290
		2011.03.15	2011.06.30	108	0.0122%	托克逊 5.3 级	109	86
		2011.07	2011.11.14	137	0.031%	尼勒克 6.0 级	420	124

续表

序号	测项	异常开始时间	异常结束时间	异常持续时间（天）	异常特征	对应地震	震中距离（km）	异常开始距发震时间（天）
		2011.07.20	2011.09.10	52	0.0096%	和硕 5.0 级	189	142
		2009.12	2012.10	1065	0.028%	新源、和静 6.6 级	240	942
		2013.07	2014.12.13	531	0.032%	乌鲁木齐 5.1 级	6	61
		2015.03.24	2015.08.24	154	0.030%	托克逊 5.4 级	240	94
		2016.03.10	2016.06.30	113	0.021%	呼图壁 6.2 级	54	274
5	新04泉氢气	2006.01.28	2006.05.26	119	0.035%	乌苏 5.1 级	330	300
		2007.04.25	2007.04.26	2	0.0332%	特克斯 5.9 级	440	87
		2011.05.10	2011.06.11	32	0.055%	托克逊 5.3 级	105	29
		2011.11.23	2011.12.02	10	0.047%	和硕 5.0 级	189	47
		2011.07	2011.09	92	0.060%	尼勒克 6.0 级	420	124
		2012.05.18	2012.06.18	31	0.068%	轮台 5.4 级	240	28
		2012.05.18	2012.06.18	31	0.068%	新源、和静 6.6 级	240	43
		2013.06.27	2013.08.23	58	0.034%	乌鲁木齐 5.1 级	3	65
		2014.07	2014.08	62	0.043%	沙湾 5.0 级	160	237
		2015.05.13	2015.09.24	135	0.052%	托克逊 5.4 级	242	43
		2016.06.01	2016.10.11	132	0.13%	呼图壁 6.2 级	102	189

　　基于地震漏报率及虚报率统计的新 09 泉、新 10 泉和新 25 泉中的 5 个水质、气体组分映震情况见表 9-14。

表 9-14　水质、气体组分映震情况统计表

序号	测项	地震对应率	地震漏报率	地震虚报率	备注
1	新09泉氟离子	（4/33）12.12%	（29/33）87.88%	（1/9）33.33%	地震按测项资料积累时间统计。地震选取用震中距衡量：5 级 300km、6 级 400km、7 级以上 500km 以上。个别地震震中距波动 30km 左右
2	新10泉氟离子	（3/32）9.38%	（29/32）90.62%	—	

续表

序号	测项	地震对应率	地震漏报率	地震虚报率	备注
3	新 25 泉 硫化物	（5/28） 17.86%	（23/28） 82.14%	（2/7） 28.57%	
4	新 10 泉 氡气	（14/33） 42.42%	（19/33） 57.58%	（2/16） 12.5%	
5	新 04 泉 氢气	（11/17） 64.71%	（6/17） 35.29%	（3/14） 21.43%	

5. 异常数量与持续时间、震级、震中距关系

新疆地区流体观测的显著特点是观测点数量较少、分布间距大，但新疆地区的地震活动较为频繁，强度较大，且地震多集中在流体观测点较为稀疏的构造带上。有研究成果表明，虽然新疆地区流体观测点较少，但各观测项目在周边中强地震发生前，仍出现了较多的前兆异常现象。

1）新疆 6 级以上地震前流体异常数量及时、空分布特征

新疆地下流体异常持续时间大多集中在发震前一年以内，且发震前半年内异常数量占一半以上（图 9 - 22a），新疆地下流体异常震中距集中在 300km 范围以内，尤其在 100 ~ 200km 范围最多（图 9 - 22b）。新疆这种异常数量与持续时间、震中距之间的关系存在一定的特征，即异常数量与持续时间为指数衰减特征，异常数量与震中距为 Gamma 分布特征。但从异常数量与震级的关系来看，新疆地震异常数量与震级之间无明显相关性（图 9 - 23a），其原因可能是新疆地下流体观测点与地震分布不均匀，另外，新疆 7 级地震发生在无监测能力或监测能力很弱的地区，所以震例总结中少有涉及新疆地下流体异常的 7 级地震，震级档的差距不明显。

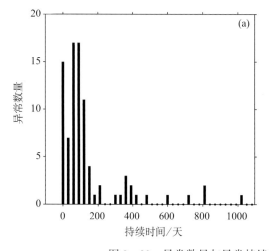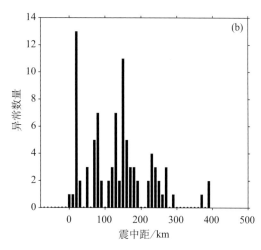

图 9 - 22　异常数量与异常持续时间（a）、震中距（b）的关系

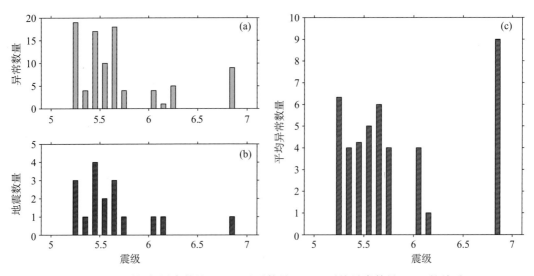

图 9 - 23　震级与异常数量（a）、地震数量（b）、平均异常数量（c）的关系

图 9 - 24 所示，深蓝色为 5.0~5.5 级地震，浅蓝色为 5.5~6.0 级地震，黄色为 6.0~
6.5 级地震，红色为 6.5~7.0 级地震，通过分析异常持续时间与震级、震中距之间的关系，
发现随震级增大震中距有增大的现象，震级越大异常持续时间越长，但这种特征并不是呈很
好的线性关系，存在 5.5 级以下地震异常持续时间比 5.5 级以上地震更长，震中距更大的现
象。这种结果在实际地震预报中难以操作，说明不同地区受活动构造、介质条件、观测条件
及水文地质条件等各种因素影响，地下流体前兆异常具有规律性和复杂性，使得异常特征也
存在差异性。

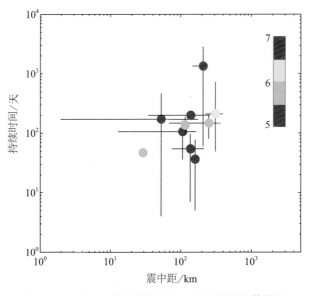

图 9 - 24　震级与异常持续时间、震中距的总体特征

新疆地下流体异常空间分布统计结果显示，在多数地震前时空演化并没有较好的规律性特征。图 9 - 25 为异常数量相对较多的不同震级档的部分地震前地下流体异常时空分布，如图 9 - 25a 所示，1996 年沙湾 5.2 级地震前，地下流体异常在空间上分布比较集中，都分布在乌鲁木齐至乌苏的北天山山前坳陷带的独山子背斜、霍尔果斯背斜、准噶尔南缘断裂、水磨沟—白杨南沟断裂带上，而此次 5 级地震就发生在准噶尔块体和天山相衔接的准噶尔南缘大断裂带，表现出了受"构造控制"和"相对集中"的特征，但表现出这种特征的仅为少数。如图 9 - 25c 的 2012 年新源—和静 6.6 级地震前，地下流异常数量较少，空间分布散，大部分统计结果表现出没有规律的变化。这可能与新疆地震都发生在地下流体测点稀疏的构造带上，测点少，异常数量少，分布不明显有关。说明新疆地下流体异常时空转移变化，并不能对不同孕震阶段其发震强度和发震时间进行很好的预测。

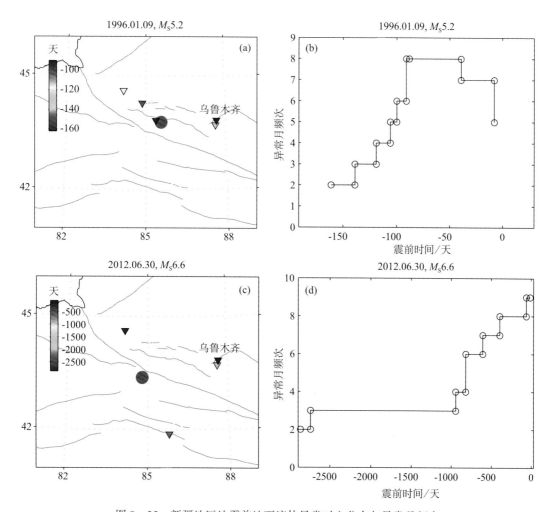

图 9 - 25　新疆地区地震前地下流体异常时空分布与异常月频次

尽管如此，统计结果显示地震前异常月频次的变化随时间具有明显的变化特征，可大致分为两种类型：①部分地震前新疆地下流体异常月频次随时间的推进具有持续增多、接近地震发生时刻转折下降的特征，且异常频次转折下降过程一般在地震发生前 3 个月内，将其描述为"先增后减"型（图 9 - 25b）。②部分地震前新疆地下流体异常月频次随时间的推进逐渐增加，接近地震发生时异常月频次达到最高值，可将其描述为"持续增长"型（图 9 - 25d）。统计结果显示，新疆地下流体异常月频次大多表现为"先增后减"型，这种异常加速—下降的变化特征可成为判定地震发生时间的重要指标。

2）新疆天山中段 6 级以上地震前流体各测项异常情况

新疆流体测点多集中于天山中段，该区主要以 5 级地震为主，1980 年以来共发生 3 次 6 级地震，即 2011 年 11 月 1 日尼勒克 6.0 级、2012 年 6 月 30 日新源和静 6.6 级和 2016 年 12 月 8 日呼图壁 6.2 级地震，3 次地震前共有 7 个测点的 12 个测项出现异常，选取的测项虽然较多，但用于天山中段 6 级地震的指标寥寥无几。流体资料异常对应其近场中强震相对较好，6 级地震前如下资料有较好的对应，新 04 泉氢气（3/3，100%）、新 10 泉氦气（3/3，100%）、新 43 泉气氡（2/3，66.7%）和乌苏泥火山（1/1，100%）。

9.4.3　新疆地区地下流体预测指标

1. 新疆天山中段地区 6 级地震预测指标

天山中段 6 级地震较少，目前共 3 个，即 2011 年 11 月 1 日尼勒克 6.0 级、2012 年 6 月 30 日新源和静 6.6 级和 2016 年 12 月 8 日呼图壁 6.2 级地震，震前有 7 个测点的 12 个测项出现异常，震前各测项异常比例为新 04 泉氢气（3/3）、新 10 泉氦气（3/3）、新 43 泉气氡（2/3）、新 05 井水位（1/3）、新 21 井水位（1/3）、新 33 井流量（1/3）、新 33 井水温（1/3）、新 04 泉二氧化碳（1/3）、新 09 泉氟离子（1/3）、新 10 泉氟离子（1/3）、新 10 泉电导率（1/3）、新 10 泉水汞（1/3）及乌苏泥火山（1/1，资料始于 2013 年）。

从发震时间来看，各测项震例显示，地震多发生于：

（1）新 04 泉氢气成组高值异常结束后 1~6 个月。

（2）新 10 泉氦气高值异常持续过程中或异常结束后 2~5 个月。

（3）新 43 泉气氡高值异常结束后 1 个月左右。

（4）乌苏泥火山喷涌量明显增大异常结束后 1~5 个月。

地震多位于天山中段。由此考虑认为这 4 个测项对天山中段 6 级地震的预测有一定的指示意义。

2. 新疆地区 7 级地震预测指标

1980 年以来新疆地区共发生 7 级以上地震 4 个，即 1985 年 8 月 23 日乌恰 7.4 级、2001 年 11 月 14 日新疆青海交界 8.1 级、2008 年 3 月 20 日于田 7.3 级和 2014 年 2 月 12 日于田 7.3 级地震。震前有 5 个测点 6 个测项出现异常，震前各测项异常比例为新 04 泉二氧化碳（3/4）、新 05 井水位（2/4）、新 04 井水位（1/4）、新 04 泉甲烷（1/4）、新 46 井水位（1/4）及乌苏泥火山（1/1，资料始于 2013 年）。

依据地震对应率可以把新 04 泉二氧化碳高值异常、新 05 井井喷和乌苏泥火山（宏观）喷涌量增大作为新疆 7 级地震的判断指标。异常类型一般为中长期异常。

9.5　大华北地区预测指标体系梳理

9.5.1　大华北地区地下流体观测概述

大华北地区（110°~125°E，29°~42°N），即华北地震构造区（卞兆银等，1987；李铁明等，2007）。目前该地区有地下流体观测点 244 个，507 个测项，以水位、水温测项为主，其中 187 个水位测项（占比 36.88%）、153 个水温测项（占比 30.18%）、45 个氡测项（占比 8.88%）、24 个离子测项（占比 4.73%）。地下流体观测点主要集中山西带、张渤带，以及郯庐断裂带中段、中南段等主要深大断裂带附近。在该地区地下流体测项预报效能中，A 类有 63 项（占比 12.43%），B 类有 187 项（占比 36.88%），C 类有 139 项（占比 27.42%），D 类有 21 项（占比 4.14%），其他为 N 类。

9.5.2　大华北地区地下流体异常特征

大华北地区不仅其边缘为断裂所围限，而且内部也被不同深度的断裂所切割，存在着岩石圈、地壳、基底和盖层四种断裂，其走向主要有北北东、北东、北西和近东西向四组，是我国大陆东部地质构造复杂和地震活动最强烈的地区（卞兆银等，1987；李铁明等，2007），包括阴山—燕山—渤海构造带、山西构造带、河北平原构造带以及郯庐断裂带中北、中南段（陆明勇等，2009）。曾发生过 1668 年郯城 8.6 级强震，中强地震也相当频繁（鄢家全等，1996）。据《中国震例》（1966~2012 年）统计显示，1960 年以来，曾发生 6 级以上地震 12 次（图 9-26），其中 7 级以上地震 4 次，分别为 1966 年邢台 7.2 级、1969 年渤海 7.4 级、1975 年海城 7.5 级与 1976 年唐山 7.8 级地震。由于该地区 6 级以上地震样本较少，为增加统计分析的科学性，梳理了《中国震例》中该地区 5 级以上地震 52 个，其中有 33 个地震前出现了地下流体异常（占比 63.5%）。从这些地震的震源机制来看，主要以走滑地震为主（图 9-27），这可能有益于地下流体测项出现异常反应。

1. 异常种类及异常形态特征

地下水物理量、水化学参量的前兆异常是指在强震前观测值出现的非正常变化（刘耀炜等，2002），这些水物理、水化学参量在大华北地区不同震级的地震中异常数量存在差异，异常形态多样（包括上升、下降、高值等）（图 9-28），因此本次将大华北地区强震前流体异常分为趋势类（主要包括上升、下降）、周期类（打破正常年变状态）及阈值类（主要包括低值、高值、阶变、单点突跳）等三大类异常。在大华北地区 $M \geq 5.0$ 级地震和 $M \geq 6.0$ 级地震前出现的流体异常以水位、水氡异常为主，其次是离子（Cl^-、F^-、Ca^{2+}）异常，所不同的是 $M \geq 6.0$ 级地震前水化学参量异常更为显著（图 9-29）。

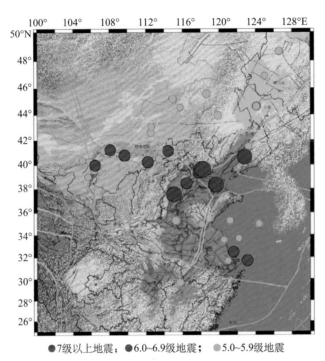

●7级以上地震； ●6.0~6.9级地震； ○5.0~5.9级地震

图 9 - 26　华北、东北地区 $M \geqslant 5.0$ 级地震震中分布图

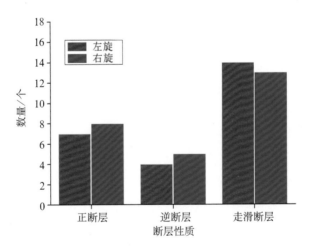

图 9 - 27　该地区 $M \geqslant 5.0$ 级地震震源机制解

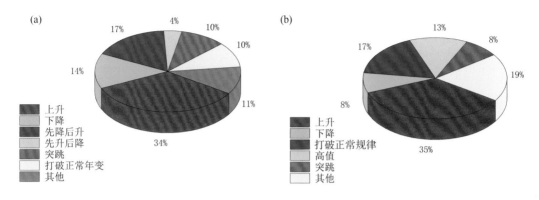

图 9 – 28　大华北地区 $M \geqslant 5.0$ 级地震流体异常形态
（a）水位异常形态；（b）水氡异常形态

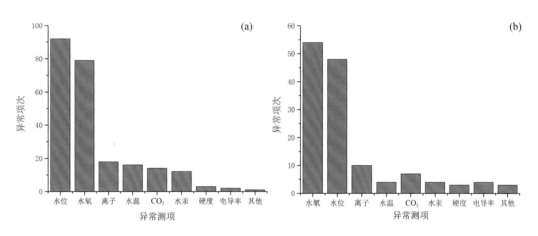

图 9 – 29　大华北地区 $M \geqslant 5.0$ 级地震前流体异常与异常项次对比图
（a） $M \geqslant 5.0$ 级地震前异常与异常项次；（b） $M \geqslant 6.0$ 级地震前异常与异常项次

2. 长趋势变化特征

大量研究表明，地震前特别是强震前地下流体会出现长趋势变化，其分布范围广、时间早（车用太等，1999；刘耀炜等，2000），华北地区强震孕育过程中，地下流体长趋势性异常变化特征是一个重要的技术指标。为进一步说明这种特征，本次统计分析中将地震分为三个震级档，即 5.0~5.9 级、6.0~6.9 级及 7.0 级以上地震。结果表明，随着震级档的增大，大华北地区趋势性异常逐渐增多（图 9 – 30）。随着震级逐渐增大，趋势性异常持续的时间也逐渐增加，最长能持续 1300 多天（图 9 – 31）。如张北地震 6.2 级地震前，河北昌黎井（震中 420km）水位于 1994 年就开始观测到地下流体长趋势变化，山西朔州井水位（震中距 241km）于 1994 年 11 月开始出现长趋势性异常变化，内蒙古兴和井水位（震中距 66km）、内蒙古三号地井水位（震中距 120km）在 1995 年 7 月开始趋势性变化，异常分布较广；唐山 7.8 级地震前，震中 10~183km 范围的流体井水位长期处于平稳波动的背景下，于 1973 年 1 月开始出现趋势性上升或下降变化特征，异常分布相对集中，异常持续时间长达 1303 天。

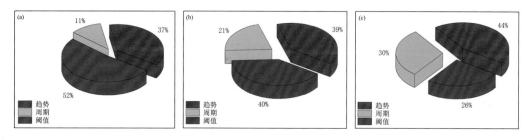

图 9‑30　大华北地区 $M_S \geqslant 5.0$ 级地震前地下流体异常类型分类图

（a）5.0~5.9 级；（b）6.0~6.9 级；（C）≥7.0 级

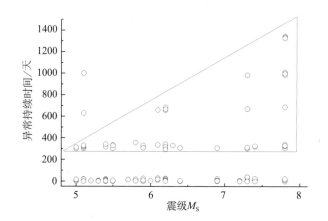

图 9‑31　大华北地区 $M \geqslant 5.0$ 级地震前地下流体异常持续时间

3. 异常迁移性特征

分析研究表明，在大华北地区强震前地下流体异常具有迁移性特征，特别是 6 级以上强震前，流体异常多沿构造带展布，进入临震阶段逐渐向孕震区迁移特征更加明显。如张北地震 6.2 级地震前，中短期异常分别沿北西向张渤带、北东向山西带向震中迁移。该地区这种异常迁移特征在空间上表现为两种形式：一是异常由外围向未来孕震区迁移（占总样本量的 61%），如 1975 年海城 7.3 级地震前、1996 年长江口 6.1 级地震前、1998 年张北 6.2 级地震前、2006 年文安 5.1 级地震前等（图 9‑32）；二是异常由震中向外围迁移（占总样本量 6%），如 1976 年唐山地震前（图 9‑33）。

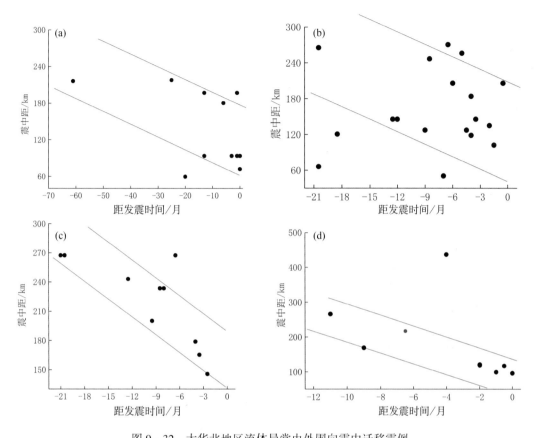

图 9 – 32 大华北地区流体异常由外围向震中迁移震例

（a）海城 7.3 级地震；（b）张北 6.2 级地震；（c）长江口 6.1 级地震；（d）文安 5.1 级地震

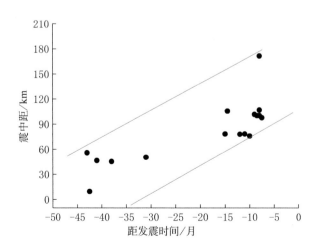

图 9 – 33 1976 年唐山 7.8 级地震前流体异常由震中向外围迁移

4. 异常加速性特征

研究大华北地区 $M \geqslant 5.0$ 级地震前流体异常月频次变化特征表明，该地区流体异常月频次出现加速性（快速上升—急速下降）变化特征，这种特征在 7 级强震前最为明显，1966年以来的 4 次 7 级以上地震均出现加速性特征，一般异常月频次在震前 1~3 个月内出现急速下降变化（图 9−34a~d）；对于 6 级左右地震可能在异常月频次高值（占 70%）或快速下降（占 8%）过程中发震（图 9−34e~g）；而在 5 级左右地震中，仅常熟 M_S5.1 地震前出现加速性特征（图 9−34h），其形成机理需深入分析。随着震级增加，大华北地区月频次异常加速性愈加明显，这为该地区强震预测提供一定地科学依据。

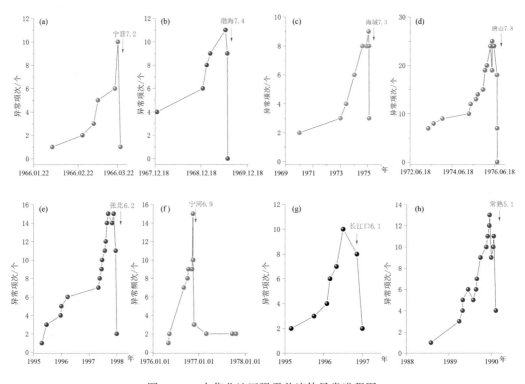

图 9−34　大华北地区强震前流体异常进程图

（a）宁晋 7.2 级地震前；（b）渤海 7.4 级地震前；（c）海城 7.3 级地震前；（d）唐山 7.8 级地震前；（e）张北 6.2 级地震前；（f）宁河 6.9 级地震前；（g）长江口 6.1 级地震前；（h）常熟 5.1 级地震前

5. 异常演变的阶段性特征

据统计表明，在大华北地区强震前地下流体异常演变具有阶段性特征，这种阶段性的特征主要体现在以下两个点，一是异常时间演变的阶段性，如 1989 年山西大同 6.1 级地震前流体异常时间演变过程的阶段性特征显著，1985~1987 年中长期异常开始演化，1987 年 5月至 1989 年 3 月是中短期异常向短期异常演变，异常项次呈快速增长，1989 年 9 月开始进入临震阶段，短临异常集中出现且增长迅速；二是异常形态演变成阶段性特征：进入临震阶段水物理、水化学参量破年变异常（周期类）开始消失，随后是上升或下降异常（趋势类），最后是水化学、水物理参量低值、值高结束（阈值类），如唐山 7.8 级、张北 6.2 级地震（图 9-35、图 9-36）。

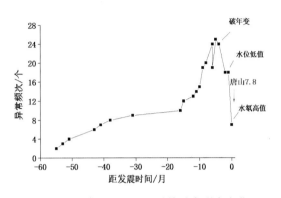

图 9-35　唐山 7.8 级地震前异常形态变化

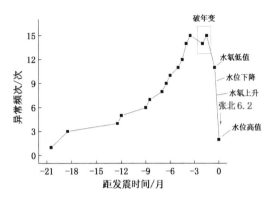

图 9-36　张北 6.2 级地震前异常形态变化

9.5.3　大华北地区地下流体预测指标

在构建大华北地区地下流体指标时，主要依据以往震例中总结、统计分析多种异常特征参量（异常标志）与地震三要素之间的定性、半定量或定量关系（国家地震局科技监测司，1995；万迪堃等，1996），来建立物理意义清晰且具有可操作性的指标体系，为今后地震趋势预测提供一定的学科指标。

1. 时间的预测指标

地震发生时间是地震预测的重要内容之一，它与短临异常时间分布特征有关，且在强震孕育过程中，水物理、水化学参量在不同的孕震阶段所表现出的形态特征存在差异，故而可以进行强震的时间预测。统计分析显示，异常月频次变化速率、异常形态特征、异常时空迁移特征等可以作为发震时间的判定标志。

1）异常月频次变化速率

即异常月频次加速转折性特征。地下流体参量多项异常月频次的加速转折特征是判定强震发生时间的主要指标，在震前 6 个月、3 个月、1 个月不同时间尺度上，若出现异常频次速率 N 有 2 个以上的值大于 0，则可预测在 1 年尺度内发生强震。大华北地区 4 次 7 级以上地震前 1~3 个月流体异常数量出现加速性变化，进入临震阶段异常月频次呈急剧下降变化，最后发震。8 次 6.0~6.9 级地震中，有 6 次地震前 3 个月异常出现加速—转折—发震（占 6 级档地震样本数的 75%），有 2 次在异常月频次高值时发震（占 6 级档地震样本数的 25%）；而 5.0~5.9 级地震中，这种加速性特征不明显，仅占 5 级档地震样本数的 12%。

2）异常形态的阶段性特征

初步统计分析表明，该地区 6 级以上地震前 6 个月趋势性异常结束，震前 3 个月周期类异常（破年变）结束，震前 1~3 个月水位、水氡阈值类异常，值得注意的是，进入临震阶段还存在一些特殊异常形态出现，如 1989 年大同 6.1 级地震前五里营和万全境水位出现脉冲型变化。

3）异常时空迁移性特征

大华北地区强震前流体异常存在时空迁移性特征，以外围向震中迁移为主（占统计样本数的61%），如海城7.3级、张北6.2级地震前，但也存在个别地震前流体异常由震中向外围迁移特征，如唐山7.8级、江苏常熟5.1级地震前。

2. 震级的预测指标

震例总结及统计分析显示，可作为判定发震震级的标志主要有：①异常数量与空间分布范围；②异常持续时间与进程；③流体异常长趋势变化速率。

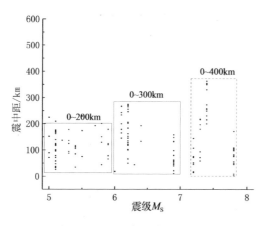

图 9-37　震级与震中距关系图

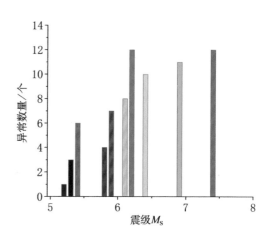

图 9-38　阈值类异常数量与震级关系图

1）异常数量与空间分布范围

异常数量与分布范围和地震积累的能量有一定关系，因此，不同震级地震前，其异常分布范围存在差异，震级越大，其异常分布范围越广。大华北地区7级以上地震异常主要集中在400km范围内，6.0~6.9级地震异常主要集中在300km范围内，5.0~5.9级地震前异常主要集中在200km范围内（图9-37）。震级越大，各类异常数量也随之增多（以阈值类异常为例，图9-38）。本文在统计过程中根据这一特点，将不同类型异常数量与震级进行了拟合分析，从而获得了两者间存在指数关系（图9-39）。对于趋势类异常，震级（y）与异常数量（x）间存在 $y = \exp(13.1 - 4.3x + 0.4x^2)$（图9-39a）；对于周期类异常，震级（$y$）与异常数量（$x$）间存在 $y = \exp(1.84 + 0.94x + 0.1308x^2)$（图9-39b），对于阈值类异常，震级（$y$）与异常数量（$x$）间存在 $y = \exp(-2.2 + 0.6x + 0.00738x^2)$（图9-39c）。这种指数关系，其物理意义是：在某次地震前相应出现异常数量为x，则可以通过拟合公式求出震级，为判定震级判定提供定量参考依据。

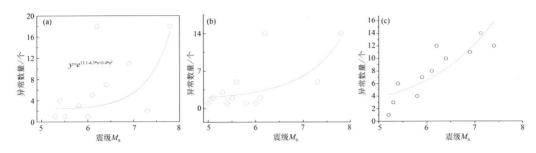

图 9-39 三类异常数量与震级关系拟合曲线

（a）趋势类异常数量与震级；（b）周期类异常数量与震级；（c）阈值类异常数量与震级

2）异常持续时间与进程

异常的持续时间与孕震区的能量积累有密切的关系，因而成为判定发震强度最重要的标志之一。7 级以上地震出现 25% 以上的趋势异常，持续时间可达到 1.5 年或 1.5 年以上；6.0~6.9 级地震出现 18.6% 的趋势性异常，持续时间 6 个月至 1 年。7 级以上地震出现 12.7% 以上的阈值类异常，持续时间约 6 个月；6.0~6.9 级地震出现 23.5% 的趋势性异常，持续时间在 3 个月左右。7 级以上地震出现 14.7% 以上的周期类异常，持续时间 1 年左右；6.0~6.9 级地震出现 32.2% 的周期类异常，持续时间在 1 年左右。

3）流体异常长趋势变化速率

也是判断大华北地区 6 级以上地震的一个重要技术指标。当流体异常长趋势变化速率 ≥0.5 时（陆明勇等，2009），该地区会存在发生 6 级以上地震的可能。

3. 地点的预测指标

对发震地点的判定无疑是地震三要素预测中最难点，虽然大华北地区台站监测密度较高，但观测点分布不均匀，增加发震地点判断的难度。通过震例总结、统计分析认为可作为发震地点判定的指标有：①异常分布与地震地质构造关系；②异常时空迁移规律；③震级与震中距之间关系；④流体"敏感点"；⑤多学科、多角度综合判定。

1）异常分布与地震地质构造关系

大华北地区强震前地下流体动态异常与观测点所处的局部构造有着密切的关系，局部构造可能控制着观测点的异常形态。在地震孕育初期，构造应力处于调整阶段，流体异常可能分布在多个潜源区，其特点是异常少、分布广，进入孕震中期，震源区应力不断释放，流体异常会沿着主要构造带或大型活动断裂向震中迁移，在迁移过程中可能呈现较为规律的分布，进入短临阶段，震源区的短临异常增多，且短期、临震异常易受构造控制。

2）异常时空迁移特征

流体异常时空迁移特征在大华北地区 6 级以上地震前有较好的预报效能。主要有两个特点：第一，孕震初期长趋势性异常分布范围广，没有明显规律性，进入中期阶段，异常分布范围不断收缩，临震阶段水位、水氡出现同步短临变化；第二，水位、水氡异常沿不同构造带呈现分异并向震中收缩、迁移，最后在构造交会部位发震，如张北 6.2 级地震，其震中位于华北北部三组主要构造带的交会处，即 NE 向山西带、NW 向的张渤带以及燕山—阴山构造带（王吉易等，1993；邵永新等，2000，2001）。该地震前，长趋势性异常主要集中在山西带，中短期、短临异常主要沿张渤带分布，进入临震阶段，各类异常沿主要构造带向震源区迁移，最后发震。这与前人研究成果认为张北地震前流体异常分布与局部地震地质构造存在密切关系是一致的（车用太等，1999；黄辅琼等，2002）。

3）震中距与震级之间关系

为满足地震样本的需求，本次研究中统计了大华北地区 5 级以上地震，以期得出震中距与震级之间的定量关系。在趋势类（趋势上升、下降，转折等）流体异常中，7 级以上地震达到 800km，6~6.9 级地震在 440km 范围内，5~5.9 级地震在 300km 范围；在周期类（破年变等）流体异常中，7 级以上地震在 600km 范围，6~7 级地震在 380km 范围内，5~5.9 级地震在 280km 范围；阈值类（上升、下降等）流体异常中，7 级以上地震可达到 1000km，6~6.9 级地震在 260km 范围内，5~5.9 级地震在 220km 范围。

4）建立流体前兆"敏感点"，构建"敏感区"

由于华北地区的流体异常具有重复性特征，因此根据这一特征，可以建立某些"敏感点"。若该地区单个观测点对应 4 次及以上地震，可以称之为"敏感点"。对大华北地区的流体前兆时空特征进行扫描分析显示，在该地区存在氡、水位等"敏感点" 9 个（图 9－40），其中氡"敏感点" 5 个（天津宝坻井、塘沽井、怀来井、盘锦兴 1 井、盘山台井），所占比例为 55.6%，水位"敏感点" 3 个（宁河俵口井、河北马 17 井、万全井），所占比例 33.3%，水化学（无锡惠山农药厂井）"敏感点" 1 个，所占比例为 11.1%。其中天津塘沽井、盘山台井 2 个"敏感点"均对应 6 次地震；无锡惠山农药厂井、盘锦兴 1 井 2 个"敏感点"均对应 5 次地震，其余"敏感点"均对应 4 次地震，这些敏感点主要集中在华北北部。由以往震例总结出的"敏感点"，构建"敏感区"对未来强震发生的地点有较好地指示意义。

5）综合分析

若从地下流体单一学科预测预报地震，其难度高、科学性不足，必须依靠多学科、多角度的综合分析，才能较为准确、科学研判震情。如通过形变学科、电磁学科观测手段，以及地球物理场（流动跨断层短水准、流动重力、流动地磁）、地球化学场（土壤断层气测量、水化学观测）观测结果，并辅以未来震中的宏观异常现象等综合分析未来地震趋势，以增强其科学性、可靠性。

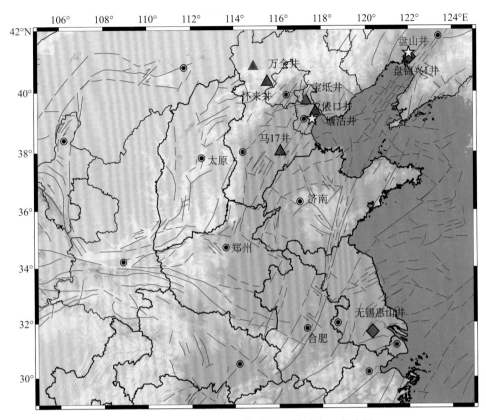

图 9 - 40 大华北地区流体前兆 "敏感点" 分布图

红色三角表示对应 4 次地震敏感点；蓝色四边形为对应 5 次地震敏感点；黄色五角星对应 6 次地震敏感点

9.6 东南沿海地区预测指标体系梳理

9.6.1 东南地区地下流体观测概况

华南研究区域截至目前共有 75 个台站，160 个测项运行观测。其中水位 64 个测项、水温 62 个测项，水氡 7 个测项，气氡 6 个测项，气汞 3 个测项，水质及流量等 18 个测项。福建及广东两省台站分布较广，均为 21 个台站，且测项比较丰富，除了水位、水温，还有多测项的气氡、水氡、水质等测项，而其他四省台站基本为 7~8 个，测项也较单薄，多数只有水位、水温。

9.6.2 东南地区地下流体异常特征

通过《中国震例》中华南片区的 14 个震例分析，发现华南地区流体异常特征表现为：流体前兆异常不遵循震级越大异常数量越多、震级越大震中距越远的常规，它们之间没有固定的关系；流体异常持续时间及异常出现至发震时间多数在半年内，异常出现后半年内发震的比例占多数，是优势发震时段；震中距在 60~250km 范围内的流体前兆异常最多为主流震中距；地球化学测项映震效能大大优于地球物理测项，是该地区的特征灵敏组分（图 9－41）。这一特征将作为我们提取流体指标体系判定地震的主要依据。由于表 9－15 中的映震组分目前绝大多数已停测，故流体指标的提取主要从日常工作中分析总结，水温在日常工作中没取得可靠的震例，没提取到指标；水位由于内在质量不是特别好及降雨、基建、抽水等干扰，分析全区资料几乎没提取到临震及短临异常，只好更多地从原始动态、趋势动态和同震响应方面进行分析。

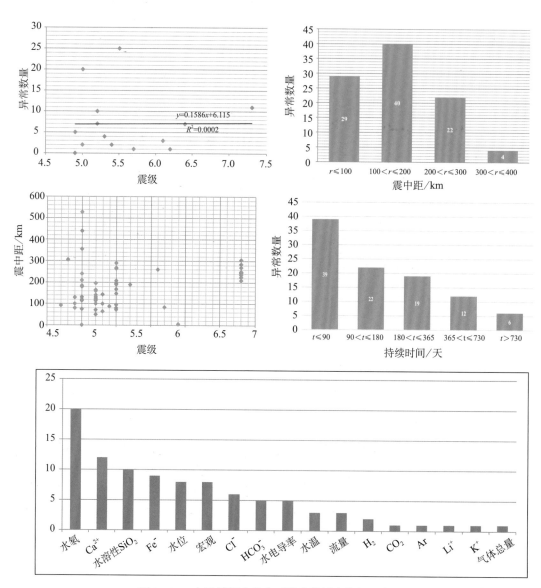

图 9－41　　中国震例中华南区域流体异常特征示意图

9.6.3　东南地区预测指标体系

华南区域正常运行的水质、水（气）氡测项共提取到 10 个测项时间指标，采用的异常判别方法有日测值、月测值原始数据法、5 日均值法、剩余曲线法等，映震情况详见表 9－15。

表 9－15　华南区域地下流体映震情况统计表

序号	测点及测项	出现异常次数	省内对应次数	本省及邻近区域 M_L4.5 以上地震批次	对应概率/%	漏报率/%	虚报率/%
1	华安汰内井 Cl⁻	10	7	11	70.00	36.4	30.0
2	华安汰内井 F⁻	11	8	11	72.70	27.3	27.3
3	华安汰内井水电导率	12	9	11	66.67	18.2	25.0
4	华安汰内井 HCO_3^- 剩余曲线法	7	5	11	71.40	54.5	28.6
5	宁德 1 号井气氡	8	6	11	75.00	45.5	25.0
6	厦门东孚井 F⁻	6	5	11	83.30	36.4	16.7
7	黄子洞水氡 5 日均值	7	6	9	85.7	33.3	14.3
8	黄子洞水氡日测值	5	4	7（此指标东源地区 M_L3.5~4.7 地震）	80	42.8	20
9	华安汰内井水氡日测值	4	3	11	75	72.7	25
10	华安汰内井水氡月均值	8	6	7（此指标对应的是台湾 7 级地震）	75	14.3	25
11	九塘水位上升溢出井口	3	2	2	66.7	71.4	
12	九塘水位同震阶变	4	2	2	50	71.4	
13	桂平水位同震阶变	6	9	6	83.3	16.7	
14	香 1 水位加速上升	3	3	3	100	0	
15	石康水位破年变	2	1	1（该指标对应 5 以上地震）	50	0	
16	西山水位破年变	1	1	1（该指标对应 5 以上地震）	100	0	
17	儋州西流井水位	4	3	3	75	0	
18	琼海加积井水位	4	3	3	75	0	

华南区域正常运行的水位测项共提取到 8 个测项中期指标，采用的异常判据指标有破年

变异常、水位在多年长趋势上升的背景上出现加速、转折、水位高值异常、水位多年趋势转折、受远大地震影响产生同震阶升等，映震情况详见表 9 - 15。

1. 长期预测指标

多井水位同震阶升：

采用资料：华南片区 2000 年以来所有的水位观测井分钟值数据。

基本算法：分钟值原始观测数据。

异常判据指标：多个水位井对同一次世界 8 级大震的同震响应表现为阶升形态，且围成一定的空间区域范围。

预测规则：当多个水位井对同一次世界 8 级大震的同震响应表现为阶升形态，且围成一定的空间区域范围时，预示未来 3 年内多个水位同震阶升井围成的空间区域内可能发生 $M_L4.0$ 以上地震，一般在引起水位出现阶升的世界巨震发生后 2 年内发生地震。

2. 中期预测指标

1）河源黄子洞水氡

采用资料：河源黄子洞水氡 1986 年观测以来水氡日值原始数据资料。

基本算法：计算水氡 5 日均值。

异常判据指标：水氡 5 日均值超 1.7 倍均方差持续时间 2 个月以上。

预测规则：黄子洞水氡 5 日均值达到异常判据指标与河源 $M_L4.5$ 以上地震有较好的对应关系，地震发生时间一般在异常出现 14 个月内。

地震对应率：河源 $M_L4.5$ 级以上地震对应率 6/9。

2）华安汰内井水氡

采用资料：华安汰内井 1987 年观测以来的水氡日测值数据。

基本算法：计算隔年原始数据月均值之差。

异常判据指标：以 4Bq/L 作为阈值控制线。

预测规则：出现水氡隔年原始数据月均值之差 ≥4Bq/L 这一异常后，与台湾地区 7 级以上地震有很好的对应关系，地震发生时间多数在异常出现后 1 年左右。

地震对应率：6/8。

3）九塘水位

采用资料：广西九塘井水位 2002 年以来的水位整点值。

基本算法：日均值。

异常判据指标：在受远大震同震影响后，水位快速阶升，并持续高值，且一般持续 1 年左右；受同震影响水位快速上升，并溢出井口。

预测规则：在受远大震同震影响后，水位快速阶升，并持续高值，且一般持续 1 年左右；受同震影响水位快速上升，并溢出井口。在异常持续期内或结束后，异常井 200km 左右范围内发生的 $M_L4.5$ 以上地震有较好的对应关系。

4）桂平西山井和石康井水位

采用资料：广西桂平西山井 2010 年以来的水位整点值、降雨量月总量，石康井 2009 年以来的水位整点值数据、降雨量月总量。

基本算法：日均值。

异常判据指标：没有出现正常的夏高冬低年变动态，出现破年变异常。

预测规则：没有出现正常的夏高冬低年变动态，出现破年变异常，则 1 年内台站 300km 左右范围内存在发生 $M_L5.5$ 左右地震。

5）香 1 水位

采用资料：广西香 1 井水位 2003 年以来的水位整点值。

基本算法：日均值。

异常判据指标：水位在多年长趋势上升的背景上出现加速、转折。

预测规则：水位加速上升，或上升过程出现下降、转平等转折现象，在转折现象持续或结束后，与水井 200km 范围内发生的 $M_L4.5$ 以上地震有很好的对应关系。

地震对应率：3/4。

6）儋州西流井、琼海加积井水位趋势变化

采用资料：儋州西流井、琼海加积井水位 1987 年以来的观测数据。

基本算法：水位月均值。

异常判据指标：水位月均值最低值出现趋势转折。

预测规则：水位趋势上升或下降 4~5 年然后呈转折下降或上升，转折后约 1~2 年间区域会发生相应地震。

地震对应率：3/4。

7）宁德井气氡

采用资料：宁德井 2004 年观测以来气氡整点值原始数据资料。

基本算法：计算气氡日均值。

异常判据指标：气氡日均值 2.0 倍均方差作为经验控制阈值。

预测规则：气氡日均值超 2.0 倍均方差异常控制线后，异常与井孔周围 250km 范围内 $M_L4.5$ 以上地震有较好的对应关系，地震发生时间一般在异常出现后半年左右。

地震对应率：6/8。

8）华安汰内井和厦门东孚井水化

采用资料：华安汰内井氟离子、氯离子、水电导率、厦门东孚井氟离子 1987 年观测以来的月测值原始数据资料。

基本算法：月测值原始数据。

异常判据指标：月测值原始数据 1.6 倍均方差作为经验控制阈值。

预测规则：以上各测项月测值超 1.6 倍均方差异常控制线后，异常与井孔周围 250km 范围内 $M_L4.5$ 以上地震有较好的对应关系，地震发生时间一般在异常出现后半年左右。

地震对应率：华安汰内井氟离子为 8/11；华安汰内井氯离子为 7/10；华安汰内井水电导率为 9/12；厦门东孚井氟离子为 5/6。

9）华安汰内井碳酸氢根离子

采用资料：华安汰内井碳酸氢根离子 1987 年观测以来月测值原始数据资料。

基本算法：月测值剩余曲线法。

异常判据指标：月测值剩余曲线法 2.0 倍均方差作为经验控制阈值。

预测规则：华安汰内井碳酸氢根离子月测值超 2.0 倍均方差异常控制线后，异常与井孔周围 250km 范围内 $M_L4.5$ 以上地震有较好的对应关系，地震发生时间一般在异常出现后 8 个月左右。

地震对应率：5/7。

3. 短期预测指标

1) 华安汰内井水氡

采用资料：华安汰内井 1987 年观测以来的水氡、气温数据。

基本算法：水氡与气温日测值原始数据。

异常判据指标：水氡出现与气温不同步的震荡或突跳，气温平稳水氡震荡或多次突跳。

预测规则：水氡出现与气温不同步的震荡，气温平稳水氡震荡这一异常后，异常井周围 250km 范围内 $M_L4.5$ 以上地震有很好的对应关系，地震发生时间多数在异常出现后 1 个月左右。

2) 宁德井气氡

采用资料：宁德井观测以来气氡、气温资料。

基本算法：气氡与气温整点值原始数据。

异常判据指标：气氡出现与气温不同步的上升趋势，气温正常动态而气氡背离气温出现高值走势。

预测规则：气氡出现与气温不同步的走势，气温平稳气氡高值异常后，异常井周围 250km 范围内 $M_L4.5$ 以上地震有过对应关系，地震发生时间在异常出现后 1 个月左右。

3) 河源黄子洞水氡

采用资料：河源黄子洞水氡 1986 年观测以来水氡日测值原始数据资料。

基本算法：水氡日测值原始数据。

异常判据指标：日测值超过 25Bq/L。

预测规则：黄子洞水氡日测值超过 25Bq/L 与东源 $M_L3.5\sim4.5$ 地震有较好的对应关系，地震发生时间一般在异常出现后 15 天内。

地震对应率：东源 $M_L3.5\sim4.5$ 地震对应率 4/5。

表 9 - 16　黄子洞水氡 $M_L3.5\sim4.7$ 级东源地震映震情况统计表

测点及测项	出现异常次数	对应次数	东源地区 $M_L3.5\sim4.7$ 级地震总数	河源地区地震对应概率	漏报率	虚报率
黄子洞水氡	5	4	7	57.1%	42.8%	20%

4. 地点预测指标

对全区流体观测资料从预报评估等级、观测仪器运行情况、观测资料评价情况、各测项主要干扰因素进行调研，有的水位资料内在质量较差，干扰因素较多，外加该区地震强度小，前兆信息弱很难提取到临震及短临、短期震例，为最大限度地应用观测资料，故只能尝试应用水位趋势动态、同震响应动态来提取水位趋势动态、同震响应场的信息，探讨其与地震的相关性，以期对未来地震做出一定程度的预测。

1）永安—晋江断裂带水位准同步趋势上升

采用资料：永安井、永春井、晋江 1 号井、泉州局 1 号井水位 2003 年至今的观测数据。

基本算法：日均值法。

异常判据指标：永安井、永春井、晋江 1 号井、泉州局 1 号井水位准同步趋势上升。

预测规则：同一构造带上多井水位（准）同步出现多年趋势上升，预示未来 1~3 年内该断裂带及其两侧区域可能发生 $M_L 4.5$ 以上地震。

2）长乐–诏安断裂带水位准同步趋势上升

采用资料：罗源洋后里井、长乐营前井、平潭北雾里井、福清江兜井水位 2009 年至今的观测数据。

基本算法：日均值法。

异常判据指标：罗源洋后里井、长乐营前井、平潭北雾里井、福清江兜井水位准同步趋势上升。

预测规则：同一构造带上多井水位（准）同步出现多年趋势上升，预示未来 1~3 年内该断裂带及其两侧区域可能发生 $M_L 4.5$ 以上地震。

3）百色—合浦断裂带水位准同步趋势上升

采用资料：香 1 井、九塘井、石埠井水位 2003 年至今的观测数据；平 1 井水位 2007 年至今的观测数据。

基本算法：日均值法。

异常判据指标：香 1 井、平 1 井、九塘井、石埠井水位准同步趋势上升。

预测规则：同一构造带上多井水位（准）同步出现多年趋势上升，预示未来 1~3 年该断裂带及其两侧区域可能发生 $M_L 4.5$ 以上地震。

参考文献

卞兆银、王进英，1987，华北地区地震活动特点及地震构造带的划分，华北地震科学（增刊），（5）：239~248

车用太、鱼金子，1997，地下流体的源兆、场兆、远兆及其在地震预报中的意义，地震，17（3）：283~289

车用太、鱼金子，2006，地震地下流体学，北京：地震出版社

车用太、鱼金子、刘五洲，1999，华北北部地区 3 次强震前地下流体异常场及其形成与演化机理，中国地震，15（2）：139~149

陈棋福等，2002a，中国震例（1992~1994），北京：地震出版社

陈棋福等，2002b，中国震例（1995~1996），北京：地震出版社

陈棋福等，2003，中国震例（1997~1999），北京：地震出版社

陈棋福等，2008，中国震例（2000~2002），北京：地震出版社

范雪芳、刘耀炜、吴桂娥等，2010，华北地区水位与水氡中期、中短期前兆异常特征研究，地震研究，33

　　（2）：147~158

顾瑾萍、张晓东、黄辅琼等，2004，我国震例前兆异常统计特征和应用研究，地震，24（2）：59~65

国家地震局地下水影响研究组，1985，地震地下水动态即其影响因素分析，北京：地震出版社

胡小静、付虹、毕青，2016，基于年降水干扰排除的云南地区地下水位群体异常研究，地震研究，39
　　（4）：545~552

黄辅琼、邓志辉、顾瑾平等，2002，张北地震地下流体异常场的研究，地震，2（4）：114~122

蒋海昆、苗青壮、吴琼等，2009，基于震例的前兆统计特征分析，地震学报，31（3）：245~259

蒋海昆等，2014，中国震例（2003~2006），北京：地震出版社

蒋海昆等，2018a，中国震例（2007~2010），北京：地震出版社

蒋海昆等，2018b，中国震例（2011~2012），北京：地震出版社

李琼、付虹、毛慧玲等，2017，云南水温异常与 $M \geq 5.0$ 级地震关系研究，40（2）：233~240

李铁明、沈正康、徐杰等，2007，华北地区 $M_S \geq 6.5$ 级地震震源断层参数的研究，地球物理学进展，22
　　（1）：95~103

林辉、顾宁杰、林佳霓，2011，云南降水与 $M \geq 6$ 级地震关系初步分析，地震研究，（04）：428~434

刘耀炜、曹玲玲、平建军，2004，地下流体短期前兆典型特征分析，中国地震，20（4）：372~379

刘耀炜、施锦，2000，强震地下流体前兆信息特征，地震学报，22（1）：59~64

刘耀炜、施锦、潘树新等，2002，水化学中短期参量异常识别方法及效能评价，地震，20（增刊）：97~
　　106

陆明勇、刘耀炜、范雪芳等，2009，地下流体长趋势异常变化与强震预测的初步研究，地震研究，32
　　（4）：323~332

邵永新、李君英、李一兵等，2000，地下流体动态异常与构造的关系，西北地震学报，22（3）：284~287

邵永新、李君英、田山等，2001，唐山7.8级地震前后地下流体动态异常演化特征，西北地震学报，23
　　（1）：26~29

万迪堃、董守玉、蓝秀英等，1996，地下水地震短临预报前兆标志体系研究，华北地震科学，141（1）：
　　1~10

王吉易、张素欣、郑云贞，1993，异常系列分析预报新方法探讨，华北地震科学，9（1）：91~94

鄢家全、贾素娟，1996，我国东北和华北地区中强震潜在震源区的划分原则和方法，中国地震，12（2）：
　　173~194

张肇诚、郑大林、罗咏生等，1990，《中国震例》前兆资料的初步研究，地震，11（5）：9~24

张肇诚等，1988，中国震例（1966~1975），北京：地震出版社

张肇诚等，1990a，中国震例（1976~1980），北京：地震出版社

张肇诚等，1990b，中国震例（1981~1985），北京：地震出版社

张肇诚等，1999，中国震例（1986~1988），北京：地震出版社

张肇诚等，2000，中国震例（1989~1991），北京：地震出版社

郑兆苾、张国民、何康等，2006，中国大陆地震震例异常统计与分析，地震，26（2）：29~37